青年技工
问答丛书
QINGNIANJIGONG
WENDACONGSHU
1

车工
技能问答

主　　编◎张能武　　卢庆生
编写人员◎张道霞　　王　荣　　王春林　　过晓明　　邱立功
　　　　　陈　伟　　邓　杨　　唐艳玲　　唐雄辉　　刘文花
　　　　　邱立功　　吴　亮　　余玉芳　　于晓红　　黄县江
　　　　　李端阳　　高　佳　　王燕玲

CS K 湖南科学技术出版社

丛书前言

随着我国科学技术的飞速发展，对工人技术素质的要求越来越高，企业对技术工人的需求也日益迫切。从业人员必须熟练地掌握本行业、本岗位的操作技能，才能胜任本职工作，把工作做好，为社会做出更大的贡献，实现人生应有的价值。然而，技能人才缺乏已是不争的事实，并日趋严重，这已引起全社会的广泛关注。

为满足在职职工和广大青年学习技术，掌握操作本领的需求；社会办学机构、农村举办短期职业培训班的需求；下岗职工转岗、农村劳动力进城务工的需求，我们精心策划组织编写了这套通俗易懂的问答式培训丛书。该套丛书将陆续出版《车工技能问答》、《铣工技能问答》、《钳工技能问答》、《焊工技能问答》、《液压气动技术问答》、《数控机床操作工问答》、《钣金工技能问答》、《维修电工技能问答》等，以飨读者。

本套丛书的编写以企业对高技能人才的需要为导向，以岗位职业技能要求为标准，丛书以一问一答的形式把本岗位工人操作技能和必须掌握的知识点引导出来。

本套丛书主要有以下特点：

（1）标准新。本丛书采用了最新国家标准、法定计算单位和最新名词术语。

（2）图文并茂，浅显易懂。本丛书在写作风格上力求简单明了，以图解的形式配以简明的文字说明具体的操作过程和操作工艺，读者可大大提高阅读效率，并且容易理解、吸收。

（3）内容新颖。本丛书除了讲解传统的内容之外，还加入了一些新技术、新工艺、新设备、新材料等方面的内容。

（4）注重实用。在内容组织和编排上特别强调实践，书中的大量实例来自生产实际和教学实践，实用性强，除了必需的基础知识和专业理论以外，还包括许多典型的加工实例、操作技能及最新技术的应用，兼顾先进性与实用性，尽可能地反映现代新的技术工人应了解的实用技术和应用经验。

本套丛书便于广大技术工人、初学者、技工学校、职业技术院校广大师生实习自学、掌握基础理论知识和实际操作技能；同时，也可用为职业院校、培训中心、企业内部的技能培训教材。我们真诚地希望本套丛书的出版对我国高技能人才的培养起到积极的推动作用，能成为广大读者的"就业指导、创业帮手、立业之本"，同时衷心希望广大读者对这套丛书提出宝贵意见和建议。

丛书编写委员会

前　言

　　为适应我国机械工业的发展，必须高度重视技术人员的素质，大力加速高技能人才的培养。在市场经济条件下，企业要想在激烈的市场竞争中立于不败之地，必须有一支高素质的技术人员队伍，有一些技术过硬、技艺精湛的能工巧匠。在金属切削加工的各工种中，车削加工是最基本的一种加工方法，从业人员最多，应用也相当广泛。为了给技工学校、职业技术院校广大学生实习教学，工矿企业的技能培训，以及即将从事机械加工人员提供一本介绍车工基本知识和技术、突出操作的技术用书，为此，我们组织编写了本书。

　　本书内容主要包括：车削基础知识、车床、轴类零件的车削、套类零件的车削、圆锥面的车削、成形面车削和表面修饰、螺纹的车削、特殊零件的车削、难加工材料的车削等。

　　本书以一问一答的形式把本岗位工人操作技能和必须掌握的知识点引导出来，以实用、够用为原则，突出技能操作，以图解的形式，配以简明的文字说明具体的操作过程与操作工艺，有很强的针对性和实用性，克服了传统培训教材中理论内容偏深、偏多、抽象的弊端，注重操作技能和生产实例，生产实例均来自于生产实际，并吸取一线工人师傅的经验总结。书中使用名词、术语、标准等均贯彻了最新国家标准。

　　本书图文并茂，内容丰富，浅显易懂，取材实用而精练。可供技工学校、职业技术院校广大师生实习、初、中级技术工人、车工上岗前培训和自学用书及农家书屋使用。

　　本书由张能武、卢庆生共同主编。参加编写的人员还有：张道霞、王荣、王春林、过晓明、邱立功、陈伟、邓杨、唐艳玲、唐雄辉、刘文花、邱立功、吴亮、余玉芳、于晓红、黄县江、李端阳、高佳、王燕玲等。我们在编写过程中参考了相关图书出版物，并得到江南大学机械工程学院、江苏机械学会、无锡机械学会等单位大力支持和帮助，在此表示感谢。

　　由于时间仓促，编者水平有限，书中不妥之处在所难免，敬请广大读者批评指正。

编　者

目　　录

第三章　轴类零件的车削

第四章　套类零件的车削

第五章　圆锥面的车削

第六章　成形面车削和表面修饰

第七章 螺纹的车削

第八章　特殊零件的车削

第九章　难加工材料的车削

第一章 车工基础知识

1. 什么叫配合？配合有哪几种？各有什么特点？

答：基本尺寸相同、相互结合的孔和轴公差带之间的关系叫配合。配合的种类与特点说明如下：

（1）间隙配合：具有间隙（包括最小间隙等于零）的配合。此时，孔的公差带在轴的公差带之上，如图1－1所示。

（2）过盈配合：具有过盈（包括最小过盈等于零）的配合。此时，孔的公差带在轴的公差带之下，如图1－2所示。

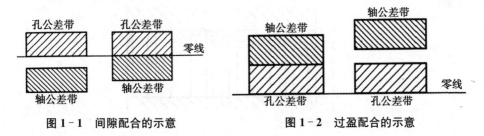

图1－1 间隙配合的示意　　　　图1－2 过盈配合的示意

（3）过渡配合：可能具有间隙或过盈的配合。此时，孔的公差带与轴的公差带相互交叠，如图1－3所示。

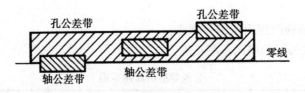

图1－3 过渡配合的示意

（4）配合公差：组成配合的孔、轴公差之和。它是允许间隙或过盈的变动量（配合公差是一个没有符号的绝对值）。

2. 什么叫配合制？配合制有哪几种？

答：同一极限制的孔和轴组成配合的一种制度叫配合制。

（1）基轴制配合：基本偏差一定的轴的公差带，与不同基本偏差的孔的公差带形成各种配合的一种制度。对本标准极限与配合制，是轴的最大极限尺寸

1

与基本尺寸相等、轴的上偏差为零的一种配合制，如图 1-4 所示。

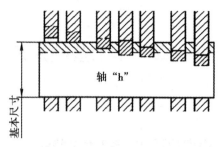

注：①水平实线代表轴或孔的基本偏差。

②虚线代表另一极限，表示轴和孔之间可能的不同组合，与它们的公差等级有关。

图 1-4 基轴配合制

（2）基孔制配合：基本偏差一定的孔的公差带，与不同基本偏差的轴的公差带形成各种配合的一种制度。对本标准极限与配合制，是孔的最小极限尺寸与基本尺寸相等、孔的下偏差为零的一种配合制，如图 1-5 所示。

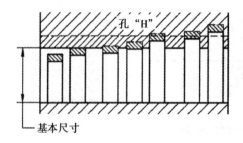

注：①水平实线代表孔或轴的基本偏差。

②虚线代表另一极限，表示孔和轴之间可能的不同组合，与它们的公差等级有关。

图 1-5 基孔配合制

3. 公差等级的应用范围有哪些?

答:公差等级的应用范围见表 1-1。

表 1-1　　　　　　　　　　公差等级的应用范围

公 差 等 级	应 用 范 围
IT01~IT1	块规
IT1~IT4	量规、检验高精度用量规及轴用卡规的校对塞规
IT2~IT5	特别精密零件的配合尺寸
IT5~IT7	检验低精度用量规、一般精密零件的配合尺寸
IT5~IT12	配合尺寸
IT8~IT14	原材料公差
IT12~IT18	未注公差尺寸

4. 公差等级与加工方法的关系如何?

答:公差等级与加工方法的关系见表1-2。

表1-2　　　　　　　　　　公差等级与加工方法的关系

公差等级	加工方法	公差等级	加工方法	公差等级	加工方法
IT01～IT1	精研磨	IT6～IT8	细拉削	IT10～IT12	粗车、粗刨、粗镗
IT1～IT5	细研磨	IT5～IT7	金刚石车削	IT10～IT12	插削
IT3～IT6	粗研磨	IT5～IT7	金刚石镗孔	IT11～IT14	钻削
IT4～IT6	终珩磨	IT6～IT8	粉末冶金成形	IT12～IT15	冲压
IT6～IT7	初珩磨	IT7～IT10	粉末冶金烧结	IT15～IT16	压铸、锻造
IT2～IT5	精磨	IT6～IT8	精铰	IT14～IT15	砂型铸造
IT4～IT6	细磨	IT8～IT11	细铰	IT15～IT16	压力加工
IT6～IT8	粗磨	IT8～IT10	精铣床	IT14～IT15	金属模铸造
IT5～IT7	圆磨	IT9～IT11	粗铣	IT15～IT18	火焰切削
IT5～IT8	平磨	IT7～IT9	精车、精刨、精镗	IT17～IT18	冷作焊接
IT5～IT7	精拉削	IT8～IT10	细车、细刨、细镗	IT13～IT17	塑料成形

5. 形位公差有哪几个项目? 如何识读?

答:(1) 形状公差特征项目与符号见表1-3,各项目的含义见表1-4。

表1-3　　　　　　　　　　形状公差特征项目与符号表

公　　差		特征项目	符　　号	有无基准要求
形 状	形 状	直线度	——	无
		平面度	▱	无
		圆　度	○	无
		圆柱度	⌀	无
形状 或 位置	轮 廓	线轮廓度	⌒	有或无
		面轮廓度	◠	有或无
位 置	定向	平行度	∥	有
		垂直度	⊥	有
		倾斜度	∠	有

续表

公差		特征项目	符号	有无基准要求
位置	定位	位置度	⊕	有或无
		同轴（同心）度	◎	有
		对称度	≡	有
	跳动	圆跳动	↗	有
		全跳动	↗↗	有

表 1-4　　　　　　　　　各项目的含义

类型	含义
直线度	加工后实际形状不直的程度
平面度	平面加工后实际形状不平的程度
圆度	圆柱体任一截面上的圆和过球心的圆加工后实际形状不圆的程度
圆柱度	加工后的圆柱体横截面（径向）不圆，纵截面（轴向）上下两条母线不平行的程度
线轮廓度	加工后零件的轮廓曲线与理想的轮廓曲线不符的程度
面轮廓度	加工后零件的轮廓曲面与理想的轮廓曲面不符的程度
平行度	加工后零件上的面、线或轴线相对于该零件上作为基准的面、线或轴线不平行的程度
垂直度	加工后零件上的面、线或轴线相对于该零件上作为基准的面、线或轴线不垂直的程度
倾斜度	加工后零件上与基准面或基准线成一定角度的面或线与理想角度偏离的程度
同轴度	加工后零件上的轴线相对于该零件上作为基准的轴线偏离的程度
对称度	加工后零件上的中心平面、中心线、轴线相对于作为基准面的中心平面、中心线、轴线偏离或倾斜的程度
位置度	加工后零件上的点、线、面偏离理想位置的程度
圆跳动	被测圆柱形（或圆锥形）表面绕其基准轴线回转一周，由位置固定的指示计（如百分表）在径向、端面或斜面上所测得的读数差
全跳动	被测圆柱形表面绕其基轴线作连续转动，指示器沿被测表面作直线移动，在整个被测表面上的读数差，也就是说，不但被测表面转动，指示器在被测表面全长上也应移动

（2）形位公差的读法如下：

4

在图样上，形位公差代号是用框格和带箭头的指示线表示的（如图1-6所示）。框格内分成两格或多格，从左至右各格的内容为：第一格为形位公差的项目符号；第二格为形位公差的数值和与公差数值有关的符号（表1-5）；第三格及以后各格为基准符号。看到这一格就知道是位置公差，因为形状公差没有基准要求。因此形状公差只有两格，位置公差有三格或多格。

至于基准只要去找同字母的圆圈。在图样上，基准是用代号来表示的（如图1-7所示）。它由基准符号、连线、圆圈和字母4个部分组成。

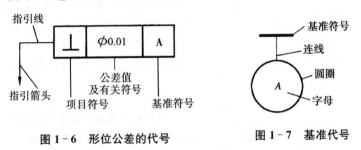

图1-6　形位公差的代号　　　　　图1-7　基准代号

指引线的指向是零件上的被测表面，它可以从框格两边的方便处引出，但要与框格线垂直。

表1-5　　　　　　　　　　　　形位公差附加要求符号

符　号	含　义	标　注　示　例		
（＋）	只许中间向材料凸起	—	0.01(+)	
（－）	只许中间向材料凹下	▱	0.08（－）	
（▷）	只许按符号的（小端）方向逐渐减小	∥	0.05（▷）	A
（◁）		∥	0.05（◁）	A
Ⓜ	形位公差数值与尺寸公差相关	∥	φ0.01	Ⓜ
Ⓟ	延伸公差	∥	0.05（◁）	Ⓟ　A

6. 什么叫表面粗糙度？在图样上如何表示和识读？

答： 表面粗糙度是指加工表面所具有的较小间距和微小峰谷的微观几何形状的尺寸特征。工件加工表面的这些微观几何形状误差称为表面粗糙度。

表面粗糙度的图形符号见表 1-6。

表 1-6　　　　　　　　　　　表面粗糙度的图形符号

符 号 类 型		图 形 符 号	意 义
基本图形符号		√	仅用于简化代号标注，没有补充说明时不能单独使用
扩展图形符号	要求去除材料的图形符号	√	在基本图形符号上加一短横，表示指定表面是用去除材料的方法获得，如通过机械加工获得的表面
	不去除材料的图形符号	√○	在基本图形符号上加一个圆圈，表示指定表面是用不去材料方法获得
完整图形符号	允许任何工艺	√—	当要求标注表面粗糙度特征的补充信息时，应在图形的长边上加一横线
	去除材料	√—	
	不去除材料	√○—	
工件轮廓各表面的图形符号		√○—	当在图样某个视图上构成封闭轮廓的各表面有相同的表面粗糙度要求时，应在完整图形符号上加一圆圈，标注在图样中工件的封闭轮廓线上。如果标注会引起歧义时，各表面应分别标注

注：标准 GB/T131—2006 代替 GB/T131—1993《机械制图　表面粗糙度符号、代号及其注法》。

当图样上标注参数的最大值（max）或（和）最小值（min）时，表示参数中所有的实测值均不得超过规定值。当图样上采用参数的上限值（用 U 表示）或（和）下限值（用 L 表示）时（表中未标注 max 或 min 的），表示参数的实测值中允许少于总数的 16％的实测值超过规定值。具体标注示例及意义见表 1-7。

表 1-7　　　　　　　表面粗糙度代号的标注示例及意义

符　　　号	含义/解释
√ $Rz\,0.4$	表示不允许去除材料，单向上限值，粗糙度的最大高度 $0.4\mu m$，评定长度为 5 个取样长度（默认），"16％规则"（默认）
√ $Ra_{max}0.2$	表示去除材料，单向上限值，粗糙度最大高度的最大值 $0.2\mu m$，评定长度为 5 个取样长度（默认），"最大规则"（默认）

续表

符 号	含义/解释
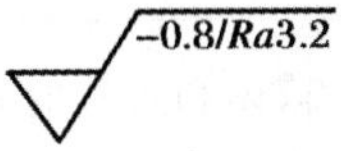 $\sqrt{-0.8/Ra3.2}$	表示去除材料，单向上限值，取样长度 $0.8\mu m$，算术平均偏差 $3.2\mu m$，评定长度包含 3 个取样长度，"16%规则"（默认）
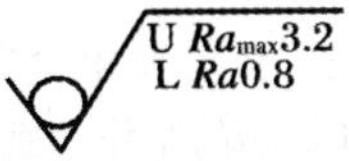 $\sqrt{\begin{array}{l} U\ Ra_{max}3.2 \\ L\ Ra0.8 \end{array}}$	表示不允许去除材料，双向极限值，上限值：算术平均偏差 $3.2\mu m$，评定长度为 5 个取样长度（默认），"最大规则"；下限值：算术平均偏差 $0.8\mu m$，评定长度为 5 个取样长度（默认），"16%规则"（默认）
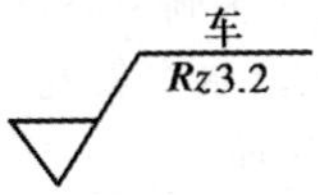 $\sqrt[车]{Rz3.2}$	零件的加工表面的粗糙度要求由指定的加工方法获得时，用文字标注在符号上边的横线上
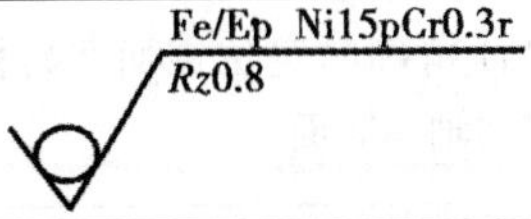 $\sqrt[Fe/Ep\ Ni15pCr0.3r]{Rz0.8}$	在符号的横线上面可注写镀（涂）覆或其他表面处理要求。镀覆后达到的参数值这些要求也可在图样的技术要求中说明
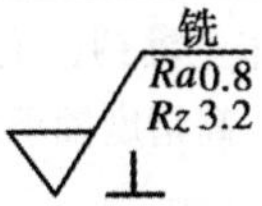 $\sqrt[铣]{\begin{array}{l} Ra0.8 \\ Rz\ 3.2 \end{array}} \perp$	需要控制表面加工纹理方向时，可在完整符号的右下角加注加工纹理方向符号
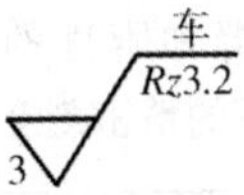 $_3\sqrt[车]{Rz3.2}$	在同一图样中，有多道加工工序的表面可标注加工余量时。加工余量标注在完整符号的左下方，单位为 mm（左图为 3mm 加工余量）

注：评定长度的（ln）的标注。若所标注的参数代号没有"max"，表明采用的有关标准中默认的评定长度；若不存在默认的评定长度时，参数代号中应标注取样长度的个数，如 $Ra3$，$Rz3$，$RSm3$，…（要求评定长度为 3 个取样长度）。

7. 各级表面粗糙度的表面特征、经济加工方法及应用如何？

答：各级表面粗糙度的表面特征、经济加工方法及应用举例见表 1-8。

表 1-8   各级表面粗糙度的表面特征、经济加工方法及应用举例

表面粗糙度		表面外观情况	获得方法举例	应用举例
级别	名称			
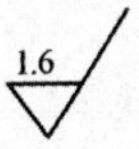 $\sqrt{1.6}$	光 面	可辨加工痕迹方向	金刚石车刀精车、精铰、拉刀加工、精磨、珩磨、研磨、抛光	要求保证定心及配合特性的表面，如轴承配合表面、锥孔等
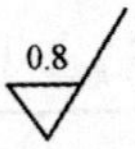 $\sqrt{0.8}$		微辨加工痕迹方向		要求能长期保持规定的配合特性，如标准公差为 IT6、IT7 的轴和孔
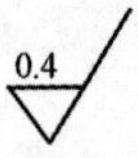 $\sqrt{0.4}$		不可辨加工痕迹方向		主轴的定位锥孔，$d<20mm$ 淬火的精确轴的配合表面

续表

表面粗糙度		表面外观情况	获得方法举例	应用举例
级别	名称			
12.5	半光面	可见加工痕迹	精车、精刨、精铣、刮研和粗磨	支架、箱体和盖等的非配合面，一般螺纹支承面
6.3		微见加工痕迹		箱、盖、套筒要求紧贴的表面，键和键槽的工作表面
3.2		看不见加工痕迹		要求有不精确定心及配合特性的表面，如支架孔、衬套、带轮工作表面
0.2	最光面	暗光泽面	超精磨、研磨抛光、镜面磨	保证精确的定位锥面、高精度滑动轴承表面
0.1		亮光泽面		精密机床主轴颈、工作量规、测量表面、高精度轴承滚道
0.05		镜状光泽面		精密仪器和附件的摩擦面、用光学观察的精密刻度尺
0.025		雾状镜面		坐标镗床的主轴颈、仪器的测量表面
0.012		镜面		量块的测量面、坐标镗床的镜面轴
100	粗面	明显可见刀痕	毛坯经过粗车、粗刨、粗铣等加工方法所获得的表面	一般的钻孔、倒角、没有要求的自由表面
50		可见刀痕		
50		微见刀痕		

8. 你知道常用车刀种类和用途吗？

答：车刀的种类很多，具体可按用途和结构分类，详见表1-9。

表 1-9　　　　　　　　常用车刀的种类及用途

车刀种类	车刀的外形图	用　途	车削示意图
45°车刀（弯头车刀）	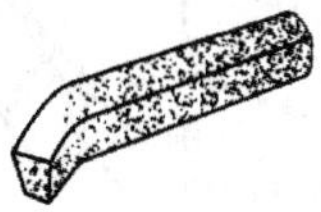	车削工件的外圆、端面和倒角	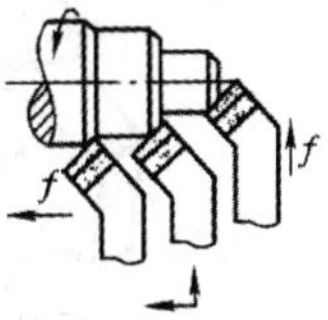
75°车刀	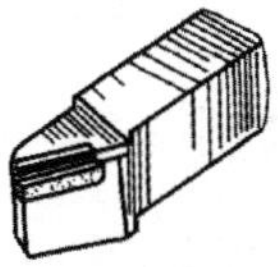	车削工件的外圆和端面	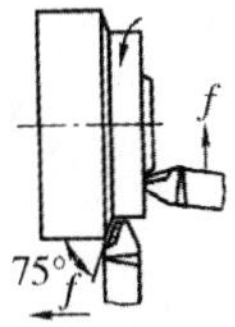
90°车刀（偏刀）		车削工件的外圆、台阶和端面	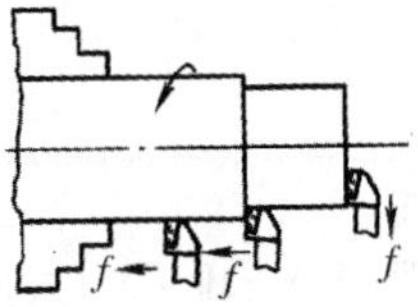
圆头车刀	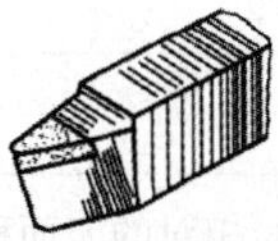	车削工件的圆弧或成形面	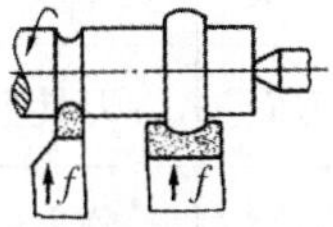
切断刀	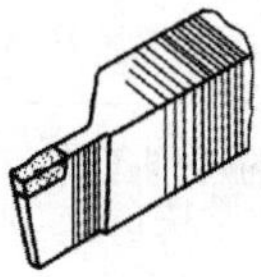	切断工件或在工件上车槽	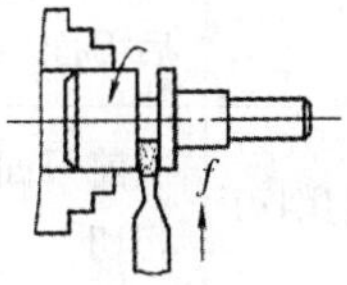
内孔车刀		车削工件上的内孔	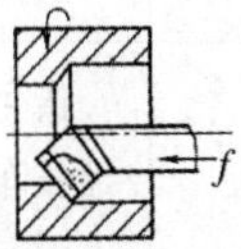
螺纹车刀	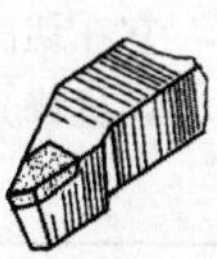	车削螺纹	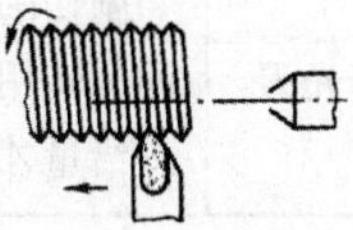

9. 车刀的组成及位置作用有哪些?

答: 车刀的组成及位置作用如图1-8所示,具体说明见表1-10。

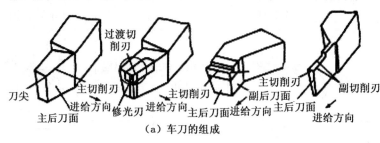

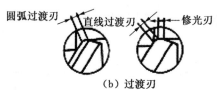

（b）过渡刃

图 1－8　车刀的组成及位置示意

表 1－10　　　　　　　　　　　　车刀的组成及位置作用

类　型	作　用　说　明
前刀面	刀具上切屑流过的表面，也称前面
后刀面	分主后刀面和副后刀面。与工件上过渡表面相对的刀面称主后刀面 A_a；与工件上已加工表面相对的面称副后刀面 A_a'。后刀面又称后面，一般是指主后刀面
主切削刃	前刀面与主后刀面的交线，它担负着主要的切削工作，与工件上过渡表面相切
副切削刃	前刀面与副后刀面的交线，它配合主切削刃完成少量的切削工作
刀尖	指主切削刃与副切削刃的连接处的交点或连接部位。为了提高刀尖强度和延长车刀寿命，通常在车刀的刀尖处磨出一小段圆弧或直线形过渡刃，以改善刀具的切削性能
修光刃	副切削刃上，近刀尖处一小段平直的切削刃，它在切削时起修光已加工表面的作用。装刀时必须使修光刃与进给方向平行，且修光刃的长度必须大于进给量才能起到修光作用

10. 车刀分哪些结构？有何用途？

答：车刀在结构上可分为整体式、机夹式、焊接式和可转位式 4 种形式，其类型特点及用途见表 1－11。

表 1-11 车刀类型特点及用途

简　图	名　称	特　点　及　用　途
刀柄 刀体	整体式	用整体高速钢制造，刃口可磨得较锋利，主要用于小型车床或加工非铁金属
螺钉 刀片刀片 刀杆	机夹式	避免了焊接产生的应力、裂纹等缺陷，刀杆利用率高。刀片可集中刃磨获得所需参数，使用灵活方便，用于外圆、端面、镗孔、切断、螺纹车刀等
刀柄 刀体	焊接式	焊接硬质合金或高速钢刀片，结构紧凑，使用灵活。用于各类车刀特别是小刀具
螺钉刀片 杠杆 刀杆 刀垫	可转位式	避免了焊接刀的缺点，刀片可快换转向；生产率高；断屑稳定；可使用涂层刀片。用于大中型车床加工外圆、端面、镗孔，特别适用于自动线、数控机床

11. 车刀切削角度及其作用如何？

答：车刀切削部分共有 6 个独立的基本角度，它们是：主偏角、副偏角、前角、主后角、副后角和刃倾角；另外还有两个派生角度：刀尖角和楔角，如图 1-9 所示。车刀切削部分的角度及其作用见表 1-12。

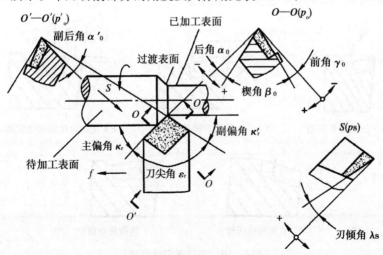

图 1-9　车刀切削部分主要角度标注

11

表 1 – 12　　　　　　　　　　　车刀切削部分的角度及其作用

名　　称	代号	角度及其作用
主偏角 （基面内测量）	k_r	主切削刃在基面上的投影与进给运动方向之间的夹角。常用车刀的主偏角有 45°、60°、75°、90°等。其作用是改变主切削刃的受力及导热能力，影响切屑的厚度
副偏角 （基面内测量）	$k_r{}'$	副切削刃在基面上的投影与背离进给运动方向之间的夹角。其作用是减少副切削刃与工件已加工表面的摩擦，影响工件表面质量及车刀强度
前角 （主正交平面内测量）	γ_o	前刀面与基面间的夹角。其作用是影响刃口锋利程度和强度，影响切削变形和切削力
主后角 （主正交平面内测量）	α_o	主后刀面与主切削平面间的夹角。其作用是减少车刀主后刀面与工件过渡表面间的摩擦
副后角 （副正交平面内测量）	$\alpha_o{}'$	副后刀面与副切削平面间的夹角。其作用是减少车刀副后刀面与工件已加工表面的摩擦
刃倾角 （主切削平面内测量）	λ_s	主切削刃与基面间的夹角。其作用是控制排屑方向。当刃倾角为负值时可增加刀头强度，并在车刀受冲击时保护刀尖
刀尖角 （基面内测量）	ε_r	主、副切削刃在基面上的投影间的夹角。其作用是影响刀尖强度和散热性能
楔角 （主正交平面内测量）	β_o	主、副切削刃在基面上的投影间的夹角。其作用是影响刀头截面的大小，从而影响刀头的强度

12. 前刀面的常见类型有哪些？

答：（1）正前角平面型［如图 1 – 10（a）所示］。制造简单，切削刃口锋利，但强度低，散热差，主要用于精车。

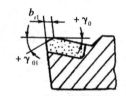
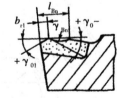

（a）正前角平面型　　　（b）正前角平面带倒棱型　　　（c）正前角曲面带倒棱型

（d）负前角单面型　　　　（e）负前角双面型

图 1 – 10　常见前刀面型式

（2）正前角平面带倒棱型［如图 1-10（b）所示］。为提高刀刃强度和抗冲击能力，改善其散热条件，常在主切削刃的刃口处磨出一条很窄的棱，称为倒棱。切削塑性材料时，倒棱宽度可按 $b_{r1}=(0.5\sim1.0)f$（式中 f 为进给量），$\gamma_{r1}=-5°\sim-15°$ 选取。一般用硬质合金车刀切削塑性或韧性较大的金属材料及进行强力车削和断续车削时，可在刃口上磨出倒棱。

（3）正前角曲面带倒棱型［如图 1-10（c）所示］。在上述正前角平面带倒棱型的基础上，在前刀面上磨出一定形状的曲面就形成了这种形式。这样不但可增大前角，而且在前刀面上形成了卷屑槽。卷屑槽的参数通常为：$l_{Bn}=(6\sim8)f$，$r_{Bn}=(0.7\sim0.8)l_{Bn}$。

（4）负前角单面型［如图 1-10（d）所示］。在车削高硬度或高强度材料和淬火钢材料时，刀具的切削刃要承受较大的压力，为了改善切削刃的强度，常使用这种前刀面形式。

（5）负前角双面型［如图 1-10（e）所示］。当磨损同时发生在前、后两刀面时，可半前刀面磨成负前角双面型。这样可增加刀刃的重磨次数。负前角的棱面应有足够宽度，以便于切屑沿该棱面流出。

13. 前角的作用是什么？怎样选择前角的大小？

答：（1）前角的作用：前角是车刀最重要的一个角度。其大小影响刀具的锐利程度与强度。加大前角，可使刃口锋利，减小切削变形和切削力，使切削轻快。但前角过大，楔角 β_0 减小，降低了切削刃和刀头的强度，使刀头散热条件变差，切削时刀头容易崩刃。

（2）选择前角的大小应注意以下原则：

①初步选择前角的大小应根据工件材料、刀具材料及加工性质选择：

a. 工件材料软时，可取较大的前角；工件材料硬时，应取较小的前角。

b. 车削塑性材料时，可取较大的前角；车削脆性材料时，应取较小的前角。

c. 车削塑性材料的强度较低、韧性较差，前角应取小些；反之，前角可取大些。

②根据粗精加工选择前角：粗加工时，为了保证切削刃有足够的强度，应取较小的前角；精加工时，为了获得较小的表面粗糙度，应取较大的前角。车刀前角的参考数值见表 1-13。

③前角的选择原则。

a. 加工塑性材料时，切屑变形大，为减少切屑变形，改善切削状态，前角可选大些；加工脆性材料，如铸铁时，前角则应选小一些。

b. 加工较软材料时，前角可选大些；加工较硬材料时，为了提高刀尖的强度，增加车刀的耐用度，前角应取小些。

13

表 1 - 13 车刀前角的参考数值

工 件 材 料		刀具材料	
		高速钢	硬质合金
		前角（γ_o）数值	
灰铸铁及 可锻铸铁	HBS≤220	20°～25°	15°～20°
	HBS＞220	10°	8°
铝及铝合金		25°～30°	25°～30°
纯铜及铜合金（软）		25°～30°	25°～30°
铜合金	粗加工	10°～15°	10°～15°
	精加工	5°～10°	5°～10°
结构钢	σ_b≤800MPa	20°～25°	15°～20°
	σ_b＝800～1000MPa	15°～20°	10°～15°
铸、锻钢件或断续切削灰铸铁		10°～15°	5°～10°

c. 车刀切削部分材料韧性较差时，为了避免在冲击力下发生崩刃，前角应选小些；切削部分材料韧性较好时，可选较大的前角。

d. 粗加工时，切削力大，而且由于工件表面有硬皮，会对刀具产生冲击作用，故前角适当取小些；精加工时，表面质量要求高，为了改善切屑变形，减小切削力，降低表面粗糙度，前角应取大些。

e. 工艺系统（包括工件、车刀、夹具和机床等）的刚度较差，为减小切削力，前角可适当取大些。

14. 后角的作用是什么？怎样选择后角的大小？

答：（1）后角的作用：主要是减少车刀主后面和工件已加工表面之间的摩擦，从而提高加工表面质量，减少刀具的磨损。另外，后角的大小也影响着刀具切削部分的强度和车刀的散热。有时为了减小切削时的振动，也可采取减小后角的措施。

（2）后角的大小主要依据以下原则进行选择：

①工件材料硬度、强度大或塑性较差时，后角应取小些，反之则可取大些。

②粗加工时，后角应取小些，这样可以提高刀尖的强度。

③工件或车刀刚度较差时，后角应取较小值，这样可增大车刀后面与工件之间的接触面积，有利于减少工件或车刀的振动。

15. 主偏角的作用是什么？怎样选择主偏角的大小？

答：（1）主偏角的作用：主偏角的大小对切削分力的分配及刀具耐用度均有影响。增大主偏角会使切削力的背向分力 F_y 减小，进给分力 F_x 增大（如图

14

1-11 所示）。减小主偏角可使主切削刃参加切削的长度增加，增大刀尖角，切屑变薄，改善散热条件，从而使刀具的耐用度得到提高。

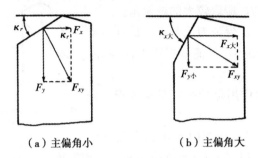

（a）主偏角小　　　　　　（b）主偏角大

图 1-11　主偏角对切削分力的影响

（2）主偏角的大小主要依据以下原则进行选择：

①工艺系统刚度较差时，为了减小切削时的背向力，避免发生振动，应选较大的主偏角，反之则应选较小的主偏角。特别在加工一些刚性较差的细长件时，主偏角应取大些。

②工件材料越硬，主偏角就应越小些，以减小单位切削刃上的负荷，改善刀头散热条件，提高刀具耐用度。

③主偏角的选择还与工件加工形状有关。加工台阶轴时，主偏角就取 90°；中间切入工件时，主偏角一般取 45°～60°。

④单件小批生产，往往用一两把车刀来加工多个工件表面，应选取通用性较好的 45°车刀或 90°偏刀。

⑤当工件刚性较好时，为提高刀具寿命，应取较小的主偏角；当工件刚性较差时（如车细长轴），为了减小切削时的振动，提高工件的加工精度，须取较大的主偏角（$k_r = 90°～93°$）。大进给、大切深的强力车刀，为了减小背向抗力，一般取较大的主偏角（$k_r = 75°$）。当工件材料的强度、硬度较高时，为了增加刀尖部分的强度，应取较小的主偏角。

16. 副偏角的作用是什么？怎样选择副偏角的大小？

答：（1）副偏角的作用：副偏角可减小副切削刃与已加工表面之间的摩擦，影响刀尖部分的强度和散热条件，影响已加工表面的粗糙度。

（2）副偏角的大小主要根据工件表面粗糙度和刀尖强度要求选择：

①对于外圆车刀，一般取 $k_r' = 6°～10°$。

②精加工车刀，为了减小已加工表面粗糙度值，副偏角应取得更小些。必要时，可磨出一段 $k_r' = 0°$ 的修光刃，修光刃的长度 b_ε' 应略大于进给量，即 $b_\varepsilon' = (1.2～1.5)$，如图 1-12 所示。

③加工强度、硬度较高的材料时，为了提高刀尖部分的强度，应取较小的

副偏角（$k_r'=4°\sim6°$）。

④工件刚性较差时，为了减小背向抗力，避免产生切削振动，应取较大的副偏角。

⑤切断时，为了保证刀头强度，保证重磨后刀头宽度变化较小，只能取很小的副偏角，即 $k_r'=1°\sim2°$。

17. 刃倾角的作用是什么？怎样选择刃倾角的大小？

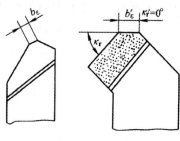

图 1-12　车刀的过渡刃和修光刃

答：（1）刃倾角的作用主要有以下几点：

①刃倾角有正值（$+\lambda_s$）、负值（$-\lambda_s$）和零度（$\lambda_s=0°$）3 种，如图 1-13 所示。当刀尖是主切削刃的最高点时，刃倾角为正值；当刀尖是主切刃上的最低点时，刃倾角为负值；当主切削刃与基面重合时，刃倾角为零。

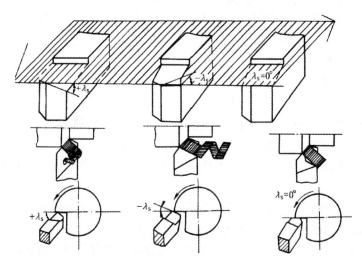

图 1-13　车刀的刃倾角及对切削的影响

②刃倾角可控制切屑的流出方向。正值的刃倾角可使切屑流向待加工表面；负值的刃倾角可使切屑流向已加工表面；零值的刃倾角可使切屑垂直于主切削刃方向流出。

③刃倾角影响刀尖部分的强度。正值的刃倾角可提高工件表面加工质量，但刀尖强度较差，不利于承受冲击负荷，容易损坏。

④刃倾角影响切削分力的大小。正值刃倾角可使背向抗力减小而进给抗力加大；负值刃倾角可使背向抗力加大而进给抗力减小。

（2）刃倾角的选择。刃倾角主要根据刀尖部分的要求和切屑流出方向选择，具体如下：

①粗车一般钢材和铸铁时，应取负值的刃倾角，即 $\lambda_s = -5° \sim 0°$。

②精车一般钢材和铸铁时，为了保证切屑流向待加工表面，应取较小的正值刃倾角，即 $\lambda_s = -0° \sim +5°$。

③有冲击负荷或断续切削时，为了保证足够的刀尖强度，应取较大的负值刃倾角，即 $\lambda_s = -15° \sim -5°$。

④当工件刚性较差时，应选取正值刃倾角，即 $\lambda_s = +3° \sim +5°$。

18. 过渡刃的作用是什么？怎样选择过渡刃？

答：（1）过渡刃的作用：主要是提高刀尖强度，改善散热条件。过渡刃从形状来分有直线形和圆弧形两种（如图1-14所示）。直线形过渡刃的偏角 k_{re} 一般取主偏角的一半；过渡刃的长度 b_ε 一般取 0.5～2mm。圆弧形过渡刃不仅能提高刀尖强度，还能减少车削后的残留面积，改善工件表面粗糙度，但半径不宜太大，以免引起振动。

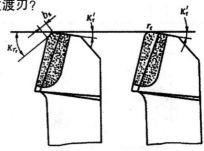

图 1-14　车刀的过渡刃

（2）过渡刃的选择：

①精车时，一般选取较小的过渡刃；粗车时，切削力及切屑变形大，切削热也多，应选取较大的过渡刃。

②工件材料较硬或容易引起刀具磨损时，应选取较大的过渡刃，否则应取较小的过渡刃。

③工艺系统刚度较好时，可选较大的过渡刃，反之则应取较小的过渡刃。

19. 车刀是怎样磨损的？怎样知道车刀已经磨损？

答：车刀磨损原因：受热软化而磨损；机械摩擦而磨损，即刀具前面与切屑，刀具后面与工件发生摩擦而磨损。

从下面几点可以知道车刀已经磨损：

（1）工件表面上有闪光，刀圈或表面出现毛糙。

（2）刀刃上有缺口。

（3）工件直径有改变。

（4）产生振动。

（5）有尖叫声。

（6）切屑形状和颜色改变。

20. 车刀磨损时，为什么有时磨损在车刀前面上有时在车刀后面上？

答：一般地认为，切削钢料时刀具磨损在前面。因为这时易形成积屑瘤，使切屑压力中心后移，并且使后面不接触工件，况且这时前面温度比后面高，因此刀具磨损主要在前面。

切削脆性材料（如铸铁）时，后面的磨损速度比前面高，工件刚度大，金属硬质微粒的摩擦作用高，而后面是与工件成一定角度相摩擦的，因此后面的机械摩擦比前面大，所以这时的刀具主要磨损在后面。

21. 车刀磨损的主要形式有哪些？

答：由于加工材料不同，切削用量不同，刀具磨损的形式也不同，主要形式见表1－14。

表1－14　　　　　　　　　　刀具磨损的主要形式

简　图	形　式	说　　明
	后刀面磨损	指磨损部位主要发生在后刀面上。磨损后形成$\alpha_0 = 0°$的磨损带，它用宽度V_B表示磨损量，这种磨损一般是在切削脆性材料或用较低的切削速度和较小的切削厚度（$a_c < 0.1\text{mm}$）切削塑性材料时发生的。这时前刀面上的机械摩擦较小，温度较低，所以后刀面上的磨损大于前刀面上的磨损
	前刀面磨损	指磨损部位主要发生在前刀面上。磨损后在前刀面靠近刀口处出现月牙洼，在磨损过程中，月牙洼逐渐加深加宽，并向刃口方向扩展，甚至导致崩刃。这种磨损一般是在用较高的切削速度和较大的切削厚度（$a_c < 0.1\text{mm}$）切削塑性材料时发生的
	前、后刀面同时磨损	指前面的月牙洼和后面的棱面同时发生的磨损。这种磨损发生的条件介于以上两种磨损之间，即发生在以切削厚度为$a_c = 0.1 \sim 0.5\text{mm}$时，切削塑性材料的情况下。因为在大多数情况下后面部有磨损，V_B的大小对加工精度和表面粗糙度影响较大，而且对V_B的测量也较方便，所以车刀的磨钝标准以测出的V_B大小为准

22. 车刀磨损后刃磨时怎样选择砂轮？

答：目前工厂中常用的磨刀砂轮有两种：一种是氧化铝砂轮，另一种是绿色碳化硅砂轮。刃磨时必须根据刀具材料来决定砂轮的种类。氧化铝砂轮的砂粒韧性好，比较锋利，但硬度稍低，用来刃磨高速钢车刀和硬质合金车刀的刀杆部分。绿色碳化硅砂轮的砂粒硬度高，切削性能好，但较脆，用来刃磨硬质合金车刀。

23. 你知道车刀刃磨的步骤与方法吗？其注意事项有哪些？

答： 现以主偏角为 90°的钢料车刀（YT15）为例，介绍手工刃磨的步骤如下：

（1）先把车刀前刀面、后刀面上的焊渣磨去，并磨平车刀的底平面，磨削时采用粒度号为 F24～F36 的氧化铝砂轮。

（2）粗磨主后刀面和副后刀面的刀杆部分。其后角应比刀片后角大 2°～3°，以便刃磨刀片上的后角。磨削时应采用粒度号为 F24～F36 的氧化铝砂轮。

（3）粗磨刀片上的主后刀面和副后刀面。粗磨出的主后角、副后角应比所要求的后角大 2°左右，刃磨方法如图 1-15 所示。刃磨时采用粒度号为 F36～F60 的绿色碳化硅砂轮。

（4）磨断屑槽。为使切屑碎断，一般要在车刀前面磨出断屑槽。断屑槽有 3 种形状，即直线形、圆弧形和直线圆弧形。如刃磨圆弧形断屑槽的车刀，必须先把砂轮的外圆与平面的交角处用修砂轮的金钢石笔（或用硬砂条）修整成相适应的圆弧。如刃磨直线形断屑槽，砂轮的交角就必须修整得很尖锐。刃磨时，刀尖可向下或向上移动，如图 1-16 所示。

图 1-15　粗磨主后角、副后角　　　图 1-16　刃磨断屑槽的方法

（5）精磨主后刀面和副后刀面。刃磨的方法如图 1-17 所示。刃磨时，将车刀底平面靠在调整好角度的搁板上，并使切削刃轻轻靠住砂轮的端面，车刀应左右缓慢移动，使砂轮磨损均匀，车刀刃口平直。精磨时采用粒度为 180～200 的绿色碳化硅杯形砂轮或金刚石砂轮。

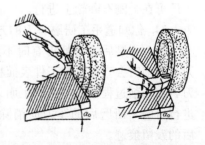

图 1-17　精磨主后角和副后角

（6）磨负倒棱。为使切削刃强固，加工钢料的硬质合金车刀一般要磨出负倒棱，倒棱的宽度一般为 $b=(0.5\sim0.8)f$；负倒棱前角为 $\gamma_o=-5°\sim-10°$，磨负倒棱的方法如图 1-18 所示，用力要轻微，车刀要沿主切削刃的后端向刀尖方向摆动，磨削方法可以采用直磨法和横磨法，为保证切削刃质量，最好用直磨法。

采用的砂轮与精磨后刀面时相同。

（7）磨过渡刃。过渡刃有直线形和圆弧形两种。刃磨方法和精磨后刀面时基本相同。刃磨车削较硬材料的车刀时，也可以在过渡刃上磨出负倒棱。对于大进给刀量车刀，可用相同的方法在副切削刃上磨出修光刃，采用的砂轮与精磨后刀面时的相同，如图 1-19 所示。

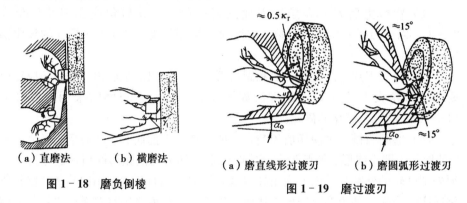

（a）直磨法　（b）横磨法	（a）磨直线形过渡刃　（b）磨圆弧形过渡刃
图 1-18　磨负倒棱	图 1-19　磨过渡刃

刃磨断屑槽的注意事项有以下几点：

①磨断屑槽的砂轮交角处应经常保持尖锐或具有很小的圆角。当砂轮上出现较大的圆角时，应及时用金刚石笔修整砂轮。

②刃磨时的起点位置应跟刀尖、主切削刃离开一小段距离。绝不能一开始就直接刃磨到主切削刃和刀尖上，而使刀尖和切削刃磨坍。

③刃磨时，不能用力过大。车刀应沿刀杆方向上下平稳移动。

④磨断屑槽可以在平面砂轮和杯形砂轮上进行。对尺寸较大的断屑槽，可分粗磨和精磨，尺寸较小的断屑槽可一次磨削成形。精磨断屑槽时，有条件的工厂可在金刚石砂轮上进行。

24. 你知道手工研磨车刀的方法吗？

答：刃磨后的切削刃有时不够平滑光洁，刃口呈锯齿形。使用这样的车刀，切削时会直接影响工件表面粗糙度，而且降低车刀寿命。对于硬质合金车刀，在切削过程中还容易产生崩刃现象。所以，对手工刃磨后的车刀，用磨石进行研磨，研磨后的车刀应消除刃磨后的残留痕迹。

用磨石研磨车刀时，手持磨石要平稳，如图 1-20 所示。磨石跟车刀被研磨表面接触时，要贴平需要研磨的表面平稳移动，推时用力，回来时不用力。研磨后的车刀，应消除刃磨

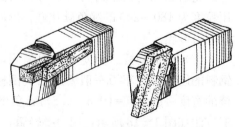

图 1-20　用磨石研磨车刀

的残留痕迹，刃面的表面粗糙度应达到要求。

25. 生产中常用的刀具切削部分材料有哪几种？它们的牌号和性能如何？怎样选用？

答：生产中常用的刀具切削部分材料有硬质合金、高速钢、国产超硬材料和国产涂层刀片等，由于有很多工厂生产，因此有各种不同牌号，其性能和用途也有所不同。表 1-15 给出了不同生产厂家的各种刀具的牌号、性能和用途。

表 1-15　　　　刀具切削部分材料的牌号、性能和用途

牌号	使 用 性 能	使 用 范 围
(1) 常用硬质合金牌号、性能及使用范围		
YG3	在 YG 类合金中，耐磨性仅次于 YG3X、YG6A，能使用较高的切削速度，但对冲击和振动比较敏感	适用于铸铁、非铁金属及其合金、非金属材料（橡胶、纤维、塑料、板岩、玻璃、石墨电极等）连续精车及半精车
YG3X	属细晶粒合金，是 YG 类合金中耐磨性最好的一种，但冲击韧度较差	适用于铸铁、非铁金属及其合金的精车、精镗等，亦可适用于淬硬钢及钨、钼材料的精加工
YG6	耐磨性较高，但低于 YG6X、YG3X 及 YG3	适用于铸铁、非铁金属及其合金、非金属材料连续切削时的粗车，间断切削时的半精车、精车，连续断面的半精铣与精铣
YG6X	属细晶粒合金，其耐磨性较 YG6 高，而使用强度接近 YG6	适用于冷硬铸铁、合金铸铁、耐热钢的加工，亦适用于普通铸铁的精加工，并可用于制造仪器仪表工业用的小型刀具和小模数滚刀
YG8	使用强度较高，抗冲击和抗振动性能较 YG6 好，耐磨性和允许的切削速度较低	适用于铸铁、非铁金属及其合金、非金属材料的粗加工
YG8C	属粗晶粒合金，使用强度较高，接近于 YG11	适用于重载切削下的车刀、刨刀等
YG6A (YA6)	属细晶粒合金，耐磨性和使用强度与 YG6X 相似	适用于硬铸铁、灰铸铁、球墨铸铁、非铁金属及其合金、耐热合金钢的半精加工，亦可用于高锰钢、淬硬钢及合金钢的半精加工和精加工
YT5	在 YT 类合金中，强度最高，抗冲击和抗振动性能最好，但耐磨性较差	适用于碳钢及合金钢不连续面的粗车、粗刨、半精刨、粗铣、钻孔等
YT14	使用强度高，抗冲击和抗振动性能好，但较 YT5 稍差，耐磨性及允许的切削速度较 YT5 高	适用于碳钢和合金钢的粗车，间断切削时的半精车和精车，连续面的粗铣等

续表1

牌号	使 用 性 能	使 用 范 围
YT15	耐磨性优于 YT14，但抗冲击性能较 YT14 差	适用于碳钢与合金钢加工中连续切削时的粗车、半精车及精车，间断切削时的断面精车，连续面的半精铣与精铣等
YT30	耐磨性及允许的切削速度较 YT15 高，但使用强度及冲击韧度较差，焊接及刃磨损易产生裂纹	适用于碳钢及合金钢的精加工，如小断面精车、精镗、精扩等
YW1	扩展了 YT 类合金的使用性能，能承受一定的冲击负荷，通用性较好	适用于耐热钢、高锰钢、不锈钢等难加工材料的精加工，也适合一般钢材和铸铁及非铁金属的精加工
YW2	耐磨性稍次于 YW1 合金，但使用强度较高，能承受较大的冲击负荷	适用于耐热钢、高锰钢、不锈钢及高级合金钢等难加工钢材的精加工、半精加工，也适合一般钢材和铸铁及非铁金属的加工
YN10	耐磨性和耐热性好，硬度与 YT30 相当，强度比 YT30 稍高，焊接性能及刃磨性能较 YT30 为好	适用于碳素钢、合金钢、不锈钢、工具钢及淬硬钢的连续面精加工，对于较长件和表面粗糙度要求低的工件，加工效果尤佳
YN05	硬度和耐热性是硬质合金中最高者，耐磨性接近陶瓷，但抗冲击和抗振动性能差	适用于钢、淬硬钢、合金钢、铸钢和合金铸铁的高速精加工，以及工艺系统刚性特别好的细长件的精加工

（2）各种高速钢的力学性能和适用范围

钢 号	硬度 (HRC)	抗弯强度 (GPa)	冲击韧度 (J/m^2)	600℃ 时的硬度 HRC	主要性能和适用范围
W18Cr4V	63～66	3.0～3.4	0.18～0.32	48.5	综合性能好，通用性强，可磨性好，适于制造加工轻合金、碳素钢、合金钢、普通铸铁的精加工和复杂刀具，如螺纹车刀、成形车刀、拉刀等
W6Mo5Cr4V2	63～66	3.5～4.0	0.30～0.40	47～48	强度和韧性略高于 W18Cr4V，热硬性略低于 W18Cr4V，热塑性好，适于制造加工轻合金、碳钢、合金钢的热成形刀具以及承受冲击、结构薄弱的刀具

22

续表 2

钢　号	硬度 (HRC)	抗弯强度 (GPa)	冲击韧度 (J/m²)	600℃时的硬度 HRC	主要性能和适用范围
W14Cr4VMnRE	64～66	4.0	0.31	50.5	切削性能与 W18Cr4V 相当，热塑性好，适于制作热轧刀具
W9Mo3Cr4V	65～66.5	4.0～4.5	0.35～0.40	—	刀具寿命比 W18Cr4V 和 W6Mo5Cr4V2 有一定程度提高，适于加工普通轻合金、钢材和铸铁
9W18Cr4V	66～68	3.0～3.4	0.17～0.22	51	属高碳高速钢，常温硬度和高温硬度有所提高，适用于制造加工普通钢材和铸铁、耐磨性要求较高的钻头、铰刀、丝锥、铣刀和车刀等或加工较硬材料（220～250HBW）的刀具，但不宜承受大的冲击
9W6Mo5Cr4V2	67～68	3.5	0.13～0.26	52.1	
W12Cr4V4Mo	66～67	3.2	0.1	52	属高钒高速钢，耐磨性很好，适合切削对刀具磨损极大的材料，如纤锥、硬橡胶、塑料等，也用于加工不锈钢、高强度钢和高温合金等，效果也很好
W6Mo5Cr4V3	65～67	3.2	0.25	51.7	
W2Mo9Cr4VCo8	67～69	2.7～3.8	0.23～0.30	55	属含钴超硬高速钢，有很高的常温和高温硬度，适合加工高强度耐热钢、高温合金、钛合金等难加工材料。W2Mo9Cr4VCo8 可磨性好，适合制作精密复杂刀具，但不宜在冲击切削条件下工作
W10Mo4Cr4V3Co10	67～69	2.35	0.1	55.5	
W7Mo4Cr4V2Co5	67～69	2.5～3.0	0.23～0.30	54	属美国生产的 M40 系列，使用范围与 W2Mo9Cr4VCo8 类同

续表 3

钢　　号	硬度 (HRC)	抗弯强度 (GPa)	冲击韧度 (J/m²)	600℃时的硬度 HRC	主要性能和适用范围
W12Cr4V5Co5	66~68	3.0	0.25	54	常温硬度和耐磨性都很好，600℃高温硬度接近 W2Mo9Cr4VCo8 钢，适用于加工耐热不锈钢、高温合金、高强度钢等难加工材料，适合制造钻头、滚刀、拉刀、铣刀等
W6Mo5Cr4V2Co8	66~68	3.0	0.3	54	
W12Mo3Cr4V3Co5Si	67~69	2.4~3.3	0.11~0.22	54	
W6Mo5Cr4V2Al	67~69	2.9~3.9	0.23~0.3	55	属含铝超硬高速钢，切削性能相当于 W2Mo9Cr4VCo8，宜于制造铣刀、钻头、铰刀、齿轮刀具和拉刀等，用于加工合金钢、不锈钢、高强度钢和高温合金等
W10Mo4Cr4V3Al	67~69	3.1~3.5	0.20~0.28	54	
W12Mo3Cr4V3N	67~69	2.0~3.5	0.15~0.30	55	含氮超硬高速钢，硬度、强度、韧性与 W2Mo9Cr4VCo8 相当，可作为含钴钢的代用品，用于低速切削难加工材料和低速高精加工
W6Mo5Cr4V5SiNbAl	66~68	3.6~3.9	0.26~0.27	51	属含 SiNbAl 超硬高速钢，W6Mo5Cr4V5SiNbAl 强度和韧性较好，用于加工不锈钢、耐热钢、高强钢等，W6Mo5Cr4V5SiNbAl 硬度很高，可加工高温合金、奥氏体不锈钢及 40~50HRC 以下的淬火工件
W18Cr4V4SiNbAl	67~69	2.3~2.5	0.11~0.22	1	
W12Mo3C14V3SiNbAl	66~68	2.6~2.9	0.26~0.27	51	

（3）国产超硬材料的牌号、性能及适用范围

类别	牌号	硬度 HV	抗弯强度 σ_{bb} (GPa)	热稳定性 (℃)	适用加工范围
金刚石复合刀片	FJ	≥7000	≥1.5	<800	各种耐磨非金属，如玻璃钢、粉末冶金毛坯、陶瓷材料等；各种耐磨非铁金属，如各种硅铝合金；各种非铁金属光加工
	JRS－F	7200		950（开始氧化）	

续表4

类别	牌号	硬度 HV	抗弯强度 σ_{bb}（GPa）	热稳定性（℃）	适用加工范围
立方氮化硼复合刀片	FD	≥5000	≥1.5	≥1000	各种淬硬钢（小于65HRC）的粗精加工；各种高硬度铸铁；各种喷涂、堆焊材料；含钴量大于10％的硬质合金
	LDP-CFⅡ	7000～8000	0.46～0.53	1000～1200	精车、半精车淬硬钢、热喷涂零件、耐磨铸铁、部分高温合金等
	LDP-J-XF				适用于异形和多刃（铣刀等）刀具
	DLS-F	5800	0.35～0.58	1057～1121	—

（4）国产涂层刀片的部分牌号及适用范围

牌号	基体材料	涂层厚度（μm）	相当 ISO	性能及推荐用途
CN15	YW1	4～9	M10～M20 P05～P20 K05～K20	基体耐磨性好，韧性稍差，适用于各种钢的连续切削和精加工，也可用于铸铁及有色金属精加工
CN25	YW2	4～9	M10～M20 K10～K30	基体韧性适中。适用于钢件精加工及半精加工，也可加工铸铁和有色金属
CN35	YT5	4～9	P20～P40 K20～K40	基体韧性较好，适用于钢材粗加工，间断切削和强力切削
CN16	YG6	4～9	M05～M20 K05～K20	适用于铸铁、有色金属及其合金精加工
CN26	YG8	4～9	M10～M20 K20～K30	适用于铸铁、有色金属及其合金半精加工及粗加工
CA15	特制专用基体	4～8	M05～M20 K05～K20	适用于铸铁、有色金属及其合金精加工及半精加工
CA25	特制专用基体	4～8	M10～M30 K20～K30	适用于铸铁、有色金属及其合金半精加工及粗加工
YB115（YB21）	特制专用基体	5～8	K05～K25	适用于铸铁和其他短切屑材料的粗加工

续表 5

牌 号	基体材料	涂层厚度（μm）	相当 ISO	性能及推荐用途
YB125 （YB02）	特制专用基体	5～8	K05～K20 P10～P40	具有很好的耐磨性和抗塑性变形能力，宜在高速下精加工、半精加工钢、铸钢、锻造不锈钢及铸铁
YB135 （YB11）	特制专用基体	5～8	P25～P45 M15～M30	粗车钢和铸钢，钻削钢、铸钢、可锻铸铁、球铁、锻造奥氏体不锈钢等
YB215 （YB01）	特制专用基体	4～9	P05～P35 M10～M25 K05～K20	耐磨性和通用性很好，主要用于精加工和半精加工各种工程材料
YB415 （YB03）	特制专用基体	4～9	P05～P30 M05～M25 K05～K20	耐磨性和通用性很好，适于高速切削铸铁、钢和铸钢以及锻造不锈钢等
YB435	特制专用基体	4～9	P15～P45 M10～M30 K05～K25	适于粗加工和半精加工钢和铸钢等材料，在不良条件下宜采用中等切削速度和进给量
ZC01	YT15	5～10	P10～P20 K05～K20	涂层 TiN，抗月牙洼磨损好，适用于碳钢、合金钢铸铁等材料的精加工和半精加工
ZC02	YT14	5～10	P05～P20 M10～M20 K04～K20	TiC/TiN 复合涂层，具有 TiN 涂层抗月牙洼磨损好和 TiN 涂层抗后面磨损好的优点，适用于碳钢、合金钢的精加工和半精加工
ZC05	YT5	5～10	P05～P25 M05～M20	TiC/Al$_2$O$_3$复合涂层，与基体结合牢，抗氧化能力高，耐磨耐腐，适用于多种钢材、铸铁的精加工和半精加工
ZC08	YG6 YG8	5～10	P20～P35 K15～K30	HfN 涂层，寿命长，通用性好，适用于各种钢材、铸铁在高、中、低速下精加工和半精加工

26. 什么是切削用量？如何计算？

答：切削用量是度量主运动和进给运动大小的参数，它包括背吃刀量、进

26

给量和切削速度。如图 1-21 所示为车外圆、车端面及切槽的切削用量。

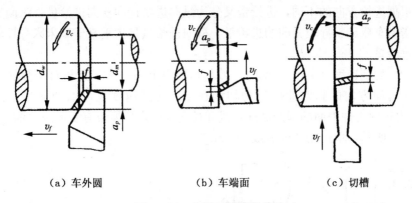

（a）车外圆　　　　　　（b）车端面　　　　　　（c）切槽

图 1-21　车削时的切削用量

（1）背吃刀量（a_p）。工件上已加工表面和待加工表面之间的垂直距离称为背吃刀量，单位为 mm，如图 1-22 所示。

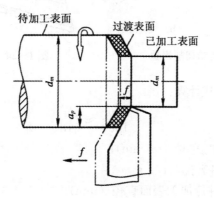

图 1-22　背吃刀切削用量

车外圆时，背吃刀量可用下式计算：

$$a_p = \frac{d_w - d_m}{2}$$

式中　a_p——背吃刀量（mm）；

　　　d_w——工件待加工表面直径（mm）；

　　　d_m——工件已加工表面直径（mm）。

（2）进给量（f）。工件或刀具每转 1 周，工件与刀具在进给方向上的相对位移。车削时，进给量 f 为工件每转 1 周，车刀沿进给方向移动的距离称为进给量，如图 1-23 所示中的尺寸 f，单位为"mm/r"。车削时的进给速度 v_f（mm/s）为：

$$v_f = nf$$

式中　n——工件转速（r/min）。

根据进给方向的不同，进给量又分为纵向进给量和横向进给量。纵向进给量是指沿车床床身导轨方向的进给量，横向进给量是指垂直于车床床身导轨方向的进给量。

（3）切削速度（v_c）。车削时，刀具切削刃上某一选定点相对于待加工表面在主运动方向的瞬时速度称为切削速度。切削速度也可以理解为车刀在1min内车削工件表面的理论展开直线和长度（假定切屑没有变形或收缩），如图1-24所示，单位为"m/s或m/min"。

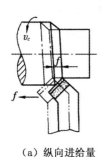
（a）纵向进给量　　（b）横向进给量

图1-23　进给切削用量

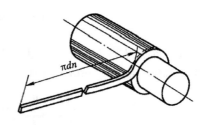

图1-24　切削速度示意

切削速度可用下式计算：

$$v_c = \frac{\pi dn}{1000} \approx \frac{dn}{318}$$

式中　v_c——切削速度（m/min）；

　　　n——工件转速（r/min）；

　　　d——工件待加工表面直径（mm）。

27. 如何选择切削用量？

答：（1）半精车、精车时切削用量的选择：半精车、精车时选择切削用量首先应考虑保证加工质量，并注意兼顾生产率和刀具寿命。

①背吃刀量：半精车、精车时的背吃刀量是根据加工精度和表面粗糙度要求，由粗车后留下的余量确定的。一般情况下，在数控车床上所留的精车余量比在卧式车床上的小。半精车、精车时的背吃刀量为：半精车时选取 $a_p =$ 0.5～2.0mm；精车时选取 $a_p =$ 0.1～0.8mm。在数控车床上进行精车时，选取 $a_p =$ 0.1～0.5mm。

②进给量：半精车、精车时的背吃刀量较小，产生的切削力不大，所以加大进给量对工艺系统的强度和刚度影响较小。半精车、精车时，进给量的选择主要受表面粗糙度值的限制。要求表面粗糙度值越小，进给量就选择小些。

③切削速度：为了提高工件的表面质量，用硬质合金车刀精车时，一般采

用较高的切削速度（$v_c > 80\text{m/min}$）；用高速钢车刀精车时，一般选用较低的切削速度（$v_c < 5\text{m/min}$）。在数控车床上车削工件时，切削速度可选高些。

（2）粗车时切削用量的选择：粗车时选择切削用量主要是考虑提高生产率，同时兼顾刀具寿命。加大背吃刀量 a_p、进给量 f 和提高切削速度 v_c 都能提高生产率。但是，它们都会对刀具寿命产生不利影响，其中影响最小的是 a_p，其次是 f，最大的是 v_c。因此，粗车时选择切削用量，首先应选择一个尽可能大的背吃刀量 a_p，其次选择一个较大的进给量 f，最后根据已选定的 a_p 和 f，在工艺系统刚度、刀具寿命和机床功率许可的条件下，选择一个合理的切削速度 v_c。

28. 切削液的作用有哪些？如何选用切削液？

答：切削液的主要作用是润滑和冷却作用，加入特殊添加剂后，还可以起到清洗和防锈的作用，以保护机床、刀具、工件等不被周围介质腐蚀。切削液的作用及特点说明如下：

（1）润滑作用：切削液的润滑作用是通过切削液渗透到刀具与切屑、工件表面之间形成润滑膜面，减小摩擦，减缓刀具的磨损，降低切削力，提高已加工表面的质量。同时，还可减小切削功率，提高刀具寿命。

（2）冷却作用：切削液的冷却作用是使切屑、刀具和工件上的热量散失，使切削区的切削温度降低，起到了减少工件因热膨胀而引起的变形和保证刀具切削刃强度、延长刀具寿命，提高加工精度的作用，又为提高劳动生产效率创造了有利条件。切削液的冷却性能取决于它的热导率、比热容、汽化热、流量、流速等，但主要靠热传导。水的热导率为油的 $3 \sim 5$ 倍，比热容约大 1 倍，故冷却性能比油好得多。乳化液的冷却性能介于油和水之间，接近水。

（3）清洗作用：浇注切削液能冲走碎屑或粉末，防止它们黏结在工件、刀具、模具上，起到了提高工件的表面粗糙度、减少刀具磨损及保护机床的作用。清洗性能的好坏，与切削液的渗透性、流动性和压力有关。一般而言，合成切削液比乳化液和切削油的清洗作用好，乳化液浓度越低，清洗作用越好。

（4）防锈作用：切削液能够减轻工件、机床、刀具受周围介质（空气、水分等）的腐蚀作用。在气候潮湿的地区，切削液的防锈作用显得尤为重要。切削液防锈作用的好坏，取决于切削液本身的性能和加入的防锈添加剂。

总之，切削液的润滑、冷却、清洗、防锈作用并不是孤立的，它们有统一的一面，又有对立的一面。油基切削液的润滑、防锈作用较好，但冷却、清洗作用较差；水溶性切削液的冷却、清洗作用较好，但润滑、防锈作用较差。

第二章 车 床

1. CA6140 型卧式车床有哪些特点?

答: CA6140 型车床是我国自行设计制造的一种卧式车床,具有以下特点:

(1) 机床刚性好,抗振性能好,可以进行高速强力切削和重载荷切削。

(2) 机床操纵手柄集中,安排合理,溜板箱有快速移动机构,进给操纵较直观,操作方便,可减轻劳动强度。

(3) 机床具有高速细进给量,加工精度高,表面粗糙度小(公差等级能达到 IT6~IT7,表面粗糙度可达 $Ra1.25$)。

(4) 机床溜板刻度盘有照明装置,尾座有快速夹紧机构,操作方便。

(5) 机床外形美观,结构紧凑,清除切屑方便。

(6) 床身导轨、主轴锥孔及尾座套筒锥孔都经表面淬火处理,延长使用寿命。

2. 你知道卧式车床的结构及用途吗?

答: 卧式车床在车削加工中应用最为广泛,它的主轴水平放置,主轴箱在左边,刀架和溜板箱在中间,尾座在最右边,这样装卸和测量工具都很方便,也便于观察切削情况。

卧式车床的形式及主要部分如图 2-1 所示。卧式车床的结构及用途见表2-1。

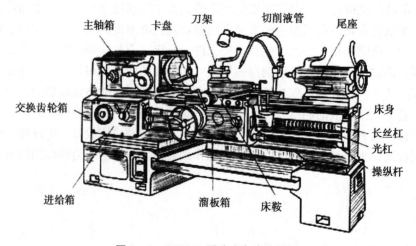

图 2-1 CA6140 型卧式车床外形图

表 2－1　　　　　　　　　　卧式车床的结构及用途

结构类型		用途说明
车头部分	主轴箱	用来支撑和带动车床主轴及卡盘转动，可以通过变换箱外的3个手柄位置，使主轴得到各种不同的转速
	卡盘	连接在主轴上，用来夹持工件并带动工件一起转动
交换齿轮箱部分		用来把主轴的传动传给进给箱。调换箱内的齿轮，并与进给箱配合，可以车削出各种不同螺距的螺纹
进给部分	进给箱	利用其内部的齿轮机构，可以把主轴的旋转运动按所需传动比通过光杠或丝杠传给溜板箱。进给箱上有3个手柄（如图2-2所示），2、3为螺距及进给量调整手柄，1为光杠、丝杠变换手柄，手柄3有8个挡位，手柄2有 I ～IV 4 个挡位，手柄1有 A、B、C、D 4 个挡位，其中 A、C 为光杠旋转，B、D 为丝杠旋转。进给量及螺距的选择可由手柄1、2、3相配合来实现。各手柄的具体位置可在进给箱盖板上的表格中查到 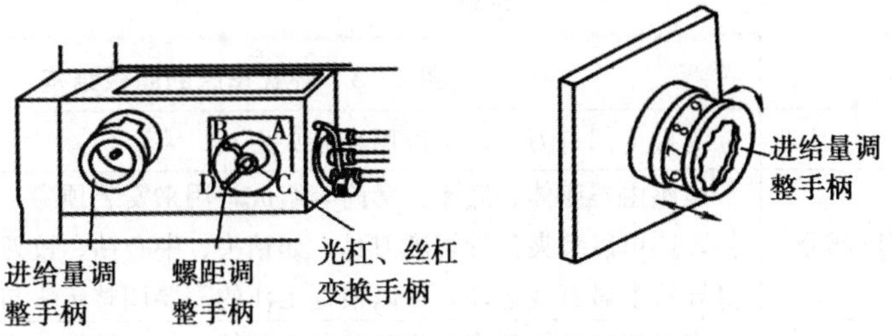 图 2－2　进给箱
	长丝杠	用来车削螺纹，它能通过溜板使车刀按要求的传动比做很精确的直线移动
	光杠	用来把进给箱的运动传给溜板箱，使车刀按要求的速度做直线进给运动
溜板部分	溜板箱	把长丝杠或光杠的传动传给溜板，变换箱外的手柄位置，经溜板使车刀做纵向或横向进给
	溜板	溜板包括床鞍、中溜板（或中滑板）和小溜板（或小滑板）等（如图2-3所示）。床鞍是在纵向车削工件时使用，中溜板是在横向车削工件和控制切削深度时使用，小溜板是在纵向车削较短的工件或圆锥面时使用。床鞍与床面导轨配合，摇动手轮可以使整个溜板部分左右移动做纵向进给。中溜板手柄装在中溜板内部的丝杠上。摇动手柄，中溜板就会横向进刀或退刀。小溜板手柄与小溜板内部的丝杠连接。摇动手柄时，小溜板就会纵向进刀或退刀。小溜板下部有转盘，其圆周上有两个固定螺钉，可以使小溜板转动角度后锁紧

续表

结构类型		用 途 说 明
溜板部分	溜板	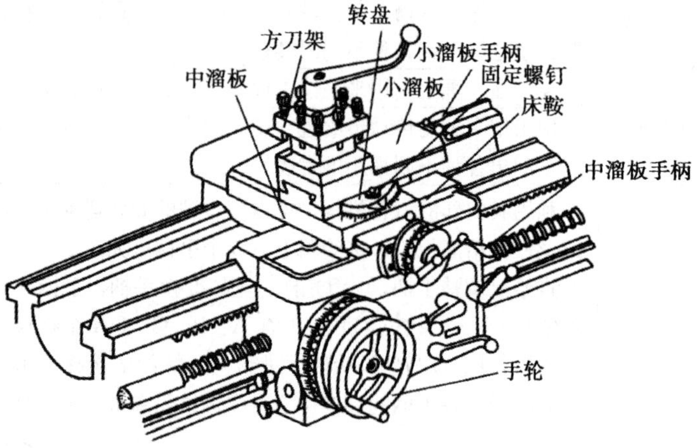 图 2-3 卧式车床的溜板结构
	刀架	溜板上部有刀架，可以用来装夹刀具
尾座部分		尾座由尾座体、底座、套筒等组成，用来安装顶尖，以便支顶较长的工件，还可以装夹各种切削刀具，如钻头、中心钻、铰刀等。尾座可以在床身导轨上做直线运动，可以根据工作的需要调整床头与尾座之间的距离
床身部分		床身用来支持和安装机床的各个部件，如主轴箱、进给箱、溜板箱、溜板和尾座等。床身上有两条精确的导轨，溜板和尾座可沿导轨面移动
附件	中心架	车削较长工件时，必须用中心架支撑工件
	冷却液管	在切削时用来浇注冷却润滑液，以便降低工件和刀具的温度，提高切削质量，延长刀具寿命

3. 车床调整的目的是什么？主要包括哪些内容？

答：车床在使用中相对运动部件的磨损会使精度降低，性能变差。因此，为满足零件加工精度，不同切削方式与工艺操作的要求，使机床正常运转，就必须对车床进行调整。

例如：高速切削时，主轴轴承间隙应适当调大以防止闷车；强力和断续车削时，为保证足够的切削动力、刚性和减少振动，应适当调紧三角皮带、摩擦离合器和减小滑动面间隙；车削细长杆类零件时，要调整尾座与主轴轴线的位置精度来保证零件的精度等。一台车床的性能和加工零件的质量在很大程度上取决于车床的及时与合理调整。

车床调整的主要内容有：

（1）保证运转精度的调整。

（2）保证机床输出额定切削功率的调整。

32

（3）保证和提高机床刚性，减少振动的调整。

（4）保证工艺和操作要求的调整。

4. CA6140 型卧式车床主轴结构有何特点？怎样调整主轴承间隙？

答：主轴部件是车床的关键部件，工作时工件装夹在主轴上，并由其直接带动旋转作为主运动。因此主轴的旋转精度、刚度和抗振性对工件的加工精度和表面粗糙度有直接影响。如图 2 - 4 所示是 CA6140 型车床主轴部件。

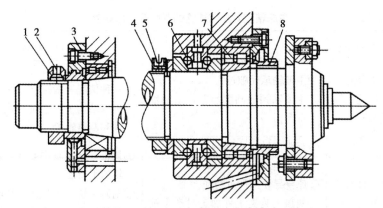

图 2 - 4　CA6140 型车床主轴部件

1、4、8. 螺母；2、5. 双列螺钉；3、7. 双列短圆柱滚子轴承；6. 推力角接触球轴承

为了保证主轴具有较好的刚性和抗振性，采用前、中、后 3 个支撑。前支撑用一个双列短圆柱滚子轴承 7（NN3021K/P5）和一个 60°角双向推力角接触球轴承 6（51120/P5）的组合方式，承受切削过程中产生的径向力和左、右两个方向的轴向力。后支撑用一个双列短圆柱滚子轴承 3（NlN3015K/P6）。主轴中部用一个单列短圆柱滚子轴承（NU216）作为辅助支撑（图中未画出），这种结构在重载荷工作条件下能保持良好的刚性和工作平稳性。

由于主轴前、后两支撑采用双列短圆柱滚子轴承，其内圈内锥孔与轴颈处锥面配合。当轴承磨损使径向间隙增大时，可以较方便地通过调整主轴轴颈相对轴承内圈间的轴向位置来调整轴承的径向间隙。中间轴承（NU216）只有当主轴承受较大力，轴在中间支撑处产生一定挠度时才起支撑作用。因此，轴与轴承间需要有一定的间隙。

（1）前轴承的调整方法。用螺母 4 和 8 调整，调整时先拧松螺母和螺钉 5，然后拧紧螺母 4，使轴承 7 的内圈相对主轴锥形轴颈向右移动。由于锥面的作用，轴承内圈产生径向弹性膨胀，将滚子与内、外圈之间的间隙减小，调整合适后，应将锁紧螺钉和螺母拧紧。

（2）后轴承的调整方法。用螺母 1 调整，调整时先拧松锁紧螺钉 2，然后拧紧螺母，其工作原理和前轴承相同，但必须注意采用"逐步逼紧"法，不能拧紧过头。调整合适后，应拧紧锁紧螺钉。一般情况下，只需调整前轴承即可，只有当调整前轴承后仍不能达到要求的回转精度时，才需调整后轴承。

5. 卧式车床精度对加工质量的影响有哪些？应如何调整？

答：机床精度不符合检验项目中所规定的允差值，会使工件加工时产生各种缺陷。车床精度对加工质量的影响及车床调整见表 2-2。在实际工作中，可根据与车床有关的因素调整或修理机床。

表 2-2　　　　　　　　车床精度对加工质量的影响及车床调整

工件产生的缺陷	产 生 原 因	消 除 方 法
车削工件时产生圆度误差（椭圆及棱圆）	①主轴轴承间隙过大 ②主轴轴颈的圆度超差，主轴轴承磨损	①调整主轴轴承间隙 ②这种情况一般反映在采用滑动轴承结构上。这时必须修磨轴颈和刮研轴承
车削工件时产生圆柱度误差（锥度）	①车头主轴中心线与床鞍导轨平行度超差 ②床身导轨面严重磨损 ③两顶尖装夹工件加工时产生锥度是由于尾座轴线与主轴轴线不重合 ④地脚螺钉松动，机床水平变动	①找正车床主轴中心线与床鞍导轨的平行度 ②刮研导轨，甚至进行大修 ③调整尾座两侧的横向螺钉 ④按导轨精度调整垫铁，并紧固地脚螺钉
车外圆时表面上有混乱的波纹（振动）	①主轴滚动轴承滚道磨损，间隙过大 ②主轴的端面圆跳动太大 ③用卡盘夹持工件切削时，因卡盘连接盘松动，使工件夹持不稳定 ④床鞍和中、小滑板的滑动表面间隙过大 ⑤使用尾座支持工件切削时，顶尖套不稳定，或回转顶尖滚动轴承滚道磨损，间隙过大	①调整或更换主轴滚动轴承 ②调整主轴推力球轴承的间隙 ③拧紧卡盘连接盘和装夹卡盘的螺钉 ④调整所有导轨副的压板和镶条，使间隙小于 $0.04\mu m$，并使移动平稳轻便 ⑤夹紧尾座套筒，更换回转顶尖
精车外圆时表面轴向上出现有规律的波纹	①溜板箱的纵向进给小齿轮与齿条啮合不良 ②光杠弯曲或光杠、丝杠的三孔不同轴，以及与车床导轨不平行	①如波纹之间距离与齿条的齿距相同时，即可认为这种波纹是由齿轮-齿条引起的。这时应调整齿轮-齿条的间隙，或更换齿轮、齿条 ②如波纹重复出现的规律与光杠回转一周有关，可确定为光杠弯曲所引起。这种情况必须将光杠拆下校直，装配时保证三孔在同一轴线上，使溜板在移动时不能有轻重现象

续表

工件产生的缺陷	产生原因	消除方法
精车外圆时圆周表面上出现有规律的波纹	①主轴上的传动齿轮齿形不良，齿部损坏或啮合不良 ②电动机旋转不平衡而引起机床振动 ③因为带轮等旋转零件振幅太大而引起振动 ④主轴间隙过大或过小	①出现这种波纹时，如果波纹的条纹与主轴上传动齿轮齿数相同，就可确定是主轴上传动齿轮所引起的。这时必须研磨或更换主轴齿轮 ②找正电动机转子的平衡，有条件时进行动平衡 ③找正带轮等旋转零件的振摆，对其外径、带槽进行修整车削 ④调整主轴间隙
精车后工件端面平面度超差（中凸或中凹）	①床鞍移动对主轴箱中心线的平行度超差，主轴中心线向前偏 ②中滑板导轨与主轴中心线垂直度超差	①找正主轴箱主轴轴线位置 ②刮研中滑板导轨
精车后工件端面圆跳动超差	主轴端面圆跳动超差	调整主轴轴向间隙
车削螺纹时螺距不均及乱牙（指小螺距的螺纹）	①丝杠的端面圆跳动超差 ②开合螺母磨损，与丝杠不同轴而造成啮合不良或间隙过大，以及因为其燕尾导轨磨损而造成开合螺母闭合时不稳定 ③由主轴经过交换齿轮而来的传动间隙过大	①调整丝杠的轴向间隙 ②修正开合螺母，并调整开合间隙 ③调整交换齿轮间隙

6. 怎样调整大、中滑板滑动面间隙?

答：大拖板与导轨的配合间隙以 0.015～0.025mm 为宜。导轨磨损后间隙增大，需进行调整。如图 2-5 所示，大拖板与床身导轨面的间隙是通过顶紧平压板 5 来实现的。调整时，顶紧螺钉 1，推动压板 5 来减小大拖板与床身导轨面的间隙，之后再拧紧螺母 2。

由图 2-6 可知，中拖板 3 与大拖板 4 的横向滑动面是燕尾导轨，由 C1：60 的镶条来调整间隙。调整时，旋转螺钉 1 使镶条前后移动，达到滑动面的间隙为 0.01～0.02mm。调整后，应使拖板移动比较轻便而且无阻滞现象。

7. 中滑板有窜动时，怎样进行调整?

答：中滑板丝杠的机构如图 2-7 所示，由前螺母 1 和后螺母 6 两部分组成，分别由螺钉 2、4 紧固在中滑板 5 的顶部，中间由楔块 8 隔开。因磨损使

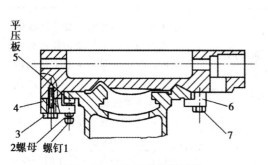

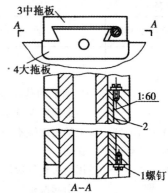

图 2-5 大拖板塞铁的调整　　　　图 2-6 中拖板塞铁的调整

丝杠 7 与螺母牙侧之间的间隙过大时，可将前螺母上的紧固螺钉拧松，拧紧螺钉 3，将楔块向上拉，依靠斜楔作用使螺母向左边推移，减小了丝杠与螺母牙侧之间的间隙。调整后，要求中滑板丝杠手柄摇动灵活，正反转时的空行程在 1/20 转以内，调整好后，应将螺钉 2 拧紧。

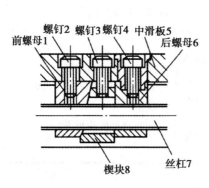

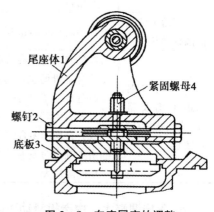

图 2-7 中滑板丝杠与螺母　　　　图 2-8 车床尾座的调整

8. 尾座在什么情况下需要调整？如何调整？

答： 下面两种情况需要调整尾座：

(1) 利用偏移尾座法车削较长而斜角较小的外圆锥时。

(2) 车削精度较高的细长轴时。

尾座分尾座体 1 和底板 3 两大部分（如图 2-8 所示）。通过旋入或旋出螺钉 2 来调整尾座体和底板之间的横向位置。调整时，首先松开尾座紧固螺母 4，然后先旋出一个螺钉 2 再旋进另一个螺钉 2，使尾座体相对底板偏移至需要的位置，最后将两个螺钉 2 都拧紧。

当用偏移尾座法车削锥体时，可按计算出的偏移量，并利用尾座刻度值

36

法、钢尺法、划线法、中拖板刻度法及百分表法等准确地调整偏移量。当车削细长轴时，可利用标准检验棒调整尾座体的移动量，应使检验棒侧母线与大拖板的移动方向平行。如上母线在尾座端偏高（或偏低）时，可在尾座体与底板之间的后端（或前端）加薄纸垫来调整。另外，也可以根据车削细长轴时出现的锥度误差或双曲线误差值来调整尾座位置。

9. 立式车床的结构特点和主要应用有哪些？

答： 立式车床分单柱式和双柱式两种（如图 2-9 所示）。单柱式车床加工直径较小，一般不超过 1600mm，双柱式立式车床加工直径较大，最大的已超过 2500mm。立式车床用于加工径向尺寸大而轴向尺寸相对较小且形状比较复杂的大型和重型零件，如各种盘、轮和壳体类零件。

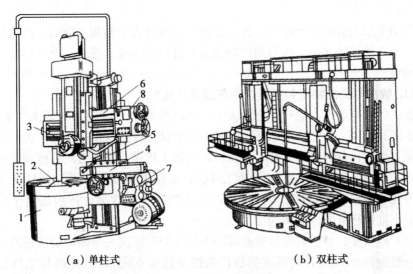

（a）单柱式 　　　　　　　　　（b）双柱式

图 2-9　立式车床的结构

立式车床在结构布局上的主要特点是主轴竖直布置，一个直径很大的圆形工作台呈水平布置，供装夹工件用，因而笨重工件的装夹和找正比较方便。此外，由于工件及工作台的重力由床身导轨或推力轴承承担，大大地减轻了立柱及主轴轴承的负载，因而能长期保证车床的加工精度。加工工件精度可达 IT17，表面粗糙度值可达 $Ra2.5$。立式车床结构上的另一个特点是不仅在立柱 6 上装有侧刀架 7，而且在横梁 5 上还装有立刀架 4，中小型立式车床的立刀架上，通常还带有五角星形刀架 3，其上可以装夹几组刀具。两个刀架可分别切削或同时切削，工作效率高。

立式车床的工作台 2 装在底座 1 上，工件装夹在工作台上并由工作台带动作主运动。进给运动由立刀架 4 和侧刀架 7 来实现。侧刀架可在立柱 6 的导轨上移动作垂直进给，还可以沿刀架滑座的导轨作横向进给。立刀架的滑座还可以倾斜一个角度，用以加工各种圆锥表面。横梁 5 可以根据工件的高度沿立柱导轨调整位置。

10. 自动车床的分类有哪几种？

答：一台车床在无须工人参与下，能自动完成所有切削运动和辅助运动，一个工件加工完成后，还能自动重复进行，这样的车床称为自动车床；能自动地完成一次工作循环，但必须由操作者卸下加工完毕的工件，装上待加工的坯料并重新启动车床，才能够开始下一个新的工作循环，这样的车床称为半自动车床。

自动和半自动车床能减轻操作者的劳动强度，并能提高加工精度和劳动生产率，所以在汽车、拖拉机、轴承、标准件等制造行业的大批量生产中应用极为广泛。

自动车床的分类方法很多。按主轴的数目可分为单轴和多轴的，按结构形式可分为立式和卧式的，按自动控制的方式可分为机械、液压、电气和数字程序控制等。

11. 数控车床的特点和主要应用范围是什么？

答：（1）高柔性。数控车床最大的特点是高柔性（可变的）。所谓"柔性"即是灵活、通用、万能，可以适应加工不同形状工件的自动化机床。数控车床在更换工件时，只需调用存储于计算机内的加工程序，调整刀具数据和装夹工件即可，不像一般自动车床在更换工件时，必须重新制造和更换凸轮或靠模等。因此，数控加工能缩短生产周期，大大提高生产效率，特别适用于多品种、中小批量和复杂成形面的加工。

（2）高精度。目前数控装置的脉冲当量（即每输出一个脉冲后滑板的移动量）一般为 0.001mm，高精度的数控系统可达 0.0001mm，能确保工件的精度。另外，数控加工还可以避免工人的操作误差，使一批加工零件的尺寸同一性特别好，大大提高了产品的质量。

由于数控机床的高精度和灵活性，能加工很多普通机床难以加工或者根本不能加工的复杂成形面。因此，数控机床首先被应用在航天、航空工业的机械加工中，对各种复杂模具加工也显示出其优越性。

（3）高效率。数控机床除了高柔性所带来的高效率外，从工件定额时间来分析，数控加工可有效地减少零件加工所需的机动时间和辅助时间。

一般数控车床的主轴转速和进给量都是无级变速的，因此有利于选择最佳切削用量。数控机床都有快进、快退和快速定位等功能，可大大减少辅助时间。数控车床在更换工件时几乎不需要使用专用夹具和工艺装备，缩短了辅助时间。因此，采用数控车床比普通车床可提高生产率 3～5 倍。对于复杂的成形面加工，生产率可提高十几倍，甚至几十倍。

（4）大大减轻了操作者的劳动强度。数控车床对零件加工是按事先编好的程序自动完成，操作者除了操作键盘、装卸工件和中间测量及观察机床运行外，不需要进行繁重的重复性手工操作，可大大减轻操作者的劳动强度。

由于数控机床具有独特的优点，因此它已成为金属切削机床的发展方向。但是，数控机床的编程操作比较复杂，对编程操作人员素质要求较高，否则很难发挥其优越性。另外，数控机床价格昂贵，如编程操作不慎，万一发生碰撞，其后果不堪设想。因此，编程操作人员必须进行专业培训。

12. 车床主轴箱温升过高引起车床热变形的原因及其排除方法有哪些？

答： 车床的轴类零件，特别是主轴，一般都与滚动轴承或滑动轴承组装成一体，并以很高的转速旋转，有时则会产生很高的热量，主轴箱内的主要热源是主轴轴承。这种现象如不及时排除，将导致轴承过热，并使车床相应部位温度升高而产生热变形，严重时会使主轴与尾架不等高，这不仅影响车床本身精度和加工精度，而且会把轴承甚至主轴烧坏。主轴轴承发热的原因及其排除方法见表2-3。

表 2-3　　　　　　　　　　主轴轴承发热的原因及其排除方法

原　因	排　除　方　法
轴承间隙不当	调整轴承间隙，车床主轴轴承的间隙一般为 0.015～0.03mm
装配质量低	重新装配，提高装配质量
主轴弯曲或箱体孔不同心	修复、校正主轴或箱体
润滑不良	消除油泵进油管的堵塞；检查润滑油牌号是否合适，定期更换旧润滑油；润滑要做到定时、定点、定量、定人、定质

13. 车床在加工过程中产生振动的原因及排除方法有哪些？

答： 车床在加工过程中产生振动，这是不可避免的，但是当振动剧烈时，不仅会降低被加工件的加工精度，影响生产率的提高，使车床各摩擦副加剧磨损，并将使刀具耐用度下降，特别是对于硬质合金、陶瓷等脆性刀具材料尤为显著。机床产生振动的原因及其排除方法见表2-4。

表 2-4　　　　　　　　　　车床振动的原因及其排除方法

原　因	排　除　方　法
主轴中心线的径向摆动过大	设法将主轴摆动调整减小，如果无法调整时，可采用角度选配法来减小主轴的摆动
电动机旋转不平衡	校正电动机转子的平衡
被加工工件偏心	正确装夹工件，准确找正
皮带接头不良	更换

续表

原　因	排　除　方　法
车床地脚螺栓松动，安装不正确	调整并紧固地脚螺栓
润滑、冷却不良	润滑、冷却液要充足
刀具与工件之间引起振动	①磨削刀具，保持切削性能 ②校正刀尖安装位置，使其略高于工作中心
因胶带等旋转件的跳动太大而引起的机床振动	①校正胶带轮等旋转件的径向圆跳动 ②对胶带轮V形槽进行切削

14. 车床噪声产生的原因及其排除方法有哪些?

答： 车床开动之后，由于各运动副之间作旋转或往复直线运动，周期地接触和分开，它们之间由于相互运动而产生一定的振动。此外，车床整个传动系统还会发生共振。因此，任何机床不管其结构如何合理、装配如何精确、操作如何得当，一经开动即会产生噪声。如果声音是有节奏的、和谐的，则属于正常现象，反之，如果声音过大，十分刺耳，则属于不正常现象。噪声是车床发生故障的先兆，因此正确分析噪声产生的原因，对迅速找出故障并排除故障至关重要。车床和其他机器一样，声音主要发生在传动部分，主轴箱、变速箱、进给箱等机构中的轴与轴承、互相啮合的齿轮、蜗轮与蜗杆、丝杠与螺母等都是噪声产生的主要部位。在一般情况下，噪声随着温度的升高、负荷和磨损的增大、润滑不良等而增大。噪声产生的原因及其排除方法见表2-5。

表2-5　　　　　　　　　　噪声产生的原因及其排除方法

项目	原　因	排　除　方　法
轴承	轴承精度低，装配不精确	选择精度高的轴承，提高装配质量
	轴承磨损严重，相对应的轴承不同心或传动轴弯曲变形	修复或更换轴承，校正传动轴
	电动机轴承损坏，装配不同心	修复或更换轴承，检查电动机轴的支承孔，使之同心后使用
	润滑不良	检查并疏通不畅通的管路，使需要润滑的部位有适量、清洁、符合规定要求的润滑油
齿轮	齿形加工不正确；啮合不正确，齿侧间隙过大或过小	检查调整齿轮副，按接触情况加以调整和修复
	齿轮打齿导致受力不均匀	成对更换齿轮
	传动轴产生变形或精度降低	调整、修复或更换，使轴恢复应有的精度
	齿轮工作面不清洁，有杂物	定期清洗齿轮箱，避免杂物掉入

15. 你知道车床是怎么润滑和保养的吗?

答: (1) 车床的润滑:要使车床正常运转并减少磨损,保持车床的精度和传动效率,延长车床的使用寿命,最好的办法就是对车床上所有的摩擦部分进行润滑。车床的常用润滑方式及说明见表2-6。

表2-6 车床的常用润滑方式及说明

润滑方式	说　　明
浇油润滑	将车床外露的滑动表面,如车床的床身导轨面、中溜板导轨面、小溜板导轨面和丝杠等,擦干净后用油壶浇油润滑
溅油润滑	车床齿轮箱内等部位的零件,一般是利用齿轮转动时把润滑油飞溅到各处进行润滑;注入新油时应用滤网过滤,油面不得低于油标中心线。换油期一般为每3个月1次
油绳润滑	用毛线浸在油槽中,利用毛细管作用把油引到所需的润滑处,如车床进给箱就是利用油绳润滑的[如图2-10(a)所示]
弹子油杯润滑	尾座和中、小溜板摇手柄转动轴承处,一般采用弹子油杯润滑。润滑时,用油嘴把弹子掀下,注入润滑油。弹子油杯润滑每班次至少1次[如图2-10(b)所示]
油脂(黄油)杯润滑	车床交换齿轮架的中间齿轮等部位,一般采用黄油杯润滑。在黄油杯中装满工业润滑脂,拧进油杯盖时,润滑油就挤入轴承套内[如图2-10(c)所示]
油泵循环润滑	这种方式是依靠车床内的油泵供应充足的油量来进行润滑

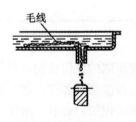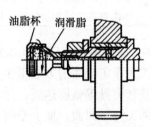

(a) 油绳润滑　　(b) 弹子油杯润滑　　(c) 油脂(黄油)杯润滑

图2-10 车床的润滑

(2) 车床维护保养:为了保证车床的工作精度,延长使用寿命,必须对自用车床进行合理的维护保养工作。车床维护的好坏,直接影响工件的加工质量和生产效率。当车床运行500小时以后,需进行一级保养。保养工作以操作工人为主,维修工人配合进行。保养时,必须首先切断电源,然后按保养内容和要求进行保养。具体内容及要求见表2-7。

表 2-7	普通车床一级保养内容及要求
保养部位	内 容 及 要 求
床身及外表	①清洗机床表面及死角，包括擦拭油盘、V带及安全罩，保持内外清洁、无锈蚀、无油污 ②消除导轨面毛刺
主轴箱	①紧拨叉上的定位螺钉，调节离合器 ②各定位手柄应无松动，手柄球齐全
进给箱及交换齿轮箱	①清洗各部位 ②检查和调整交换齿轮啮合间隙 ③轴套应无松动现象 ④各定位手柄应无松动，手柄球齐全
溜板及刀架	①清洗各部位丝杠和螺母 ②调整镶条间隙 ③调整中溜板丝杠间隙，刻度盘空转量允许 1/20 ④清洗刀架
尾 座	①清洗丝杠与套筒，并检查外表及锥孔有无伤痕 ②各转动手柄应灵活可靠，手柄齐全
润滑系统	①清洗滤油器、分油器及油管、油孔、油毡。按照规定加油，要求油路畅通，油标醒目，油毡有效 ②拧紧油泵固定螺钉
冷却系统	①冷却槽无沉淀物，各部位擦拭干净 ②管路畅通，牢固整齐
电 器	①清理电器箱灰尘，擦拭电机 ②检查各电器接触情况，接线要牢固

16. 扩大车床应用范围的基本方法是什么？

答：扩大车床应用的方法很多，一种是不改变车床的任何机构，只添置一些专用工具和夹具等就能达到，如加上磨削工具，即能磨削加工；加上仿形装置，即能加工特形曲面；加上专用工具，即能铣削、镗削、研磨、滚压、旋压及抛光等。另一种是将车床做局部的改装，如垫高主轴箱和刀架，即能小床干大活；接长尾座床身，扩大中心架位置，即能短床干长活；装上镗头、铣头以及有关辅助工具，即能镗削和铣削。再一种是将车床作较大的改装或利用某些主要部分，加上必要的辅助工具等，即可改成插床、拉床等。

17. 怎样用小车床车大工件？

答：被加工工件的回转半径超过车床所能加工的最大直径或最大回转半径范围，就无法进行加工了。为了使小车床能加工大工件，常用垫高法和镗削法来扩大车床的应用。

（1）垫高法。利用按车床床身导轨形状配置的垫块，将床头箱和尾座垫高，使车床的最大回转半径得以扩大。刀架也须相应垫高，其垫块结构依刀架而定。

（2）镗削法。利用刀具的旋转和移动进给或者刀具的旋转和工件的移动进给，对固定在床身导轨上或中拖板夹具中的工件进行孔和端面的加工，从而使一些不规则的工件和直径较大的工件能在车床上完成加工。如图2-11所示是利用镗削法加工大工件的情况。

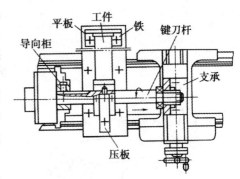

图 2-11 镗削法加工大工件

采用镗削法加工时，为了使工件内孔中心和主轴中心重合，可通过垫高和校正工件轴线来保证。

18. 怎样用短车床车长工件？

答：车床所能加工的工件长度范围，按不同机床型号均有一定规格。为了解决设备条件的不足，常用扩大中心架使用范围和加大车床工作长度等方法，实现短车床加工长工件。

（1）扩大中心架使用范围。主要是通过卸下尾座、增加支架、改革中心架结构等方法，使长工件得到辅助支撑，从而减少车削过程产生的振动和弯曲变形，来满足正常加工的要求。如图2-12和图2-13所示是几种扩大中心架使用范围的方法。其中，弯头中心架是为解决车床拖板与中心架相碰，而扩大支撑的一种改革结构装置，弯头部分可以向主轴方向或者向尾座方向。滚动托架是加工长而大的工件所需的一种支撑装置，可代替中心架使用。

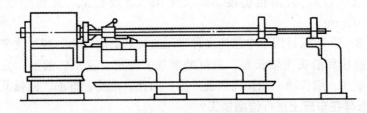

图 2-12 扩大中心架支撑

（2）加大车床工作长度。主要是通过加长机床床身、并列使用同类车床等方法，解决大于车床规格长度1倍以上的工件加工。如图2-14所示是两台车床并列使用。但应注意：

①严格校正被移动车床的安装位置，保证导轨面相互平行；

②被移动的车床必须紧固，以防车削中位置变化。

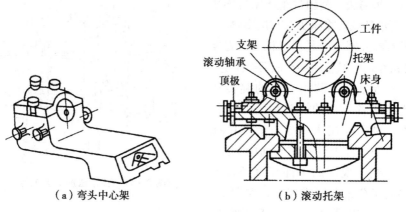

（a）弯头中心架　　　　　　（b）滚动托架

图 2-13　特殊支架

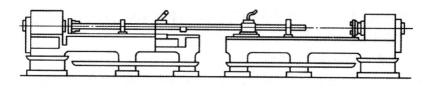

图 2-14　两台车床并列使用

19. 怎样在车床上进行磨削加工?

答：在车床上进行磨削加工，主要是利用现有车床，装上磨具，来完成车削加工不能达到，而磨床加工又难以满足要求的加工，并保证获得较高的尺寸公差和较低的表面粗糙度。

利用车床进行磨削加工，一般不需要改变机床结构，只要把磨削工具装夹在车床刀架上或是安装在拖板的刀架位置上，就可进行工作。其加工质量可达到精度 IT5~IT7，表面粗糙度 $Ra0.8$~$Ra0.2$ 或更低，几何形状偏差为 0.005~0.02mm。

如图 2-15 所示是用于车床的多种磨削工具和磨削方法。通过改变工具位置、砂轮形状和磨头主轴长短，就可磨削加工环形、套形、槽形、锥形、球形、长薄壁孔、细长轴、细长孔以及外圆、内孔、端面、锥面、圆弧面。

20. 怎样在车床上进行镗削加工?

答：(1) 在普通车床上进行镗削加工的特点。在卧式车床上进行镗削主要是解决镗床设备不足或是一些工件不适于镗床加工的矛盾。镗削与车削主要不同之处是：镗削时刀具作回转运动，工件作进给运动。在卧式车床上进行镗削加工，需要在车床主轴前端安装刀杆或刀座，用以装夹刀具，在床鞍或中滑板上安装辅具和工件，以实现镗削加工的成形运动。

在卧式车床上进行镗削与镗床镗削的差异之处在于：卧式镗床的主轴能轴

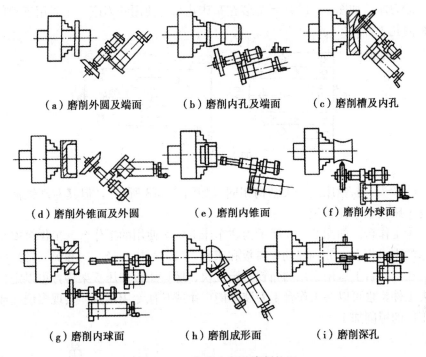

（a）磨削外圆及端面　　　（b）磨削内孔及端面　　　（c）磨削槽及内孔

（d）磨削外锥面及外圆　　（e）磨削内锥面　　　　（f）磨削外球面

（g）磨削内球面　　　　　（h）磨削成形面　　　　（i）磨削深孔

图 2-15　车床上各种磨削加工

向移动和垂直移动，以适应被加工工件内孔的轴线位置；卧式车床的主轴只能转动，不能轴向和垂直移动，因此在卧式车床上镗削时，应保证被加工内孔的轴线与车床主轴轴线重合。横向可由夹具或利用中滑板调整，高度方向（竖向）通常由夹具或将工件垫高来保证，当工件内孔中心高于车床主轴中心时，则需要采取将车床主轴箱垫高的方法使两轴线等高。

（2）卧式车床镗削常用辅助工具、夹具。

①镗刀杆。如图 2-16 所示为一种镗刀杆，左边锥柄部分与车床主轴锥孔相配，右边刀杆部分可一次安装数把刀具（根据工件需要）用以镗削带台阶的内孔，刀具在刀杆径向方孔内可按需要调整伸出长度，便于加工不同尺寸的内孔。镗刀杆右端中心孔与车床尾座顶尖相配，支撑镗刀杆，增加刀杆刚度。

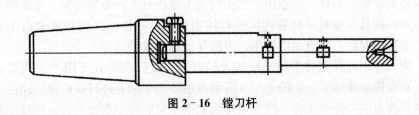

图 2-16　镗刀杆

②刀座。如图 2－17 所示为装在车床花盘上使用的刀座，主要用于镗削大直径内孔工件。

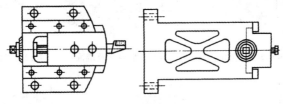

图 2－17　刀座

③镗头。与镗床用镗头结构相同（如图 2－18 所示），但其左端锥柄部分应与车床主轴锥孔相配。

④工作台。如图 2－19 所示为在车床上镗削使用的工作台。工作台安装在车床的中滑板上，分别移动中滑板和床鞍，可进行横（径）向和纵（轴）向进给。在工作台上运用通用的角铁、定位块、螺钉压板和压板架等，可以定位和装夹工件，也可以在工作台上安装万能虎钳或其他专用辅具，实现多位孔或较大工件的镗削加工。

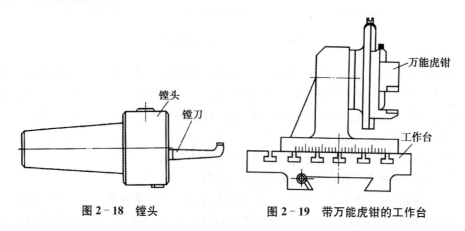

图 2－18　镗头　　　　　图 2－19　带万能虎钳的工作台

（3）在卧式车床上进行镗削加工的应用。除没有镗床或镗床设备不足，需在卧式车床上进行镗削加工外，一些批量较大、精度要求较高的单孔或多孔小型箱体类或板类零件，在镗床上加工时很不经济且生产效率不高。在车床上配备合适的镗具和辅具，代替镗床进行镗削加工，零件的几何精度全由工装保证，车床只起动力和进给的作用，可取得良好的效果。

使用专用辅具和对车床进行适当的改装，可以在卧式车床上实现双轴镗削、双头镗削等加工，如图 2－20 所示为在卧式车床上进行双头镗。卸去车床小滑板及刀架，装夹工件 3 的专用弯板支架 2 安装在中滑板上，由床鞍左右往复移动实现镗削进给。车床主轴孔中装有刀杆（前镗头 1）。在改装的尾座套筒 6 上装有镗孔装置（后镗头 5），其结构类似一个外壳转动的回转顶尖。安装时尾座位置调整好后，在镗削加工中固定不动。主轴动力通过传动轴 4 传递给后镗头 5，传动轴可以轴向移动并能缩入尾座套筒 6 中，以便于装卸和测量工件。利用这种方法除能保证工件两端孔的相对位置精度外，还可以大幅度提高工效且车床改装工作量不大，恢复原车床功能方便。

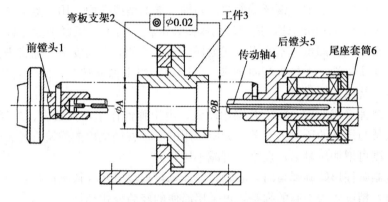

图 2-20　在卧式车床上进行双头镗

在安装镗刀（杆）的位置安装铣刀或钻头，可实现在车床上进行铣削、钻削加工。

21. 怎样在车床上绕制弹簧？

答：在车床上绕制弹簧一般采用冷绕法，适用于钢丝直径在 6mm 以下，其基本原理与车螺纹相同。钢丝直径在 3mm 以上时，经光亮退火以后绕制较好。

绕制弹簧的主要工具是心轴。考虑到绕后直径扩大，心轴直径要比弹簧内径小，一般是弹簧内径的 0.7～0.9 倍。心轴长度应比弹簧长些。热绕弹簧时，心轴直径应等于弹簧内径。

如图 2-21、图 2-22 和图 2-23 所示分别是在车床上绕制圆柱形弹簧、锥形弹簧、橄榄形弹簧的方法。钢丝可放在专用的放线架上。

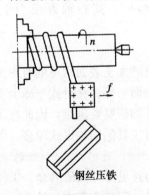

图 2-21　圆柱形弹簧的绕制方法

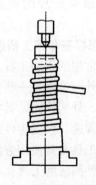

图 2-22　锥形弹簧的绕制方法

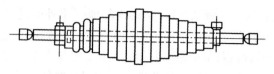

图 2-23　橄榄形弹簧的绕制方法

图 2-21 所示中，钢丝端部放入心轴一端的槽或孔内，用卡盘夹紧。在距心轴外径 80～120mm 处，把钢丝用压铁装卡在刀架上，压紧力大小以摇动横刀架能拉出钢丝即可，不宜太紧或太松。为了方便装卡与安全，通常把钢丝端部装在床头一端。大拖板朝向尾座方向运动。当主轴反转时，绕出右旋弹簧；正转时，绕出左旋弹簧。

冷绕弹簧成形后，当松开钢丝压铁，由于弹性作用，弹簧内、外径扩大，其扩大量与压铁的压紧力有关。如所选用的心轴直径绕出的弹簧直径大于所需直径，则可增加压紧力；反之，可减小压紧力。

绕制圆柱形螺旋弹簧时，心轴直径计算可按以下两种情况进行：

（1）精度要求不高的弹簧，可采用简便的经验公式计算：

$$D_0 = (0.7 \sim 0.9)D_1 \, (\mathrm{mm})$$

式中　D_0——为心轴直径（mm）；

　　　D_1——为弹簧内径（mm）。

如果弹簧是以内径定位，系数选用大值；若以外径定位，系数选用小值。

（2）钢丝材料为高级或中级弹簧钢丝，计算心轴直径的经验公式为：

$$D_0 = D_1 \big[(1 - 0.0167 D_2/d) \pm 0.02\big] \, (\mathrm{mm})$$

式中　D_2——为弹簧中径（mm）；

　　　d——为钢丝直径（mm）。

式中 ± 0.02 系数选取原则：当用中级弹簧钢丝，$d < 1\mathrm{mm}$，取 -0.02；$d > 2.5\mathrm{mm}$，取 $+0.02$。当用高级弹簧钢丝，$d < 2\mathrm{mm}$ 取 -0.02；$d > 3.5\mathrm{mm}$，取 $+0.02$。钢丝直径在上述范围之外，此项系数可不考虑。

对于退火处理的钢丝，在车床上冷绕时，其心轴直径小于弹簧内径 1～2mm。

22. 怎样在车床上研磨和抛光？

答：常用的研磨工具及其使用：进行研磨加工表面常见的有平面、内外圆柱面、内外圆锥面及一些特形面（如螺纹表面）等。在卧式车床上手工研磨的主要是内、外圆柱面，其中内孔的研磨比外圆研磨要困难，因此在车床上研磨内孔较为普遍。根据零件结构的不同，研磨工具的结构形式较多。下面介绍常用的研磨工具及其使用方法。

（1）外圆研磨工具。如图 2-24 所示为常见的外圆研磨套。工件安装在车床的卡盘内或顶尖间，由主轴带动低速回转。研磨套套在工件上，通过螺钉调整，使研磨套与工件间保持一定的配合间隙。研磨时，将研磨剂均匀涂覆在工件表面上，在工件低速回转的同时，用手扶研磨套沿工件轴线方向作往复移动。在工件与研磨套的相对运动中，研磨剂中的磨料对工件起切削作用，辅助材料与工件表面起化学作用，加速研磨过程。粗研用的研磨套，内壁加工有储油槽 [如图 2-24(a) 所示]；精研用的研磨套，内壁无储油槽 [如图 2-24(b) 所示]。

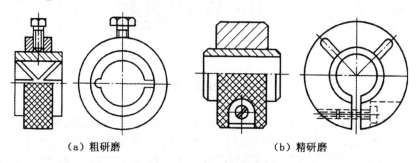

(a) 粗研磨　　　　　　　　(b) 精研磨

图 2-24　外圆研磨套

如图 2-25 所示为使用较广泛的套式外圆研磨工具。研磨套 2 由铸铁材料制成，它的内径尺寸按工件 1 尺寸确定，长度为工件加工表面长度的 1/2，内壁加工有数条左、右旋向的螺旋槽。使用时，将夹箍 3 套在研磨套外圆上，用螺栓 4 调节研磨套与工件表面间的间隙（一般为 0.01～0.03mm）。当车床主轴带动工件低速回转时，手持夹箍的手柄使研磨工具沿工件轴线方向往复移动进行研磨。这种研磨工具适用于外径尺寸较大的工件。对于一些长度较短，不适于使用研磨套且精度要求不太高的外圆表面，可用铸铁板或有机玻璃板作研磨工具进行研磨。

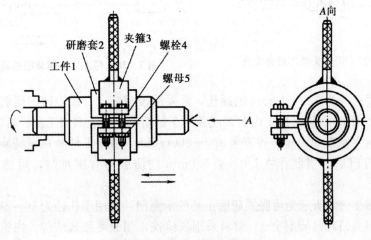

图 2-25　套式外圆研磨工具

（2）内孔（通孔）研磨工具。通孔的研磨工具有整体和可胀式两种。孔径较小时均使用整体式，它具有结构简单、容易制造的特点，但工具磨损后不能调节和修复。研磨孔径较大的工件，可采用可胀式研磨工具。

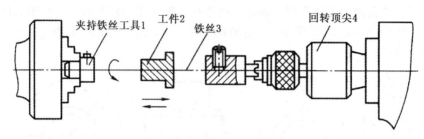

图 2-26　用铁丝做研磨工具

研磨孔径为 0.3～1.0mm 的小孔可使用铁丝或钻头柄做研磨工具。如图 2-26 所示为用铁丝做研磨工具的简图。在车床主轴和尾座回转顶尖上安装有夹持铁丝工具 1，夹持铁丝 3 两端并将其拉紧。铁丝由主轴带动回转，转速为 750～1200r/min。工件 2 内孔套在铁丝上并由手扶持工件左、右轴向移动进行研磨。铁丝的直径应按工件内孔直径选择，通常小于 0.01mm。用这种方法研磨的工件，内孔精度可达 IT7 级，表面粗糙度 $Ra0.8$。

如图 2-27 所示为用钻头柄作研磨工具的简图。钻头尾柄 2 倒夹在钻夹头 1 内，由车床主轴带动回转，手持工件 3 在钻头柄上往复移动进行研磨。钻头柄直径较工件孔径小 0.01mm，注意钻头柄不能弯曲和有夹伤痕迹。

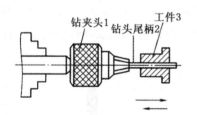

图 2-27　用钻头柄作研磨工具

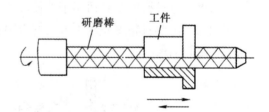

图 2-28　带左、右螺旋槽的研磨棒

研磨孔径为 1.0～10mm 的通孔，常采用带有左、右螺旋槽的研磨棒（如图 2-28 所示）。研磨棒 1 由黄铜或紫铜车制而成，其表面加工左、右螺旋槽。研磨棒由主轴带动回转，转速为 380～600r/min，手持工件 2 在研磨棒上往复移动进行研磨。当制作 ϕ1.0～ϕ3.0mm 的研磨棒有困难时，可选用铜丝代替。

如图 2-29 所示为可胀式研磨工具的示意图，适用于孔径为 10～80mm 的通孔研磨。研具（研磨套 2）材料采用灰铸铁，制成可胀式结构。内锥面与心轴锥面相配（1/2 锥角取 1°30′～3°），并经着色检查。研磨套外径较工件 1 孔径小0.01～0.03mm。研磨时，将工件套在研磨工具上，研磨工具由主轴带动回转，转速为90～150r/min，工件沿轴向往复移动进行研磨。当研磨套外径磨损时，由于轴向开有0.5～10mm的切口，往主轴箱方向移动研磨套，可使其外胀而多次使用。研磨孔径更大的通孔工件，可采用两端可胀式的研磨工具。

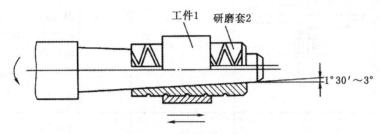

图2-29　可胀式研磨工具

在卧式车床上抛光：抛光是用极细的磨料由有弹性的抛光轮或抛光带携带，相对工件高速运转下进行的精密加工。抛光工具常用材料有皮革、毛毡、呢料、斜纹布、亚麻布、橡胶和木材等。

抛光的加工过程可分为两个阶段：第一阶段是在高速下用极细的磨料从被抛光表面上除去凸起细小金属的微量切削；第二阶段是在摩擦作用和高温情况下对被抛光表面层金属的塑性变形加工。

抛光用磨料根据被磨光工件材质进行选择，钢制工件常用刚玉类磨料，铸铁工件常用碳化硅磨料。在车床上抛光，多用于车削加工以后的辅助工序，尤以特形面加工最为常见。抛光前，工件经精车达到尺寸精度和一定的表面粗糙度（Ra为3.2～1.6μm）。抛光时，主轴带动工件高速回转，手持涂覆或沾有抛光膏的抛光工具，轻压工件表面进行加工。

23. 在车床上进行滚压加工的原理和滚压加工形式是什么？

答：滚压加工是用滚压工具对金属坯料或工件施加压力，使其产生塑性变形，从而将坯料成形或滚光工件表面的加工方法。坯料成形的滚压加工一般在专用滚压机床进行，在卧式车床上进行滚压加工，主要是工件的光整和表面强化加工。工件经滚压后的表面粗糙度可达0.4～0.025μm，尺寸精度达IT6～IT7级。滚压使工件表面层材料的金相组织形成有利的残余应力分布，从而提高零件的力学性能和使用寿命。滚压后工件表面硬化层深度达0.1～3mm，表面硬度增高5%～50%，使零件的疲劳强度、耐磨性和耐腐蚀性能显著提高。

表2-8所列为在卧式车床上进行滚压加工常用的各种形式、种类、加工效果及适用范围。根据工件结构尺寸和形状、材料和技术要求，可参照表2-8所列类型，合理选择滚压的形式、滚压工具，以达到预期的滚压效果。

表 2-8　　　　　滚压加工形式、加工效果和使用范围

工具名称	图　示	加工效果				适用范围
		硬化层厚度	硬度提高	达到精度等级	表面粗糙度	
单钢球刚性滚压工具	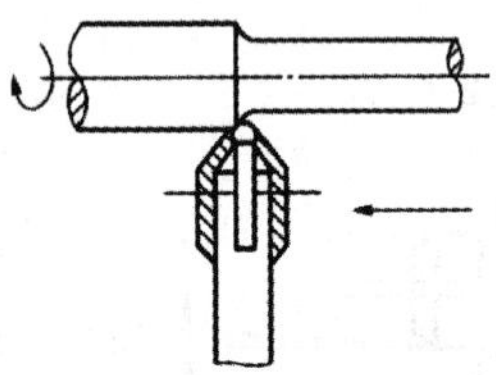	0.2~2.5	10~50	IT6	滚压前：6.3~3.2 滚压后：0.8~0.2	小型车床滚压细长或薄壁零件
单钢球弹性滚压工具	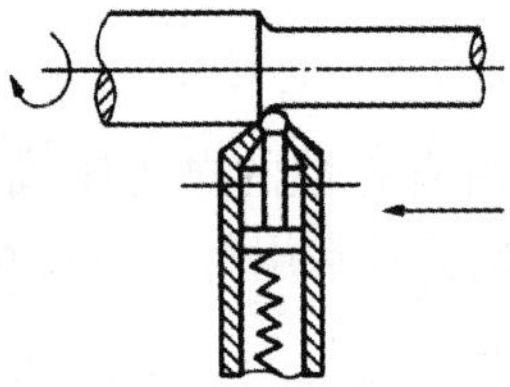	0.2~1	5~30	IT6	滚压前：6.3~3.2 滚压后：0.4~0.2	小型车床滚压细长或薄壁零件
多钢球刚性滚压工具	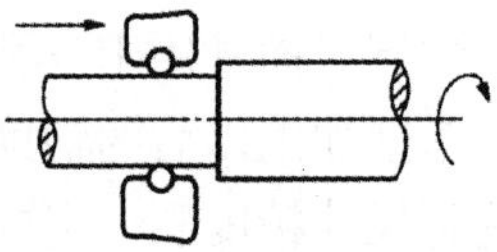	0.2~2	5~50	IT6	滚压前：6.3~3.2 滚压后：0.2~0.1	小型车床滚压细长或薄壁零件
单轮刚性滚压工具	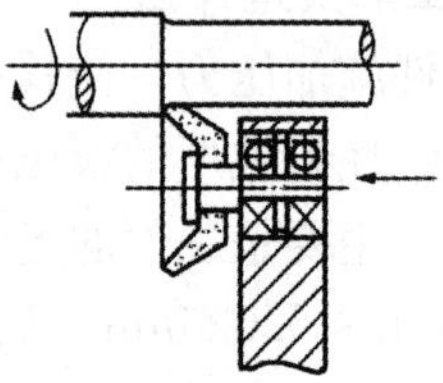	0.2~0.3	5~50	IT6~IT5	滚压前：6.3~3.2 滚压后：0.4~0.1	中、小型车床滚压刚性较好的轴类零件
锥形头滚压工具	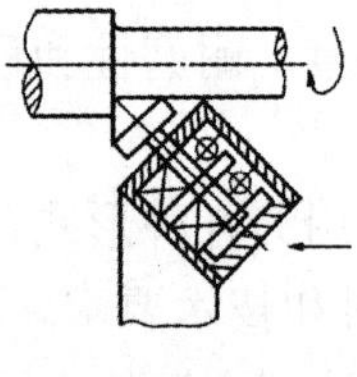	0.1~1	5~25	IT6	滚压前：3.2~1.6 滚压后：0.8~0.2	小型车床滚压一般轴类零件

续表

工具名称	图 示	加工效果				适用范围
		硬化层厚度	硬度提高	达到精度等级	表面粗糙度	
单滚柱弹性滚压工具	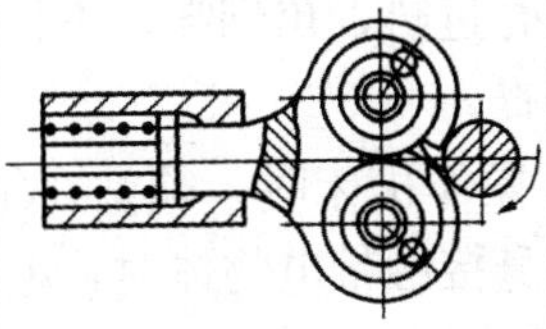	0.1～1.5	5～30	IT6～IT5	滚压前：3.2～1.6 滚压后：0.8～0.2	小型车床滚压细长轴类零件
三辊液压滚压工具	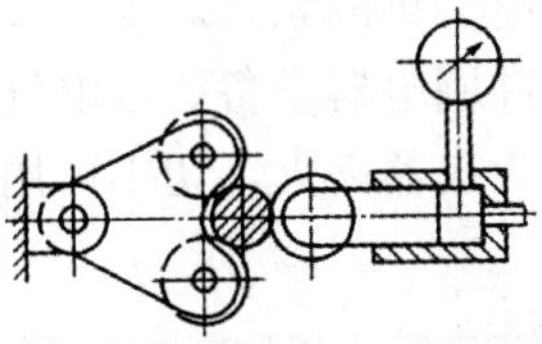	0.2～3	10～50	IT6	滚压前：6.3～3.2 滚压后：0.8～0.1	大、中型车床零件滚压
液压单滚轮滚压工具	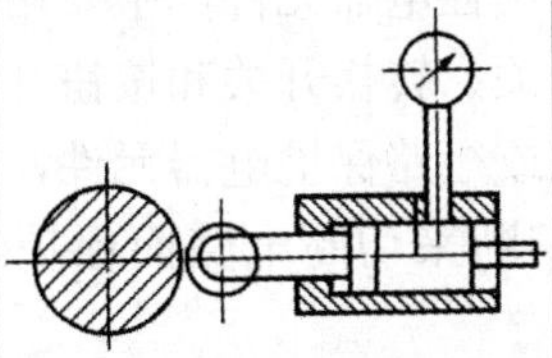	0.5～3	15～50	IT6～IT5	滚压前：6.3～3.2 滚压后：0.4～0.2	中、小型车床滚压轴类零件
单辊圆角滚压工具	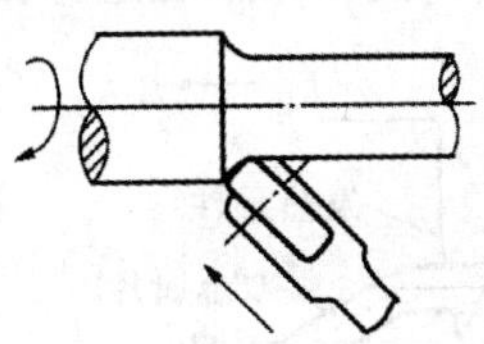	0.2～3	10～30	IT6	滚压前：6.3～3.2 滚压后：0.8～0.2	较大圆角零件的滚压
单滚轮弹性滚压工具	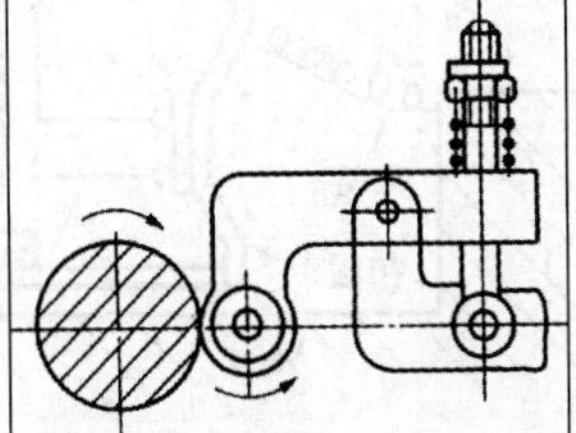	0.1～1.5	10～30	IT6	滚压前：6.3～3.2 滚压后：0.8～0.2	中、小型车床滚压轴类零件

24. 操作机床时，应注意哪些安全用电事项？

答：（1）严格遵守各种电气设备的安全操作规程。

（2）操作闸刀开关时，合闸、拉闸要果断迅速；操作时，人应站偏一些，开关盒要盖好，以防止熔丝飞溅或电弧伤人。

53

（3）电线不可受潮，注意不要将冷却液飞溅到电器元件上。

（4）不可损伤导线，特别要注意防止铁屑烧伤或拉伤电线；不许用铁钉或铁丝扎缚、固定电线。

（5）电器元件要经常注意保持良好的绝缘，防止油、水、铁屑等物进入。

（6）电动机运转中，若发现转速变慢、外壳过热、焦煳味、不正常的声音及不能启动等情况，应切断电源，及时进行检查。

（7）经常使电气设备的接地线保持完好，操作机床时，须站在绝缘体上，绝缘体一般为木制的脚踏板，其作用是：当人身接触带电物体时，电流不会通过人体流向大地，避免了"触电"，起到绝缘保护作用。

（8）对于一般无特殊装置的机床，要避免电动机的频繁启动。

（9）打扫卫生时，应切断电源，不得用水冲刷电器设备。因电气故障失火时，应先切断电源，再用四氯化碳或二氧化碳灭火器灭火，切不可用水或酸碱泡沫灭火器。

25. 手动电器开关和熔断器的作用是什么？

答：（1）手动电器开关是一种比较简单的手控电器元件，主要用来接通或切断机床主电路或控制电路，常见的有刀闸开关、转换开关和按钮开关等。

（2）熔断器是一种比较简便而有效的过载或短路保护电器元件，它是通过熔断器内的易熔合金在过电流的作用下生热熔断来切断电路而保护线路安全的，常见的有管式、插式和螺旋式熔断器等。

26. 车床电气系统中的热继电器起什么作用？其工作原理是什么？

答：热继电器是利用电流的热效应而动作的，一般用于电动机的过载保护，其工作原理如图2-30所示。图2-30所示中1是发热元件，由电阻不大的电阻丝或电阻片绕制而成，串接在电动机的主电路中。双金属片2由两种不同线膨胀系数的金属片压轧而成，上层膨胀系数小于下层。当主电路中电流超过允许值时，由于通

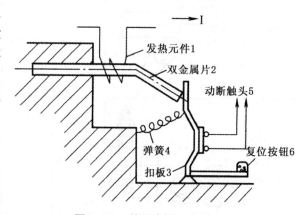

图2-30 热继电器工作原理

过的电流越大，产生的热量就越高，双金属片就因受热过高而膨胀。又由于下层金属片膨胀伸长得多，上层伸长得少，于是双金属片便向上弯曲而脱离扣板3，扣板3在弹簧4的拉力下将动断触头5断开，触头5是接在电动机的控制电路中的，因此控制电路断开，切断继电器的线圈电源，断开电动机的主

电路。

热继电器动作后一般不能自动复位，必须待双金属片冷却后按下复位按钮6，扣板3才能恢复到原来的位置。

27. 触电的形式有哪几种？遇到他人触电应采取哪些应急措施？

答：触电的形式有单相触电、两相触电和跨步电压触电。其中单相触电又可分为中性线接地和中性线不接地两种。当有人触电时，如在开关附近，应立即切断电源。如附近无开关，应尽快用干燥木棍等绝缘物体打断导线或挑开导线使之脱离触电者，绝不能用手去拉触电者。如伤者脱离电源后已昏迷或停止呼吸，应立即施行人工呼吸并送医院抢救。

第三章　轴类零件的车削

1. 轴类零件的结构特点是什么?

答:轴类零件是回转体零件,其长度大于直径。加工表面通常有内外圆柱面、内外圆锥面、螺纹、花键盘、键槽、横向孔和沟槽等。该类零件可分光轴、阶梯轴、空心轴和异形轴(包括曲轴、偏心轴、凸轮轴、花键轴等)。

若根据轴的长度 L 与直径 d 之比,又可分为刚性轴($L/d<12$)和挠性轴($L/d>12$)两类。

2. 轴类零件的技术要求有哪些?

答:(1)尺寸精度。轴类零件的支承轴颈一般与轴承相配,尺寸精度要求较高,为 IT5～IT7。装配传动件的轴颈尺寸精度要求较低,为 IT7～IT9。轴向尺寸一般要求较低,阶梯轴的阶梯长度要求高时,其公差可达 0.005～0.01mm。

(2)形状精度。轴类零件的形状精度主要是指支承轴颈和有特殊配合要求的轴。颈及内外锥面的圆度、圆柱度等。一般应将其误差控制在尺寸公差范围内,形状精度要求高时,可在零件图上标注允许偏差。

(3)位置精度。轴类零件的位置精度主要指装配传动件的轴颈相对于支承轴颈的同轴度,通常用径向跳动来标注。普通精度轴的径向跳动为 0.01～0.03mm,高精度轴通常为 0.001～0.005mm。

(4)表面粗糙度。一般与传动件相配合的轴颈表面粗糙度 Ra 为 3.2～0.4μm,与轴承相配合的轴颈表面粗糙度 Ra 为 0.8～0.1μm。

3. 车削轴类零件,如何确定其安装方法?

答:一般性的短轴,可用三爪或四爪卡盘装夹。用三爪卡盘装夹方便,略加校正即可加工,位夹紧力小。用四爪卡盘装夹需要将工件进行校正,比较费时,但夹紧力较三爪卡盘大。一般较大尺寸的工件用四爪卡盘装夹。如果工件是大量的短轴,这时为了方便起见,可用四爪卡盘上的 3 个爪夹持一 V 形铁,工件放在 V 形铁上,用第四爪把它夹紧,以后只要放松或夹紧第四个爪就能装卸工件。

直径与长度之比为 1:(10～12)的轴,可用两顶尖或一顶(或中心架)一夹安装工件;如果是径长比为 1:20 以上的长轴,加工时除了两顶尖或一夹一顶外，还需要用跟刀架。

4. 你知道轴类零件的车削加工是采用什么方法吗？

答：轴类零件是回转体零件，通常都是采用车削进行粗加工、半精加工。精度要求不高的表面往往用车削作为最终加工。外圆车削一般可划分为荒车、粗车、半精车、精车和超精车（细车）。

（1）荒车。轴的毛坯为自由锻件或是大型铸件时，需要荒车加工，以减小毛坯外圆表面的形状误差和位置偏差，使后续工序的加工余量均匀。荒车后工件的尺寸精度可达 IT15～IT18。

（2）粗车。对棒料、中小型的锻件和铸件可以直接进行粗车。粗车后的精度可达到 IT10～IT13，表面粗糙度 Ra 为 30～20μm，可作为低精度表面的最终加工。

（3）半精车。一般作为中等精度表面的最终加工，也可以作为磨削和其他精加工工序的预加工。半精车后，尺寸精度可达 IT9～IT10，表面粗糙度 Ra 为 6.3～3.2μm。

（4）精车。通常作为最终加工工序或作为光整加工的预加工。精车后，尺寸精度可达 IT7～IT8，表面粗糙度 Ra 为 0.6～0.8μm。

（5）超精车。超精车是一种光整加工方法。采用很高的切削速度（160～600m/min）、小的背吃刀量（0.03～0.05mm）和小的进给量（0.02～0.12mm/r），并选用具有高的刚度和精度的车床及良好的耐磨性的刀具，这样可以减少切削过程中的发热量、积屑瘤、弹性变形和残留面积。因此，超精车尺寸精度可达 IT6～IT7，表面粗糙度 Ra 为 0.4～0.2μm，往往作为最终加工。在加工大型精密外圆表面时，超精车常用于代替磨削加工。

安排车削工序时，应该综合考虑工件的技术要求、生产批量、毛坯状况和设备条件。对于大批量生产，为达到加工的经济性，则选择粗车和半精车为主；如果毛坯精度较高，可以直接进行精车或半精车；一般粗车时，应选择刚性好而精度较低的车床，避免用精度高的车床进行荒车和粗车。为了增加刀具的耐用度，轴的加工主偏角应尽可能选择小一些，一般选取 45°。加工刚度较差的工件（$L/d > 15$）时，应尽量使径向切削分力小一些，为此，刀具的主偏角应尽量取大一些，这时 k_r 可取 60°、75°甚至 90°来代替最常用的 $k_r = 45°$ 的车刀。

由于 k_r 角增大（大于 45°），径向切削力减小，工件和刀具在半径方向的弹性变形减小，所以可提高加工精度，同时增加抗振能力。但是 k_r 角增大后，切削厚度同时也增加，轴向切削力也相应增大，减少了刀具耐用度。因此，无特殊的必要不宜用主偏角很大的刀具。然而对于精车，应采用主偏角为 30°或更小角度的刀具，副偏角也要小一些，这样加工的表面粗糙度 Ra 值低，同时也提高了刀具的耐用度。

车削强度 $\sigma_b = 700\sim900\text{N/mm}^2$ 钢时，一般前角取 $12°\sim18°$，精车时前角应放大 $5°\sim8°$。但是切削强度极限高的韧性材料时，必须减小刀具前角。加工硬度低的韧性材料（低碳钢和韧性有色合金等）时，应使用前角大一些的车刀，但是前角太大（超过 $35°$）可能造成"咬刀"现象。

5. 轴类零件的车削加工时，常用中心孔的形状与尺寸的选用有哪些？

答：轴类零件加工时，工艺基准一般是选用轴的外表面和中心孔。然而中心孔在图纸上，只有当零件本身需要时才注明，一般情况下则不注明。轴类零件加工，特别是 $L/d>5$ 以上的轴，必须借助中心孔定位，此时中心孔应按中心孔标准选用，见表 3-1、表 3-2、表 3-3、表 3-4 及表 3-5 中心孔型号和尺寸。

表 3-1　　　　　　　　　　A 型中心孔的型号和尺寸

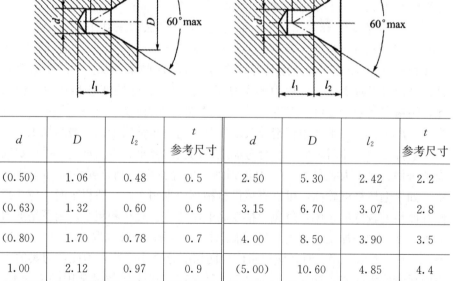

d	D	l_2	t 参考尺寸	d	D	l_2	t 参考尺寸
(0.50)	1.06	0.48	0.5	2.50	5.30	2.42	2.2
(0.63)	1.32	0.60	0.6	3.15	6.70	3.07	2.8
(0.80)	1.70	0.78	0.7	4.00	8.50	3.90	3.5
1.00	2.12	0.97	0.9	(5.00)	10.60	4.85	4.4
(1.25)	2.65	1.21	1.1	6.30	13.20	5.98	0.3
1.6	3.35	1.52	1.4	(8.00)	17.00	7.79	7.0
2.0	4.25	1.95	1.8	10.0	21.20	9.70	8.7

注：①尺寸 l_2 取决于中心钻的长度 l_1，即使中心钻重磨后再使用，此值也不应小于 t 值。

②表中同时列出了 D 和 l_2 尺寸，制造厂可任选其中一个尺寸。

③括号内的尺寸尽量不采用。

| 表 3－2 | | | | | B 型中心孔的型号和尺寸 | | | | |

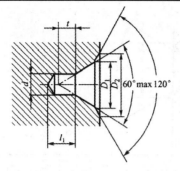 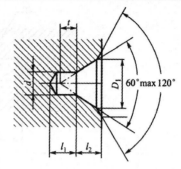

d	D_1	D_2	l_2	t 参考尺寸	d	D_1	D_2	l_2	t 参考尺寸
1.00	2.12	3.15	1.27	0.9	1.60	3.35	5.00	1.99	1.4
(1.25)	2.65	4.0	1.60	1.1	2.0	4.25	6.30	2.54	1.8
2.50	5.30	8.00	3.20	2.2	6.30	13.20	18.00	7.36	5.5
3.15	6.70	10.00	4.03	2.8	(8.00)	17.00	22.40	9.36	7.0
4.00	8.50	12.50	5.05	3.5	10.00	21.20	28.00	11.66	8.7
(5.00)	10.60	16.00	6.41	4.4	—	—	—	—	—

注：①尺寸 l_2 取决于中心钻的长度 l_1，即使中心钻重磨后再使用，此值也不应小于 t 值。

②表中同时列出了 D_2 和 l_2 尺寸，制造厂可任选其中一个尺寸。

③尺寸 d 和 D_1 与中心钻的尺寸一致。

④括号内的尺寸尽量不采用。

| 表 3－3 | | | | | C 型中心孔的型号和尺寸 | | | | |

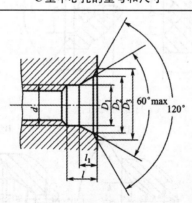

d	D_1	D_2	D_3	l	l_2 参考尺寸	d	D_1	D_2	D_3	l	l_2 参考尺寸
M3	3.2	5.3	5.8	2.6	1.8	M10	10.5	14.9	16.3	7.5	3.8
M4	4.3	6.7	7.4	3.2	2.1	M12	13.0	18.1	19.8	9.5	4.4
M5	5.3	8.1	8.8	4.0	2.4	M16	17.0	23.0	25.3	12.0	5.2
M6	6.4	9.6	10.5	5.0	2.8	M20	21.0	28.4	31.3	15.0	6.4
M8	8.4	12.2	13.2	6.0	3.3	M24	26.0	34.2	38.0	18.0	8.0

表 3 - 4　　　　　　　　　　　　　R 型中心孔

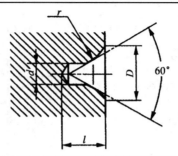

单位：mm

d	D	l_{min}	r		d	D	l_{min}	r	
			max	min				max	min
1.00	2.12	2.3	3.15	2.50	4.00	8.50	8.9	12.50	10.00
(1.25)	2.65	2.8	4.00	3.15	(5.00)	10.60	11.2	16.00	12.50
1.60	3.35	3.5	5.00	4.00	6.30	13.20	14.0	20.00	16.00
2.00	4.25	4.4	6.30	5.00	(8.00)	17.00	17.9	25.00	20.00
2.50	5.30	5.5	8.00	6.30	10.00	21.20	22.5	31.50	25.00
3.15	6.70	7.0	10.00	8.00					

注：括号内的尺寸尽量不采用。

表 3 - 5　　　　　　　　　　　75°、90°中心孔

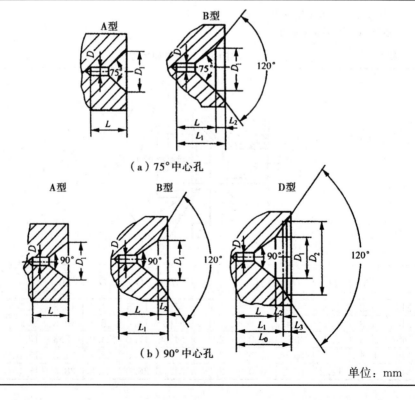

（a）75°中心孔

（b）90°中心孔

单位：mm

续表

D	D_1		D_2	L_0	L_1		L		L_2		L_3
	75°	90°	90°	90°	75°	90°	75°	90°	75°	90°	90°
3	9	—	—		8		7		1	—	
4	12	—	—	—	11.5	—	10	—	1.5	—	—
6	18	—	—		6		14		2		
8	24				21		19		工件		
12	36				30.5	—	28		2.5		
20	60	80	108	61	53	53	50	50	3	3	8
30	90	120	155	94	74	84	70	80	4	4	10
40	120	160	195	115	100	105	95	100	5	5	10
45	135	180	222	128	121	116	115	110	6	6	12
50	150	200	242	140	148	128	140	120	8	8	12

6. 怎样在三爪自定心卡盘上安装工件?

答：三爪自定心卡盘的 3 个卡爪是同步运动的，能自动定心（一般不需要找正）。似在安装较长工件时，工件离卡盘夹持部分较远处的旋转中心不一定与车床主轴中心重合，这时必须找正；或当三爪自定心卡盘使用时间较长，已失去应有精度，而工件的加工精度要求又较高时，也需要找正。总的要求是，要使工件的回转中心与车床主轴的回转中心重合。通常可采用以下几种方法：

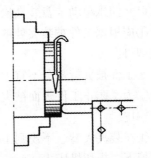

图 3-1　在三爪自定心卡盘上找正工件端面的方法盘

（1）粗加工时可用目测和划线找正工件毛坯表面。

（2）半精车、精车时可用百分表找正工件外圆和端面。

（3）装夹轴向尺寸较小的工件时，还可以先在刀架上装夹一圆头铜棒，再轻轻夹紧工件，然后使卡盘低速带动工件转动，移动床鞍，使刀架上的圆头棒轻轻接触已粗加工的工件端面，观察工件端面大致与轴线垂直后且停止旋转，并夹紧工件（如图 3-1 所示）。

7. 怎样在四爪单动卡盘上安装工件?

答：四爪单动卡盘有 4 个各自独立运动的卡爪 1、2、3、4（如图 3-2 所示），它们不像三爪自定心卡盘的卡爪那样同时一起作径向移动。4 个忙爪的背面都有半圆弧形螺纹与丝杆啮合，在每个丝杆的顶端都有方孔，用来插卡盘钥匙的方榫，转动卡盘钥匙，便可通过丝卡带动卡爪单独移动，以适应所夹持工件大小的需要。通过 4 个卡爪的相应配合，可将工件装夹在卡盘中，与三爪自定心卡盘一样，卡盘背面有定位台阶（止口）或螺纹（老式车床用的连接）与车床主轴上的连接盘连接成一体。它的优点是夹紧力较大，装夹精度较高，不受卡爪磨损的影响。因此，适用于装夹形状不规则或大型的工件。

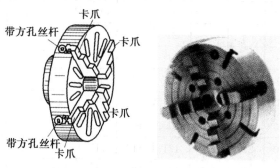

图 3-2　四爪单动卡盘

（1）四爪单动卡盘装夹操作须知：

①应根据工件被装夹处的尺寸调整卡爪，使其相对两爪的距离略大于工件直径即可。

②工件被夹持部分不宜太长，一般以 10～15mm 为宜。

③为了防止工件表面被夹伤和找正工件时方便，装夹位置应垫 0.5mm 以上的铜皮。

④在装夹大型、不规则工件时，应在工件与导轨之间串放防护小板，以防工件掉下，损坏机床表面。

（2）找正工件：四爪单动卡盘的 4 个卡爪是各自单独运动的。因此，在安装工件时，必须将工件的旋转中心找正到与车床主轴旋转中心重合后才可车削。

①用划线盘校正外圆。如图 3-3 所示为用划线盘校正外圆，校正时，先使划线稍离工件外圆，然后缓慢旋转工件，仔细观察工件外圆与划针之间间隙的大小。随后移动间隙最大一方的卡爪，移动距离约为最大间隙值与相对方向最小间隙值差的 1/2。经过几次反复，直到工件转动一周，划针与工件表面之间的距离基本相同为止。对较长的工件，应对工件两端外圆都进行校正。

②校正短工件的端面。用划针盘校正短工件时，除了校正工件的外圆外，还必须校正端面。校正时，把划针尖放在工件端面近边缘处（如图 3-4 所示），慢慢转动工件，观察工件端面与针尖之间的间隙的大小。根据间隙大小，用铜锤或木棒轻轻敲击，直到端面各处与针尖距离相等为止。在校正工件时，平面和外圆必须同时兼顾。

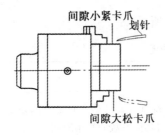

间隙小紧卡爪
划针
间隙大松卡爪

图 3 - 3 用划线盘校正外圆

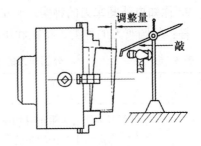

调整量
敲

图 3 - 4 用划针盘校正端面

③用百分表校正工件。如图 3 - 5 所示为用百分表校正工件，用四爪卡盘装夹的工件精加工时，校正要求较高，可使用百分表对工件进行校正。

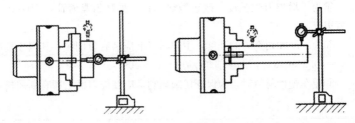

图 3 - 5 用百分表校正工件

8. 装夹工件时应注意哪些事项?

答：（1）前后顶尖的中心线应与车床主轴轴线同轴，否则车出的工件会产生锥度（如图 3 - 6 所示）。

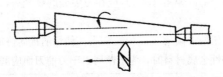

图 3 - 6 后顶尖的中心线不在车床主轴轴线上产生锥度

（2）在不影响车刀切削的前提下，尾座套筒应尽量伸出短些，以增加刚度，减少振动。

（3）中心孔的形状应正确，表面粗糙度要小。装入顶尖前，应清除中心孔内的切屑或异物。

（4）两顶尖与中心孔的配合必须松紧适当。

（5）当后顶尖用固定顶尖时，应在中心孔内加入润滑脂，以防温度过高而"烧坏"顶尖或中心孔。

（6）用三爪卡盘装夹较长工件时，必须将工件的轴线找正到与主轴轴线重合。

9. 你知道外圆车刀的种类、特征和用途吗？

答：外圆车刀的种类、特征和用途见表 3-6 所示。

表 3-6　　　　　　　　　　外圆车刀的种类、特征和用途

种　类	特　征　和　用　途
粗车刀	粗车刀必须适应粗车时切削深、进给快的特点，要求车刀有足够的强度，能在一次进给中车去较多的余量。选择粗车刀几何参数的基本原则是 ①为了增加刀头强度，前角和后角应取小些 ②主偏角不宜太小，太小容易引起振动，引起崩刃，或使工件表面粗糙度差，在工件形状许可情况下，最好选用 75°左右 ③粗车时用 0°～3°的刃倾角以增加刀头强度 ④为了增加刀尖强度，改善散热条件，提高刀具寿命，刀尖处应磨有过渡刃 ⑤为了增加切削刃的强度，主切削刃上应磨有负倒棱，其倒棱宽度一般为 $b_r = (0.5 \sim 0.8)f$，倒棱前角 $\gamma_{01} = -5° \sim 10°$ ⑥粗车塑性材料时，为保证切削顺利，应在前刀面上磨有断屑槽，以自行断屑
精车刀	精车时要求工件必须达到图样规定的精度要求，所以要求精车刀必须锋利，切削刃要平直光洁，刀尖处应磨有修光刃，并使切屑排向工件的待加工表面。选择精车刀几何参数的原则是 ①选取较大的前角（γ_0），使刀具锋利，切削轻快 ②选取较大的后角（α_0），减小车刀与工件之间的摩擦 ③选取较小的副偏角（k'_r）或在刀尖处磨修光刃，减小工件已加工表面的粗糙度 ④选取正值的刃倾角（$\lambda_s = 3° \sim 8°$），使切屑排向待加工表面 ⑤精车塑性金属材料时，为了断屑，车刀前刀面应磨有较窄的断屑槽
90°外圆车刀	90°外圆车刀简称偏刀。按车削时进给方向的不同又分为左偏刀和右偏刀两种（如图 3-7 所示） 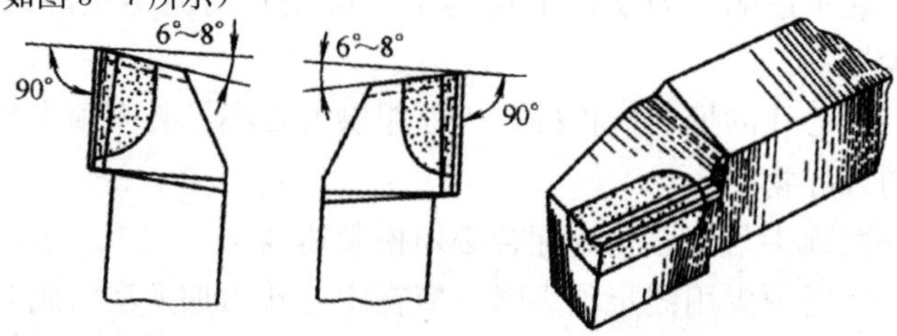 （a）右偏刀　　　（b）左偏刀　　　（c）右偏刀外形 **图 3-7　偏刀**

种 类	特 征 和 用 途
90°外圆车刀	左偏刀的主切削刃在刀体右侧〔如图3-7（b）所示〕，由左向右纵向进给（反向进刀），又称反偏刀 右偏刀的主切削刃在刀体左侧〔如图3-7（a）所示〕，由右向左纵向进给，又称正偏刀。右偏刀一般用来车削工件的外圆、端面和右向阶台。因为它的主偏角较大，车削外圆时作用于工件的径向切削力较小，不易将工件顶弯〔如图3-8（a）所示〕。左偏刀是车刀从车床主轴箱向尾座方向进给的车刀，一般用来车削工件外圆和左阶台，也可用来车削直径较大、长度较短的工件端面，如图3-8（b）、（c）所示 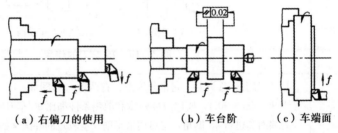 （a）右偏刀的使用　　　（b）车台阶　　　（c）车端面 图3-8　偏刀的使用 在车削端面时，因是副切削刃担任切削任务，如果由工件边缘向中心进给，当切削深度（a_p）较大时，切削力（f）会使车刀扎入工件形成凹面〔如图3-9（a）所示〕；为避免这一现象，可改由轴中心向外缘进给，由主切削刃切削〔如图3-9（b）所示〕，但切削深度（a_p）应取小值，在特殊情况下可改为如图3-9（c）所示的端面车刀车削。左偏刀常用来车削工件的外圆和左向阶台，也适用于车削外径较大而长度较短的工件的端面〔如图3-9（d）所示〕 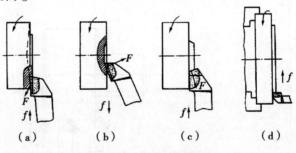 （a）　　　（b）　　　（c）　　　（d） 图3-9　用偏刀车端面

种 类	特 征 和 用 途
75° 偏刀	75°偏刀的主偏角（k_r）为 75°，刀尖角（ε_r）大于 90°，刀头强度好，较耐用，因此适用于粗车轴类工件的外圆以及强力切削铸、锻件等余量较大的工件［如图 3-10（a）所示］。75°左偏刀还可以用来车铸、锻件的大平面［如图 3-10（b）所示］ 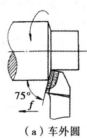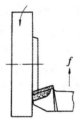 （a）车外圆　　　　　（b）车端面 **图 3-10　75°车刀的使用**
45°车刀	45°车刀俗称弯头刀。它也分为左、右两种（如图 3-11 所示），其刀尖角等于 90°（$\varepsilon_r=90°$），所以刀体强度和散热条件都比 90°车刀好。常用于车削工件的端面和进行 45°倒角，也可以用来车削长度较短的外圆（如图 3-12 所示） 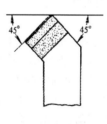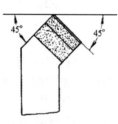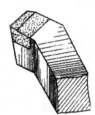 （a）45°右弯头　　　（b）45°左弯头　　　（c）45°弯头车刀外形 **图 3-11　45°弯头车刀** 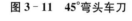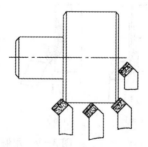 **图 3-12　弯头车刀的使用**

10. 车削外圆时，怎样正确安装车刀？

答：将刃磨好的车刀装夹在方刀架上。车刀安装正确与否，直接影响车削顺利进行和工件的加工质量。所以，在装夹车刀时必须注意下列事项：

（1）车刀装夹在刀架上的伸出部分应尽量短，以增强其刚性。伸出长度为刀柄厚度的1~1.5倍。车刀下面垫片的数量要尽量少（一般为1~2片），并与刀架边缘对齐，且至少用两个螺钉平整压紧，以防振动（如图3-13所示）。

（a）正确　　　　　（b）不正确　　　　　（c）不正确

图3-13　车刀的装夹

（2）车刀刀尖高于工件轴线〔如图3-14（a）所示〕，会使车刀的实际后角减小，车刀后面与工件之间的摩擦增大。车刀刀尖应与工件中心等高〔如图3-14（b）所示〕。车刀刀尖低于工件轴线〔如图3-14（c）所示〕，会使车刀的实际前角减小，切削阻力增大。刀尖不对中心，在车至端面中心时会留有凸头〔如图3-14（d）所示〕。使用硬质合金车刀时，若忽视此点，车到中心处会使刀尖崩碎〔如图3-14（e）所示〕。为使车刀刀尖对准工件中心，通常采用下列几种方法：

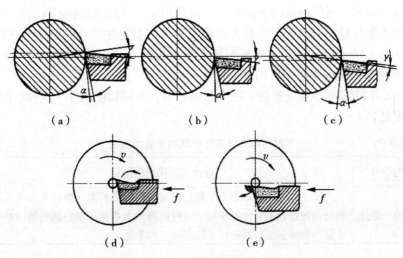

（a）　　　　　　　（b）　　　　　　　（c）

（d）　　　　　　　（e）

图3-14　车刀刀尖不对准工件中心的后果

①根据车床的主轴中心高，用钢直尺测量装刀［如图 3 - 15（a）所示］。

②根据机床尾座顶尖的高低装刀［如图 3 - 15（b）所示］。

③将车刀靠近工件端面，用目测估计车刀的高低，然后夹紧车刀，试车端面，再根据端面的中心来调整车刀。

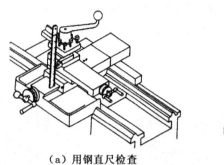 

（a）用钢直尺检查　　　　　　　　（b）用尾座顶尖检查

图 3 - 15　检查车刀中心高

11. 怎样选择车外圆的切削用量？

答：选择切削用量就是根据加工要求和切削条件，确定合理的切削速度、切削深度和进给量。粗车和精车时选择切削用量的一般原则如下：

（1）粗车。粗车时首先应考虑切削深度 a_p，在工艺系统刚度允许和留出精车余量的前提下，尽量选大一些，以减少进给次数，一般可选 $a_p = 2 \sim 5mm$。半精车和精车余量可留 $1 \sim 3mm$，其中精车余量为 $0.1 \sim 0.5mm$。其次是提高进给量 f，以缩短加工时间，一般 $f = 0.3 \sim 0.8mm/r$。然后选择合适的切削速度 v。粗车时切削速度不能选得很高，否则会使车刀耐用度明显降低，车刀易于磨损。

（2）精车。切削用量的选择顺序与粗车相反，首先确定切削速度，因为提高切削速度可避免积屑瘤、降低表面粗糙度值和提高生产率。其次为进给量，一般 $f = 0.08 \sim 0.3mm/r$，表面粗糙度值要求低，进给量应选小些，切削深度 a_p 则根据粗车或半精车后的余量而定。

（3）不同切削条件下选择切削用量的原则。不同切削条件下选择切削用量的原则见表 3 - 7。

表 3 - 7　　　　　　　　不同切削条件下选择切削用量的原则

车削条件	选择切削用量的原则
粗车铸、锻件	由于工件毛坯表面很不平整，而且表皮硬度较高，为防止刀尖受到不均匀的冲击而损坏，粗车第一刀时应该加大切削深度，同时适当减少进给量和切削速度，尽量使工件表面一刀车出

续表

车削条件	选择切削用量的原则
车脆性材料	由于车削时形成崩碎切屑，热量集中在刀刃附近，不易散热，因此切削速度应比车塑性材料低些
车削强度和硬度较高的工件	因为切削力和切削热都比较大，车刀容易磨损，所以切削速度应选得小些
车有色金属	车削铜合金和铝合金时，由于材料强度和硬度较低，可选择较大的切削用量
高速钢刀具	其耐热性比硬质合金刀具差，因此选择切削速度时，高速钢刀具应选得小些，硬质合金刀具应选得大些

12. 车削外圆时，控制加工精度的方法有哪些？

答：控制外径尺寸：控制外径尺寸一般采用试切削的方法，切削深度可利用中溜板的刻度盘来控制。小溜板刻度盘用来控制车刀短距离的纵向移动。试切后，经过测量，再利用中溜板的刻度盘的刻度调整切削深度。但在使用中、小溜板刻度盘时应注意以下两点：

（1）由于丝杠和螺母之间有间隙存在，因此在使用刻度盘时会产生空行程（即刻度盘转动，而刀架并未移动）。根据加工需要慢慢地把刻度盘转到所需位置，如果不慎多转过几格，不能简单地直接退回多转的格数，必须向相反方向退回全部空行程，再将刻度盘转到正确的位置。

（2）由于工件在加工时是旋转的，在使用中溜板刻度盘时，车刀横向进给后的切除量正好是切削深度的两倍。因此，当工件外圆余量确定后，中溜板刻度盘控制的切削深度是外圆余量的1/2。而小溜板的刻度值，则直接表示工件长度方向的切除量。测量外径时，应根据加工要求来选择合适的量具。粗车时，一般可选用游标卡尺测量；精车时，一般选用外径千分尺测量。

锥度控制：在一夹一顶或两顶尖装夹工件时，如果尾座中心与车床主轴旋转中心不重合，车出的工件外圆将是圆锥形，即出现圆柱度误差。为消除圆柱度误差，加工轴类零件前，必须首先调整车床尾座位置。校正方法为：用一夹一顶或两顶尖装夹工件，试切削外圆（注意工件精加工余量），用外径千分尺分别测量尾座和卡爪端外圆，记录各自读数，进行比较，如果靠近卡爪端直径比尾座直径大，则尾座应向离操作者方向调整，尾座的移动量为两端直径差的1/2，并用百分表控制尾座的偏移量，调整尾座后，再进行试切削。这样反复操作，直到消除锥度后再进行正常车削。

13. 车削外圆时，如何选择其车削步骤？

答：（1）按要求装夹和校正工件。

（2）按要求装夹车刀，调整合理的转速和进给量。

（3）用手摇动床鞍和中溜板的进给手柄，使车刀刀尖靠近并接触工件右端外圆表面。

（4）反向摇动床鞍手柄，使车刀向尾座方向移动，至车刀距工件端面3～5mm处。

（5）摇动中溜板手柄，使车刀做横向进给，进给量为选定的切削深度。

（6）合上进给手柄，使车刀纵向进给车削工件3～5mm后，不动中溜板，将车刀纵向快速退回，停车测量工件，与要求的尺寸比较，得出需要修正的切削深度，摇动中溜板重新调整切削深度。

（7）合上进给手柄，待车削到尺寸时，停止进给，退出车刀，停车检查。

14. 车削轴类零件时，如何选择其车削步骤？

答： 一个零件的车削方法和车削步骤有好几种，最好能选择一种耗时少、精度高的方法，为达到这一目的，选择时应考虑到以下几点：

（1）零件根据数量和精度要求的不同、机床条件的差异，可以有两种不同的加工原则：即工序集中原则和工序分散原则。工序集中原则是把第一个零件全部车好以后，再车第二、第三……个零件。工序分散原则是先车好全部零件的一个表面，然后再车全部零件的第二、第三……个表面。

大体说来，当零件的批量较小或只有几个，加工表面相互位置精度要求较高，或者是重型零件，而车床的精度和万能性又比较高时，应采用工序集中原则。反之，应采用工序分散原则。

（2）车削零件时，一般总是分粗车、半精车和精车3个阶段。一般的规则是一开始就进行零件各个表面粗车，只有在全部表面进行粗车之后，才进行半精车和精车。其理由如下：

①在粗车时，由于吃刀量和进给量较大，所产生的切削力也很大，因此必须把工件夹紧。但是，这样会使零件表面夹毛或变形。如果把零件的一个表面全部车好，那么粗车另一头表面时，就要把经过精车的表面夹在卡盘中，结果也会把这个表面夹毛。

②粗车时会产生大量的热，影响零件的尺寸精度。把粗车和精车分开以后，使零件在精车之前有冷却的机会。

③在任何的毛坯件中，都有内应力存在。当表面车去一层金属以后，内应力将重新分布而使零件发生变形。粗车时，零件变形很大。如果把某一精度要求很高的表面，一开始就车到最后的精度要求，这个表面将由于车削其他表面而引起的内应力重新分布而失去原有的精度。虽然精车时也要车去金属，但由于切屑很薄，内应力所引起的零件变形很小。

④可以合理地确定机床。例如粗车可以在精度低、动力大的机床上进行，精车在精度高的机床上进行。

⑤由于精车放在最后，可以避免光滑的工件表面在多次装夹中碰伤，造成

退修、浪费工时。

⑥可以及时发现毛坯的缺陷（如砂眼、裂缝等）。如果把一个表面精车以后，再去粗车另一表面，这时如果发现另一表面有缺陷而必须更换毛坯，那么前面的一切工作都是白费。

上面所说的这几点，都是说明车削零件时粗精车应该分开。但是，也不是每个零件都要这样做。例如，车削大型而精度要求又不高的零件，由于安装困难就不必这样做了。

（3）对于精度要求高的零件，为了消除内应力、改善零件的力学性能，在粗车以后还要经过调质或正火处理。这时粗车后应留 1.5~2.5mm 余量（按工艺文件规定）。

（4）在车削短小零件时，一般先把端面车一刀，这样便于决定长度上的尺寸，对铸铁件来说，最好先倒一个角，因为铸铁的外皮很硬，并有型砂，容易磨损车刀。倒角以后，在精车时，刀尖就不会再遇到外皮和型砂了。

（5）在两顶针间车削轴类零件，一般至少要 3 次安装，即粗车一端，调头再粗车和精车另一端，最后精车原来一端。

（6）如果零件除了车削以外，还要经过磨削，那么在粗车和半精车以后不再精车了。但是，在半精车后必须留有磨削余量。

（7）车削阶台轴时，一般是先车直径较大的一端，这样可以保证轴在车削过程中的刚度。

（8）在轴上切槽时，一般是在粗车和半精车以后，精车之前，但必须注意槽的深度。例如，槽的深度是 2mm，精车之前的余量为 0.6mm，那么在精车之前切槽时，槽的深度为 $2+0.6/2=2.3mm$。

如果零件的刚性较好，或者精度要求不太高，也可以在精车以后切槽，这样槽的深度就容易控制。

（9）轴上的螺纹一般是放在半精车以后车削的，等待螺纹车好以后，再精车各级外圆。因为车螺纹时，容易使轴弯曲。如果各级轴的同轴度要求不高或轴的刚性不太好，那么螺纹可以放在最后车削。

15. 外圆的测量方法是什么？

答：（1）径向圆跳动的测量。将工件支撑在车床上的两顶尖之间，如图 3-16 所示，百分表的测量头与工件被测部分的外圆接触，并预先将测头压下 1mm 以消除间隙，当工件转过一圈，百分表读数的最大差值就是该测量面上的径向圆跳动误差。按上述方法测量若干个截面，各截面上测得圆跳动中的最大值就是该工件的径向圆跳动。也可将工件支撑在平板上的 V 形架上，并在其轴向设一支撑限位，以防止测量时的轴向位移，如图 3-17 所示。让百分表触头和工件被测部分外圆接触，工件转动一圈，百分表读数的最大差值就是该测量面上的径向圆跳动误差。按上述方法测量若干个截面，取各截面上测得跳动量的最大值,就是该工件的径向圆跳动。

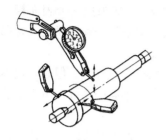
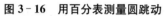

图 3 - 16 用百分表测量圆跳动

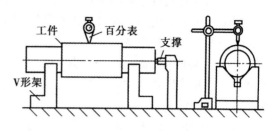

图 3 - 17 用 V 形架支撑测量

(2)端面圆跳动的测量。将百分表测量触头与所需测量的端面接触,并预先使测头压下 1mm,当工件转过一圈,百分表读数的最大差值即为该直径测量面上的端面圆跳动误差。按上述方法在若干直径处测量,其端面圆跳动量最大值为该工件的端面圆跳动误差。

16. 车削外圆时易出现的问题及防止措施有哪些?

答:车削外圆时易出现的问题及防止措施见表 3 - 8。

表 3 - 8   车削外圆时易出现的问题及防止措施

易出现问题	产 生 原 因	防 止 措 施
尺寸精度不够	①测量时误差太大	①量具使用前,必须仔细检查和调整零位,正确掌握测量方法
	②没有进行试切	②根据加工余量算出切削深度,进行试切削,然后修正切削深度
	③由于切削热的影响,使工件尺寸发生变化	③不能在工件温度较高时测量
圆度超差	①车床主轴间隙太大	①车削前,检查主轴间隙,并调整合适
	②毛坯余量不均匀,切削过程中切削深度发生变化	②分粗、精车
	③顶尖装夹时,顶尖与中心孔接触不良或后顶尖太松或前后顶尖产生径向跳动	③工件装夹松紧适当,检查顶尖的回转精度,及时修理或更换
产生锥度	①用一夹一顶装夹工件时,尾座顶尖与主轴轴线偏离	①调整尾座位置,使顶尖与主轴对准
	②用卡盘夹,工件悬伸太长,车削时因径向切削力影响使前端让开,产生锥度	②增加后顶尖支撑,采用一夹一顶装夹方式
	③用小溜板车外圆时,小溜板位置不正确	③将小溜板的刻线与中溜板"0"刻线对准

易出现问题	产 生 原 因	防 止 措 施
产生锥度	④车床导轨与主轴轴线不平行	④调整车床主轴与床身导轨的平行度
	⑤刀具磨损过快，工件两端切削深度不一样	⑤选用合适的刀具材料，降低切削速度
粗糙度超差	①车床刚性不足	①消除或防止由于车床刚性不足引起的振动
	②车刀刚性不足或伸出太长引起振动	②增加车刀刚性和正确装夹车刀
	③工件刚性不足引起振动	③增加工件的装夹刚性
	④车刀几何参数不合理，例如选用过小的前角、后角和主偏角	④合理选择车刀角度
	⑤切削用量选择不恰当	⑤选用合理的切削用量，进给量不宜太大，精车余量和切削速度应选择适当

17. 你知道车削端面的方法吗？

答：（1）用45°车刀车削端面：通常车削端面时选用45°车刀进行加工，45°车刀又称弯头刀，主偏角（k_r）为45°，刀尖角 ε_r 为90°。45°车刀由主切削刃进行切削，切削顺利、平稳，工件表面粗糙度较小。刀头强度和散热条件比偏刀好，常用于车削端面、倒角和车外圆，但45°车刀在车外圆时，径向切削力较大，所以一般只能车削长度较短的外圆。

（2）用偏刀车削端面：

①用右偏刀车削端面：由工件外圆向工件中心进给车削端面，车刀由副切削刃担任主要切削，切削不平稳，当切削深度较大时，切削力会使车刀扎入工件而形成凹面，如图3-18（a）所示。为改善切削条件，可改为由工件中心向外圆进给，用主切削刃切削，如图3-18（b）所示，但切削深度要小。或者可在副切削刃上磨出前角，使车刀能更为顺利地切削，如图3-18（c）所示。

②用左偏刀车削端面：用左偏刀车削端面时，主切削刃与工件轴线平行，由主切削刃担任切削，切削平稳，从外圆向中心加工时，工件表面粗糙度好。用左偏刀精车端面时，车刀应由外圆向中心进给，这样切屑流向待加工面，有利于保护工件表面。在车大端面时，为了提高车刀刀尖强度和改善散热条件，可选用主偏角 $k_r=60°\sim70°$，刀尖角 $\varepsilon_r>90°$ 的左偏刀由外圆向中心加工，如图3-19所示。

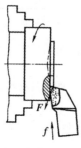 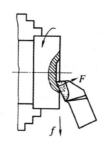 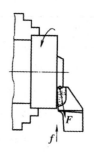

（a）向中心进给 （b）向中心向外进给 （c）在副切削刃上磨前角

图 3-18 用右偏刀车削端面

18. 车台阶时，车刀的选择与安装有哪些要求？

答：车刀的选择和装夹一般要求如下：

①车削台阶时，通常选用 90°外圆车刀（偏刀）。

②车刀的装夹应根据粗车、精车和余量的多少来调整。

③粗车时，余量多，为了增大车削深度和减少刀尖的压力，车刀装夹时可取主偏角小于 90°为宜，一般主偏角为 85°～90°，如图 3-20（a）所示。

④精车时，为了保证台阶平面与工件轴线的垂直，车刀装夹时实际应取主偏角大于 90°，一般为 93°左右，如图 3-20（b）所示。

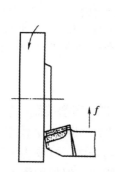

图 3-19 75°的左偏刀车削端面

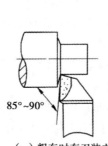 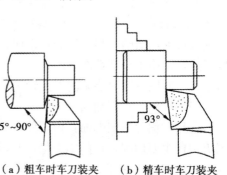

（a）粗车时车刀装夹 （b）精车时车刀装夹

图 3-20 车刀的选择和装夹

19. 台阶长度的控制方法有哪些？

答：车削带有台阶的工件，一般分粗、精车。粗车时，台阶的长度除第一台阶的长度因留精车余量而略短外，采用链接式标注的其余各级台阶的长度可车削至要求的尺寸。精车时，通常用机动进给进行车削，在车削至近台阶处，应以手动进给替代机动进给；当车削台阶面时，变纵向进给为横向进给，移动中滑板由里向外慢慢精车台阶平面，以确保其对轴线的垂直度。

车削低台阶时，由于相邻两直径相差不大，可选 90°偏刀，如图 3-

21（a）所示进给方式车削。车削高台阶时，由于相邻两直径差较大，可选$k_r<90°$的偏刀，如图3-21（b）所示进给方式车削。

台阶长度尺寸的控制方法如图3-22所示，先用钢直尺或样板量出台阶的长度尺寸，然后用车刀刀尖在台阶的所在位置处车刻出一圈细线，按刻线痕车削。

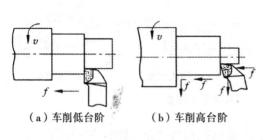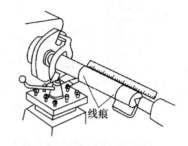

（a）车削低台阶　　　（b）车削高台阶

图3-21　台阶工件的车削方法　　　　图3-22　台阶长度尺寸的控制方法

（1）挡铁控制法：挡铁控制法如图3-23所示。当成批车削台阶轴时，可用挡铁定位控制台阶的长度。挡铁固定在床身导轨上，并与工件上台阶a_3的轴向位置一致，量块的长度分别等于a_1、a_2的长度。挡铁定位控制台阶长度的方法，可节省大量的测量时间，且成批工件长度尺寸一致性较好，台阶长度的尺寸精度可达0.1～0.2mm。当床鞍纵向进给快碰到挡铁时，应改机动进给为手动进给。

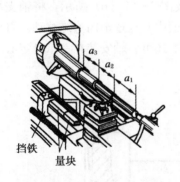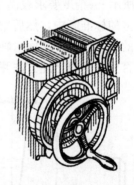

挡铁
量块

图3-23　用挡铁定位车台阶　　　图3-24　用床鞍（手轮）刻度盘控制车台阶

（2）床鞍（手轮）刻度盘控制法：床鞍（手轮）刻度盘控制法如图3-24所示。CA6140型车床床鞍（溜板）的进给刻度1格等于1mm，可利用床鞍进给时，刻度盘转动的格数来控制台阶的长度。

（3）端面和台阶的测量：对端面的要求是既与轴心线垂直，又要求平直、光洁。一般可用钢直尺和刀口尺来检测端面的平面度〔如图3-25（a）所示]。台阶的长度尺寸和垂直误差可以用钢直尺［如图3-25（b）所示］和游标深度尺［如图3-25（c）所示］测量，对于批量生产或精度要求较高的台阶，可以用样板测量［如图3-25（d）所示］。

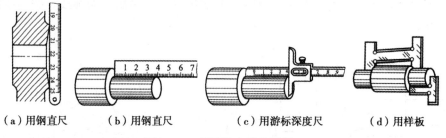

（a）用钢直尺　　　　（b）用钢直尺　　　　（c）用游标深度尺　　　　（d）用样板

图3-25　端面和台阶的测量

（4）端面对轴线垂直度的测量：端面圆跳动和端面对轴线垂直度有一定的联系。但两者又有不同的概念。端面圆跳动是端面上任一测量直径处的轴向跳动，而垂直度是整个端面的垂直度误差。如图3-26（a）所示的工件，由于端面为倾斜平面，其端面圆跳动量为Δ，垂直度也为Δ，两者相等。如图3-26（b）所示的工件，端面为一凹面，端面圆跳动量为零，但垂直度误差却不为零。

测量端面垂直度时，首先检查其端面的圆跳动是否合格，若符合要求再测量端面垂直度。对于精度要求较低的工件，可用90°角尺通过透光检查［如图3-27（a）所示］。精度要求较高的工件，可按图3-27（b）所示，将轴支承在置于平板上的标准套中，然后用百分表从端面中心点逐渐向边缘移动，百分表指示读数的最大值就是端面对轴线的垂直度。还可将轴安装在三爪自定心卡盘上，再用百分表仿照上述方法测量。

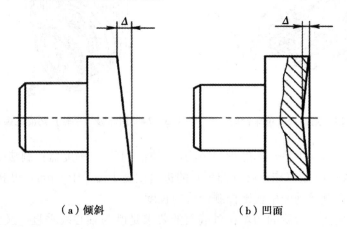

（a）倾斜　　　　　　　　　　（b）凹面

图3-26　端面和台阶的测量

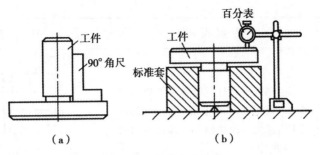

图 3-27 垂直度的检验

20. 外沟槽车削时，车槽刀的装夹方法是什么？

答： 车槽刀的装夹如图 3-28 所示，车槽刀装夹必须垂直于工件轴线，否则车出的槽壁可能不平直，影响车槽的质量。装夹车槽刀时，可用 90°角尺检查车槽刀或切断刀的副偏角。

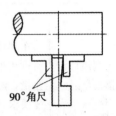

图 3-28 车槽刀的装夹

21. 外圆沟槽的车削方法及特点有哪些？

答： 外圆沟槽的车削方法及特点说明见表 3-9。

表 3-9　　　　　　　　　外圆沟槽的车削方法及特点说明

车削类型	特 点 说 明	图 示
圆弧形槽的车削	车削较小的圆弧形槽，一般以成形刀一次车出。较大的圆弧形槽，可用双手联动车削，用样板检查修整（如图 3-29 所示）	图 3-29 圆弧形槽的车削
梯形槽的车削	车削较小的梯形槽，一般用成形刀一次车削完成［如图 3-30（a）所示］；较大的梯形槽，通常先车削成直槽，然后用梯形刀采用直进法或左右切削法完成［如图 3-30（b）所示］	（a）　　　　（b） 图 3-30 梯形槽的车削

续表

车削类型	特 点 说 明	图　　示
直进法车矩形沟槽	车削精度不高且宽度较窄的矩形沟槽时，可用刀宽等于槽宽的车槽刀，采用直进法一次进给车出即可（如图3-31所示）	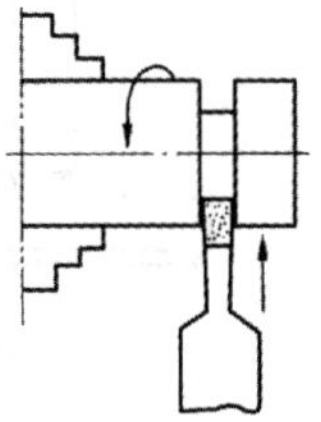 图3-31　直进法车矩形沟槽
宽矩形沟槽的车削	车削较宽的矩形沟槽时，可用多次直进法车削，并在槽壁两侧留有精车余量，然后根据槽深和槽宽精车至尺寸要求（如图3-32所示）	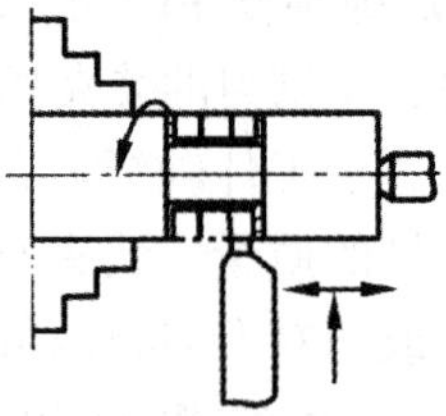 图3-32　宽矩形沟槽的车削
矩形沟槽的精车	车削精度要求较高的矩形沟槽时，一般采用二次进给车成。第一次进给时，槽壁两侧留有精车余量；第二次进给时，用与槽宽相等的车槽刀修整，也可用原车槽刀根据槽深和槽宽进行精车（如图3-33所示）	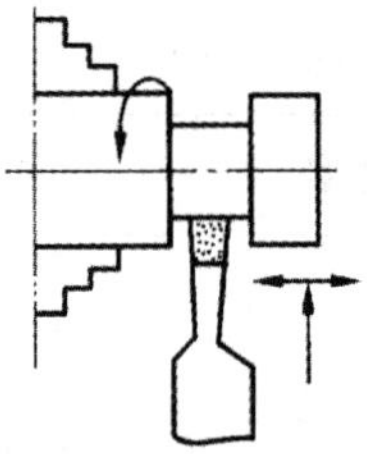 图3-33　矩形沟槽的精车

22. 斜沟槽的车削方法及特点有哪些?

答：车45°外斜沟槽的车削方法及特点说明见表3-10。

表3-10　　　　　　车45°外斜沟槽的车削方法及特点说明

车削类型	特 点 说 明	图　　示
45°外斜直沟槽的车削方法	车削45°外斜直沟槽时，可用45°外斜直沟槽专用车刀进行。车削时，将小滑板转过45°，用小滑板进给车削成形，如图3-34所示	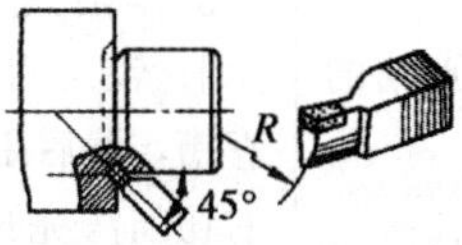 图3-34　45°外斜直沟槽的车削

车削类型	特 点 说 明	图 示
外斜圆弧沟槽的车削方法	车削外斜圆弧沟槽时，根据沟槽圆弧的大小，将车刀磨出相应的圆弧刀刃，其中切削端面的一段圆弧刀刃必须磨有相应的圆弧 R 后面。车削方法与车直沟槽相同，如图 3-35 所示	图 3-35　外斜圆弧沟槽的车削
外圆端面沟槽的车削方法	车削外圆端面沟槽时，其车刀形状较为特殊（如图 3-36 所示），车刀的前端磨成外圆切槽刀形式，侧面则磨成平面切槽刀形式，刀尖 a 处副后刀面上应磨成相应的圆弧 R。车削时，采用纵、横向交替进给的方法，由横向控制槽底的直径，纵向控制端面沟槽的深度	图 3-36　外圆端面沟槽的车削

23. 什么是切断？

答： 在车削加工中，若棒料较长，需按要求切断后再车削，或者在车削完成后把工件从原材料上切割下来。这样的加工方法叫切断。一般采用正向切断法，即车床主轴正转，车刀横向进给进行车削。切断与车槽是车工的基本操作技能之一，能否掌握好，关键在于车槽刀和切断刀的刃。

24. 切断刀的种类、特点及应用是什么？

答： 切断刀根据材料的分类方法分为高速钢切断刀、硬质合金钢切断刀、反向切断刀和弹性切断刀，其特点说明如下：

（1）高速钢切断刀：高速钢切断刀的切削部分与刀杆为同一材料锻造而成（如图 3-37 所示），是目前使用较普遍的切断刀。

（2）硬质合金钢切断刀：硬质合金钢切断刀是由用于切削的硬质合金焊接在刀体上而成（如图 3-38 所示），适宜于高速切削。

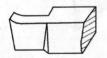

图 3-37　高速钢切断刀

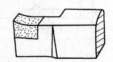

图 3-38　硬质合金钢切断刀

（3）弹性切断刀：用高速钢做成的片状刀体，装夹在弹性刀柄上，组成弹性切断刀［如图 3-39（a）所示］。弹性切断刀不仅节省高速钢材料，而且当进给量过大时，弹性刀柄因受力而产生变形。由于刀柄的弯曲中心在刀柄的上面，所以刀头就会自动让刀，从而避免了因扎刀而导致切断刀折断［如图 3 - 39（b）所示］。

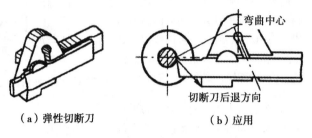

（a）弹性切断刀　　　　　　（b）应用

图 3 - 39　弹性切断刀

（4）反向切断刀：在切断直径较大的工件时，由于刀体较长，刚度低，用正向切断容易引起振动。这时可采用反向切法（如图 3 - 40 所示）。用反向切断法切断工件时，卡盘与主轴采用螺纹连接的车床，其连接部分必须装有保险装置，以防切断中卡盘松脱。

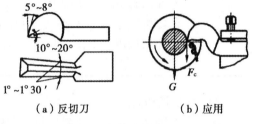

（a）反切刀　　　　（b）应用

图 3 - 40　反向切断刀

反向切断时，刀受力方向向上，所选用车床刀架应有足够的刚度。

25. 切断刀的角度要求及几何参数是什么？

答：（1）高速钢切断刀（如图 3 - 41 所示）：

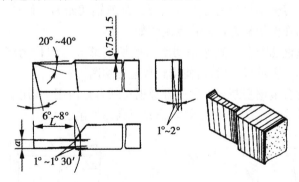

图 3 - 41　高速钢切断刀

①前角（γ_0）。切断中碳钢材料时 $\gamma_0 = 20° \sim 30°$，切断铸铁材料时 $\gamma_0 = 0° \sim 10°$。

②后角（α_0）。切断塑性材料时取大些，切断脆性材料时取小些，一般取

$\alpha_0 = 6° \sim 8°$。

③副后角（α'_0）。切断刀有两个对称的副后角 $\alpha'_0 = 1° \sim 2°$，其作用是减少副后刀面与工件已加工表面的摩擦。

④主偏角（k_r）。切断刀以横向进给为主，因此 $k_r = 90°$。为防止切断时在工件端面中心外留有小凸台及使切断空心工件不留飞边，可以把主切削刃略磨斜些。

⑤副偏角（k'_r）。切断刀的两个副偏角必须对称。否则，会因两边所受切削抗力不均而影响平面度和断面对轴线的垂直度。为了不削弱刀头强度，一般取 $k'_r = 1° \sim 1°30'$。

⑥卷屑槽。切断刀的卷屑槽不宜磨得太深，一般为 $0.75 \sim 1.5$mm［如图 3-42（a）所示］。卷屑槽磨得太深，其刀头强度差，容易折断［如图 3-42（b）所示］，更不能把前面磨得低或磨成阶台形［如图 3-42（c）所示］，这种刀切削不顺利，排屑困难，切削负荷大增，刀头容易折断。

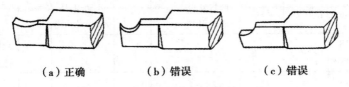

（a）正确　　　（b）错误　　　（c）错误

图 3-42　卷屑槽正确与错误示意图

（2）硬质合金钢切断刀：当硬质合金钢切断刀的主切削刃采用平直刃时，由于切断时的切屑和工件槽宽相等，切屑容易堵塞在槽内而不易排出。为排屑顺利，可把主切削刃两边倒角或磨成人字形（如图 3-43 所示）。

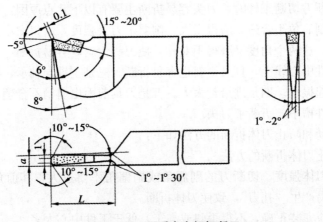

图 3-43　硬质合金钢切断刀

高速切断时，会产生大量的热量，为防止刀片脱焊，必须浇注充分的切削液，发现切削刃磨钝时，应及时刃磨。为增加刀头的支撑刚度，常将切断刀的刀头下部做成凸圆弧形（如图 3-42 所示）。

（3）常用切断刀几何参数见表 3-11。

表 3-11 常用切断刀几何参数

加工材料	刀片牌号	前角	后角	切削刃形状	副偏角 k_r'	副偏角 α_0'	负倒棱 b_r 及 γ_f	刃倾角 λ_s	卷屑槽斜角 γ	冷却条件
铸铁	YG8	8°	5°	平直刀	2°	2°	0.1(-5°)	—	—	一般干切
碳钢	YT15	8°~16°	4°~6°	平直刀和倒角刃	1°30′	1°30′	0.1~0.2×(-10°~5°)	-2°	3°~5°	乳化液冷却
合金钢	YT15	5°~12°	4°~6°	宝剑形刃 $\varepsilon_r=120°$ ~60°	2°	2°	0.1~0.3×(-10°~5°)		3°~5°	乳化液冷却
不锈钢	YG6	15°~25°	4°~6°	凸台分屑形刀	2°	2°	0.1~0.15×(-6°~3°)	-2°~-4°	4°~6°	乳化液冷却
紫铜	W18Cr4V	15°~25°	6°~8°	平直刀	2°	2°	—		全圆弧形	乳化液冷却
脆钢	W18Cr4V或YG6	10°~20°	4°~6°	波形刃	1°30′	1°30′	—	—	—	一般不用

26. 切断刀切断工件时，为什么刀头容易折断？减少振动和防止刀体折断的方法有哪些？

答：切断刀切断工件时，刀头容易折断主要有以下几点原因：一是切断刀的副偏角和副后角不合适。磨得太大，削弱了刀头强度，磨得太小，容易夹住切屑。此外，这两个角度又磨得不对称，使刀头歪斜，容易折断。二是刀刃没有安装在工件中心线上，且又歪斜也容易折断。三是主轴与轴承、各滑板楔铁间隙太大引起振动。四是进给量太大。五是刀具前面出屑槽不合理，切屑排不出而嵌在工件槽中，折断了刀头。

减少振动和防止刀体折断的方法如下：

（1）防止刀体折断的方法：

①增强刀体强度，切断刀的副后角或副偏角不要过大，其前角亦不宜过大，否则容易产生"扎刀"，致使刀体折断。

②切刀应安装正确，不得歪斜或高于、低于工件中心太多。

③切断毛坯工件前，应先车圆再切断或开始时尽量减小进给量。

④手动进给切断时，摇手柄应连续、均匀。若切削中必须停车时，应先退刀，后停车。

（2）减少切断时振动：切断工件时经常会引起振动使切断刀振坏。防止振动可采取以下几点措施：

①适当加大前角，但不能过大，一般应控制在 20°以下，使切削阻力减小。同时适当减小后角，让切断刀刃附近起消振作用把工件稳定，防止工件产生振动。

②在切断刀主切削刃中间磨 0.5mm 左右的凹槽，这样不仅能起消振作用，并能起导向作用，保证切断的平直性。

③大直径工件宜采用反切断法，既可防止振动，排屑也方便。

④选用适宜的主切削刃宽度，主切削刃宽度狭窄，使切削部分强度减弱；主切削刃宽度过宽，切断阻力大且容易引起振动。

⑤改变刀柄的形状，增大刀柄的刚性，刀柄下面做成"鱼肚形"，可减弱或消除切断时的振动现象。

27. 切断方法有哪些?

答：工件的切断方法分为直进法和左右借刀法。

（1）直进法。直进法切断如图 3-44 所示，直进法是指垂直于工件轴线方向进给切断工件。直进法切断的效率高，但对车床、切断刀的刃磨和装夹都有较高的要求。否则，容易造成切断刀折断。

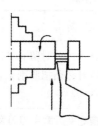

图 3-44　直进法切断方法

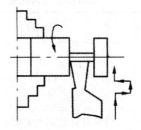

图 3-45　左右借刀法切断方法

（2）左右借刀法。左右借刀法如图 3-45 所示，左右借刀法是指切断刀在工件轴线方向反复地往返移动，随之两侧径向进给，直至工件被切断。左右借刀法常用在切削系统（如刀具、工件、车床）刚度不足的情况下，用来对工件进行切断。

（3）反切法切断工件。反切法是指工件反转，车刀反向装夹（如图 3-46 所示），这种切断方法宜用于较大直径工件的切断。切断工件时，切断刀伸入工件被切的槽内，周围被工件和切屑包围，

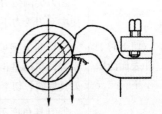

图 3-46　反切法

散热情况极差，切削刃容易磨损（尤其在切断刀的两个刀尖处），排屑也比较

困难，极易造成"扎刀"现象，严重影响刀具的使用寿命。为了克服上述缺点，使切断工件顺利进行，可以采用下列措施：控制切屑形状和排屑方向，切屑形状和排出方向对切断刀的使用寿命、工件的表面粗糙度及生产率都有很大的影响。

切断钢类工件时，工件槽内的切屑成发条状卷曲，排屑困难，切削力增加，容易产生"扎刀"现象，并损伤工件已加工表面。如果切屑呈片状，同样影响切屑排出，也容易造成"扎刀"现象（切断脆性材料时，刀具前面无断屑槽的情况下除外）。理想的切屑是呈直带状从工件槽内流出，然后再卷成"圆锥形螺旋"、"垫圈形螺旋"或"发条状"，才能防止"扎刀"。

在切断刀上磨出 3° 左右的刃倾角（左高右低）。刃倾角太小，切屑便在槽中呈"发条状"，不能理想地卷出；刃倾角太大，刀尖对不准工件中心，排屑困难，容易损伤工件表面，并使切断工件的平面歪斜，造成"扎刀"现象。

卷屑槽的大小和深度要根据进给量和工件直径的大小来决定。进给量大，卷屑槽要相应增大。进给量小，卷屑槽要相应减小，否则切屑极易呈长条状缠绕在车刀和工件上，产生严重后果。

28. 切断和车沟槽时易出现的问题、原因及预防措施有哪些？

答： 切断和车沟槽时易出现的问题、原因及预防措施见表 3-12。

表 3-12　　　　　切断和车沟槽时易出现的问题、原因及预防措施

问　题	原　因	预 防 措 施
沟槽尺寸不正确	①尺寸计算错误	①仔细计算尺寸，对留有磨削余量的工件，切槽时必须把磨削余量考虑进去
	②主刀刃太宽或太窄	②根据沟槽宽度刃磨主刀刃宽度
	③没有及时测量或测量不正确	③车槽过程中及时、正确测量
切下时工件表面凸凹不平	①切断刀安装不正确	①正确装夹切断刀
	②刀尖圆弧刃磨或磨损不一致，使主刀刃受力不均而产生凹凸面	②刃磨时保证两刀尖圆弧对称
	③切断刀强度不够，主刀刃不平直，切削是由于切削力作用使刀具偏斜，切下的工件凹凸不平	③增加切断刀的强度，刃磨时必须使主刀刃平直
	④刀具角度刃磨不正确，两副偏角过大且不对称，降低了刀头强度，产生"让刀"现象	④正确刃磨切断刀，保证两副偏角对称

29. 车削长轴时，对中心孔有什么要求？

答：中心孔是作定位基准用的，它的深度、锥角及两中心孔的同轴度对轴的加工精度有直接影响，必须按轴的直径大小来选用中心钻大小，最好在专用的钻中心孔设备上钻中心孔，这样轴两端的中心孔就在一条轴线上。

此外，对精度要求较高的轴，其中心孔必须经过研磨。在车削加工中，应保护好中心孔，不使它损伤，为后道工序提供保证。

30. 切（车）削时为什么会产生振动？

答：引起振动的原因是多方面的，有外因也有内因，但其根本原因是内因。这里把外因所引起的振动叫做强迫振动；内因所引起的振动叫做自发振动。

强迫振动是在周期性的干扰力作用下发生的，其主要原因有以下几个：

（1）外界传来的振动。在工作机床的周围有其他强烈振动的机床或机器工作着，于是振动传给本机床，其频率和原始频率相等或是倍数。

（2）转动着的工件或机床部件不平衡。如机床的齿轮、轴、卡盘或带轮等转动不平衡而产生离心力（即干扰力）。因为离心力改变方向就会产生振动，其振动频率等于不平衡零件每秒转数。如果用手接触电动机的外壳或机床底座时就会感到有轻微的振动，这种振动并不随时间而逐渐消逝，只要机器在运转，它总是持续着的。

（3）机床传动机构或零件存在问题。如精度不高或安装得不正确的齿轮、磨损了的零件等都会产生干扰。此外如皮带接缝、由油泵所造成的输油管中液体的脉动和粗加工所遗留下来的波峰等，均会产生周期性的干扰力。

（4）加工方法本身所引起的振动。如车削齿轮齿圈或带有油槽的内孔表面等都会产生振动。

自发振动是物体受到没有振动的干扰力作用下，由其本身内部摩擦力或内应力等发生变化所引起的，它由运动本身所造成并受运动本身所支配，而当运动停止时，振动也消失。产生自发振动的原因一般有下面几个：

①切屑排出时，切屑与刀具和刀具与工件之间的摩擦力变动引起振动。切削钢料时的振动就比切削铸铁时大。

②切削层沿其厚度方向的硬化不均匀而引起振动。

③积屑瘤的时生时灭，使切削过程中的刀具前角和后角发生变化和切削横截面积的变化而引起振动。

上面所说的3种情况是发生在切屑形成时和机床-刀具-工件系统没有振动时，因此这种现象仍在强迫振动产生后开始发生作用，其根源可能是强迫振动或上述现象中某一个突然变化或任何其他偶然原因等。开始振动后，它们的偶然原因可能消除了，但自发振动将继续下去，因为振动过程的本身，将引起发生这振动的作用力，因此强迫振动一点没有，自发振动就不一定会发生。反过来说，如果切屑形成过程不存在硬化不均匀、积屑瘤时生时灭等现象，则也不一定会发生振动。事实上强迫振动是或多或少存在的，切削过程中的问题也是存在的，因此切削时的振动或多或少是存在的，只不过程度不同罢了。

如果声音或振动痕迹都不能觉察到，则在一般情况下可以认为是无振动的。

31. 如何消除或减少振动？

答：要消除或减少振动可从以下几个方面考虑：

（1）机床方面：

①机床床脚应刚性地固定在基座上，最好灌注水泥，并用适当的弹性支座或隔振材料，如弹簧、橡胶、软木、毡尼等。土壤也有隔离作用，基础周围挖有防振沟也有效果。

②设计机床时应选用能吸收振动能量的材料，例如铸铁就比钢料好，所以床身、床脚、轴承座多采用铸铁。

③增加主轴刚性，如采用 3 个支承，减少轴的伸出长度和增加轴承长度等。

④调节机床主轴与轴承、滑板或工作台与楔铁之间的间隙。此外，应提高主轴轴颈的圆度。

⑤滑板、工作台与导轨在不用时尽量把它们夹紧。

⑥消除丝杠与螺母之间的间隙。

（2）刀具方面：

①应用较大的主偏角和副偏角，以减小径向力。

②增大刀具前角，使刀刃锋利，减小切屑与刀具前面的摩擦，使切削力减小。

③刀尖圆弧半径应尽量取得小些。

④后角取得小些。

⑤不要用磨损的刀具继续切削，及时刃磨或更换。

⑥应尽量选用截面较大的车刀。

⑦应用弹簧刀杆或反装车刀。

（3）夹具方面：

①应用大卡盘比小卡盘好，四爪卡盘比三爪卡盘好，工件直接用螺钉紧固在花盘上比卡盘夹持好。

②一顶一夹比两顶尖夹好，两端都用卡盘夹持比一顶一夹好（后顶尖上卡盘应安装在特制的活顶尖上）。

③应用刚性顶尖比活顶尖好。如果一定要用活顶尖，则活顶尖应直接安装在尾座套筒内，尾座套筒尽可能伸出短些。

（4）切削用量方面：切削速度对振动影响最大，当然随材料不同而变化，应采用较小（20m/min 以下）或最高（80m/min 以上）切削速度，20～80m/min 最不利。

吃刀量增大，振动越强烈。

进给量大小能改变振动状况，一般宜增大进给量来减小振动，即采用低速大进给方法。如果第一次进给有振痕留下，则第二次进给时，应改变第一次进给时所用的切削速度和进给量。

32. 车削铸铁工件时，是否要加冷却润滑液？为什么？

答：车削铸铁时，一般不加冷却润滑液。因为铸铁中有石墨存在，起了润滑作用。此外，车下来的崩碎粉末屑，加冷却润滑液以后会把切屑拌在一起，会阻塞损坏导轨及其他润滑系统。

33. 车削有色金属工件时，是否要加冷却润滑液？为什么？

答：这要看具体情况：

（1）粗车黄铜和青铜时，由于切去余量较多，工件发热量大，一般可以用乳化液；精车时，由于余量小，发热不多，可以不加冷却润滑液。为了使切屑容易切离，也可以加些菜油。

（2）精车铝合金时，一般不加冷却润滑液，特别是不加乳化液。因为乳化液水分中的氢容易和铝起化合作用，使工件表面产生极细小的针孔。有时为了减少切屑在刀具和工件上的黏附，可以采用煤油或煤油与松节油的混合油进行冷却润滑。粗车时加些乳化油影响不大。

（3）车镁合金时，一般不用冷却润滑液。因为它很可能引起车削过程中燃烧，甚至爆炸。有时为了降温和排屑，则可以用压缩空气。

34. 车削有色金属工件时，有些什么困难？如何解决？

答：一般有以下几种困难：

（1）有色金属的强度和硬度低，在装夹和切削过程中容易使工件变形和划伤。所以在加工过程中最好用弹性夹具和塑料心轴等夹具，或从棒料上一次切下来。在装夹和搬运过程中必须特别小心。

（2）有色金属的塑性和韧性较好，容易产生积屑瘤，从而影响工件表面粗糙度。为了防止上述缺陷，可以增大车刀前角，研磨刀具前面，还可采用较高的切削速度。

（3）有色金属的线膨胀系数大，工件尺寸变化大，刚车好的工件尺寸比常温时大，不易掌握精度。因此在车削时尽量减少热量，当温度降低后再测量工件尺寸，或将尺寸放大些留有收缩量，不过这一点必须通过试验。

35. 车削有色金属工件时，是否可以用干磨砂布抛光？为什么？

答：应尽量避免。因为有色金属的表面硬度较低，用干磨砂布抛光时，砂布上的极细小颗粒脱落后，会黏附在工件表面上，甚至会压入工件表面内，这样当这个表面与其他表面配合作相对运动时，会划伤与它相配合的表面。

第四章　套类零件的车削

1. 套类零件的功用与结构特点是怎样的?

答：在机械零件中，一般把轴套、衬套零件称为套类零件。机器中套类零件的应用非常广泛。例如：支承回转轴的各种形式的滑动轴承、夹具中的导向套、液压系统中的油缸、内燃机上的汽缸套、法兰盘以及透盖等。套类零件通常起支承和导向作用。

套类零件由于用途不同，其结构和尺寸有着较大的差异，但仍有其共同的特点：零件结构不太复杂，主要表面为同轴度要求较高的内外旋转表面；多为薄壁件，容易变形；零件尺寸大小各异，但长度 L 一般大于直径 d，长径比大于 5 的深孔比较多。盘类零件一般长度比较短，直径比较大。

2. 套类零件有哪些精度要求?

答：有下面 4 个方面的要求：

(1) 尺寸精度（直径和长度）。

(2) 几何精度（圆度和圆柱度）。

(3) 相互位置精度（同轴度、垂直度、径向跳动等）。

(4) 表面粗糙度。

3. 套类零件的特点有哪些?

答：套类零件是车削加工的重要内容之一，它的主要作用是支撑、导向、连接以及和轴组成精密的配合等。为研究方便，把轴承座、齿轮、带轮等这些带有孔的零件都作为套类零件来介绍。套类零件主要由同轴度要求较高的内、外回转表面以及端面、阶台、沟槽等部分组成（如图 4-1 所示）。

套类零件上作为配合的孔，一般都要求较高的尺寸精度、较小的表面粗糙度和较高的形位精度。车削套类工件的圆柱孔比车外圆困难得多，原因有 4 个方面：

(1) 观察困难。孔加工是在工件内部进行的，观察切削情况很困难，尤其是小而深的孔，根本无法观察。

(2) 刀杆刚性差。刀杆尺寸受孔径和孔深的限制，不能做得太粗，又不能太短，因此刀杆的刚性较差，特别是加工孔径小、长度长的孔时，更加突出。

(3) 排屑和冷却困难。因刀具和孔壁之间的间隙小，使切削液难以进入，

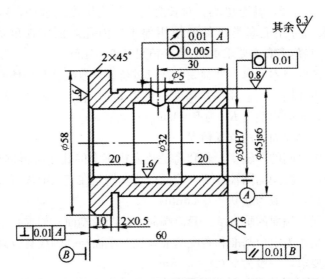

图 4-1 轴承套

又使切屑难以排出。

（4）测量困难。因孔径小，使量具进出及调整都很困难。

4. 套类零件有哪些形状精度？

答：（1）尺寸精度：指套类零件的各部分尺寸应达到一定的精度要求。如图 4-1 中的 ϕ 30H7、ϕ 45js6 等。

（2）形状精度：指套类零件的圆度、圆柱度和直线度等。如图 4-1 中的 ϕ 30H7 孔的圆度公差为 0.01mm，ϕ 45js6 外圆的圆度公差为 0.005mm。

（3）位置精度：指套类零件各表面之间的相互位置精度，如同轴度、垂直度、平行度、径向圆跳动和端面跳动等。如图 4-1 中左端面对 ϕ 30H7 孔的轴线的垂直度公差为 0.01mm，ϕ 30H7 孔的右端面对 B 面平行度公差为 0.01mm，ϕ 45js6 外圆对 ϕ 30H7 孔的轴线径向圆跳动公差为 0.01mm。

5. 加工套类零件中的内孔，一般有哪些刀具？

答：在车床上加工内孔的刀具，一般有麻花钻、扁钻（又叫三角钻）、镗孔刀和铰刀等。麻花钻用来钻孔；扁钻用来钻孔和镗孔；镗孔刀用来扩大孔的尺寸；铰刀用来精加工内孔。

6. 加工套类零件时有哪些技术要求？

答：套类零件各主要表面在机器中所起的作用不同，其技术要求差别较大，主要技术要求如下：

（1）内孔的技术要求：内孔是套类零件起支承或导向作用最主要的表面，通常与运动着的轴、刀具或活塞相配合。其直径尺寸精度一般为 IT7，精密轴承套为 IT6；形状公差一般应控制在孔径公差以内，较精密的套筒应控制在孔径公差的 1/3～1/2，甚至更小。对长套筒除了有圆度要求外，还应对孔的圆柱度有要求。为保证套类零件的使用要求，内孔表面粗糙度 Ra 为 2.5～0.16μm，某些精密套类要求更高，Ra 值可达 0.04μm。

（2）外圆的技术要求：外圆表面常以过盈或过渡配合与箱体或机架上的孔相配合起支承作用。其直径尺寸精度一般为 IT6～IT7；形状公差应控制在外径公差以内；表面粗糙度 Ra 为 5～0.63μm。

（3）各主要表面间的位置精度：

①内外圆之间的同轴度。若套筒是装入机座上的孔之后再进行最终加工，这时对套筒内外圆间的同轴度要求较低；若套筒是在装入前进行最终加工则同轴度要求较高，一般为 0.01～0.05mm。

②孔轴线与端面的垂直度。套筒端面（或凸缘端面）如果在工作中承受轴向载荷，或是作为定位基准和装配基准，这时端面与孔轴线有较高的垂直度或端面圆跳动要求，一般为 0.02～0.05mm。

7. 套类零件的内孔加工常采用哪些加工方法？有什么原则？

答：盘套类零件加工的主要工序多为内孔与外圆表面的粗精加工，尤以孔的粗精加工最为重要。常采用的加工方法有钻孔、扩孔、铰孔、镗孔、磨孔、拉孔及研磨孔等。其中钻孔、扩孔与镗孔一般作为孔的粗加工与半精加工，铰孔、磨孔、拉孔及研磨孔为孔的精加工。在确定孔的加工方案时一般按以下原则进行：

（1）孔径较小的孔，大多采用钻—扩—铰的方案。

（2）孔径较大的孔，大都采用钻孔后镗孔及进一步精加工的方案。

（3）淬火钢或精度要求较高的套筒类零件，则需采用磨孔的方法。

8. 你知道套类零件的内孔加工工艺特点有哪些吗？

答：（1）钻孔工艺特点：钻孔是孔加工的一种基本方法，钻孔所用刀具一般是麻花钻，可在实体材料上加工或扩大已有孔的直径。钻头一般只能用来加工精度要求不高的孔，或作为精度要求较高孔的预加工。一般尺寸精度为 IT11～IT14，表面粗糙度 Ra 为 60～12.5μm。

钻孔直径一般不超过 75mm。孔径大于 30mm 的孔应分两次钻，第一次钻孔直径应大于第二次钻孔所用钻头的横刃宽度。第一次钻孔直径为被加工孔径的 0.4～0.6 倍。

（2）扩孔和镗孔工艺特点：扩孔是用扩孔钻来扩大工件上已有孔径的加工方法。扩孔的加工质量较高，一般尺寸精度为 IT10～IT11，表面粗糙度 Ra 为 10～5μm，且可在一定程度上校正钻孔的轴线歪斜。扩孔加工余量一般为孔径的 1/8 左右，进给量一般较大（0.4～2mm/r），生产率较高。因此在钻较大直径的孔时（一般 $D \geqslant 30mm$），当钻出小直径孔后再用扩孔钻来扩孔，比分两次钻孔效率高。对于孔径大于 ϕ100 的孔，扩孔应用较少，而多采用镗孔。

镗孔是在已加工孔上用镗刀使孔径扩大并提高加工质量的加工方法。它能应用于孔的精加工、半精加工或粗加工。因为镗刀是属于非定尺寸刀具，结构简单、通用性大，所以在单件、小批生产中应用较多。特别是当加工大孔时，镗孔往往是唯一的加工方法。镗孔可在镗床上加工，也可在车床、钻床或铣床上进行。镗孔质量（指孔的几何精度）主要取决于机床精度，能获得的尺寸精度为IT6～IT8，表面粗糙度 Ra 为 $3～0.63\mu m$。镗刀的刀杆尺寸，因受孔径和孔深尺寸的限制，一般刚性较低，镗孔时容易产生振动，故生产率较低。此外，镗孔能修正前工序加工后所造成孔的轴线歪斜和偏移，以获得较高的位置精度。

（3）铰孔工艺特点：铰孔是用铰刀对未淬硬孔进行精加工的一种方法。其加工精度一般为IT7～IT8，表面粗糙度 Ra 可达 $1.6～0.8\mu m$。铰刀是定尺寸刀具，因此铰孔直径不宜太大，一般为 $3～150mm$。机用铰刀与机床采用浮动连接，故孔的加工质量不取决于机床精度，而取决于铰刀的精度和安装方式及切削条件。铰孔不能纠正孔的轴线歪斜，因此孔的有关位置精度应由铰孔前工序或后工序保证。铰孔不宜加工短孔、深孔和断续孔。

9. 车削套类零件时，如何安装工件？

答： 套类工件一般由内孔、外圆、平面等组成，在车削过程中，为了保证工件的形状和位置精度以及表面粗糙度要求，应选择合理的装夹方式及正确的车削方法。在车削薄壁工件时，还应注意避免由于夹紧力引起的工件变形。下面介绍保证同轴度和垂直度的方法。

（1）在一次装夹中完成车削加工

在单件小批量生产中，可以在卡盘或花盘上一次装夹就把工件的全部或大部分表面加工完毕。这种方法没有定位误差，如果车床精度较高，可获得较高的形位精度。但采用这种方法车削时，需要经常转换刀架，尺寸较难掌握，切削用量也需要经常改变（如图4－2所示）。

（2）以孔为定位基准采用心轴

车削中小型的轴套、带轮、齿轮等工件时，一般可用已加工好的孔为定位基准，采用心轴定位的方法进行车削。常用的心轴有下列两种：

①实体心轴：实体心轴有小锥度心轴和圆柱心轴两种。小锥度心轴的锥度 $C=1：1000～1：5000$，[如图4－3（a）所示]，这种心轴的特点是制造简单、定

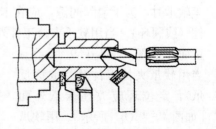

图4－2　一次装夹中加工工件

心精度高，但轴向无法定位，承受切削力小，装卸不太方便。用台阶心轴[如

图4-3（b）所示］装夹工件时，心轴的圆柱部分与工件孔之间保持较小的间隙配合，工件靠螺母压紧。其特点是一次可以装夹多个工件，若采用开口垫圈，装卸工件就更方便，但定心精度较低，只能保证0.02mm左右的同轴度。

②胀力心轴：胀力心轴依靠材料弹性变形所产生的胀力来固定工件。如图4-3（c）所示为装夹在机床主轴锥孔中的胀力心轴。胀力心轴的圆锥角最好为30°左右，最薄部分壁厚3～6mm。为了使胀力均匀，槽可做成三等分［如图4-3（d）所示］。长期使用的胀力心轴可用弹簧钢制成。胀力心轴装卸方便、定心精度高，故应用广泛。

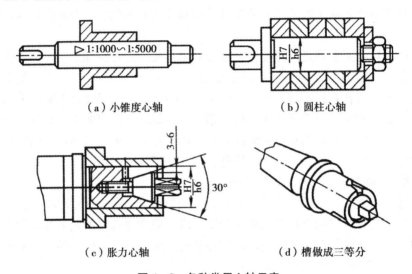

（a）小锥度心轴　　　　　　　　　（b）圆柱心轴

（c）胀力心轴　　　　　　　　　（d）槽做成三等分

图4-3　各种常用心轴示意

（3）以外圆为定位基准采用软卡爪

当加工外圆较大、内孔较小、长度较短的套类零件，并且工件以外圆为基准保证位置精度时，车床上一般应用软卡爪装夹工件。软卡爪是用未经淬火的45钢制成。使用时，将软爪装入卡盘内，然后将软爪车成所需要的圆弧尺寸。车软爪时，为了消除间隙，应在卡爪内（或卡爪外）放一适当直径的定位圆柱（或圆环）。当用软爪夹持工件外圆时（或称正爪），定位圆柱应放在卡爪的里面［如图4-4（a）所示］；当用软爪夹持工件时（或称反爪），定位环应放在卡爪外面［如图4-4（b）所示］。用软爪装夹工件时，因为软爪是在本身车床上车削成形，因此可确保装夹精度；当装夹已加工表

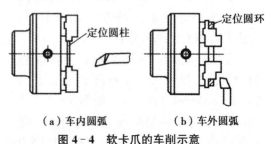

（a）车内圆弧　　　　　（b）车外圆弧

图4-4　软卡爪的车削示意

92

面或软金属时，不易夹伤工件表面。

（4）用专用夹具装夹工件

依据加工零件的特点设计制作专用夹具，工件装入夹具体的孔中（用外圆定位），用锁紧螺母将工件轴向夹紧，可防止工件变形（如图4-5所示）。

（5）用开口套装夹工件

车薄壁工件时，由于工件的刚性差，在夹紧力的作用下容易产生变形，为防止或减小薄壁套类工件的变形，常采用开口套装夹工件。由于开口套与工件的接触面积大，夹紧力均匀分布在工件外圆上，所以可减小夹紧变形，同时能达到较高的同轴度。使用时，先把开缝套筒装在工件外圆上，然后再一起夹紧在三爪自定心卡盘上（如图4-6所示）。

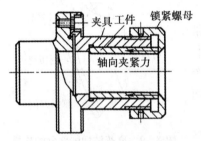

图4-5 用专用夹具装夹工件示意

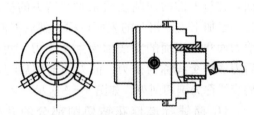

图4-6 采用开缝套筒装夹工件

（6）用花盘装夹工件

对于直径较大，尺寸精度和形状位置精度要求较高的薄壁圆盘工件，可装夹在花盘上车削（如图4-7所示），采用端面压紧方法，工件不易产生变形。

10. 标准麻花钻的结构是怎样的？

答： 麻花钻一般用高速钢制成，淬火后HRC62～68。麻花钻由柄部、颈部和工作部分组成，如图4-8所示。

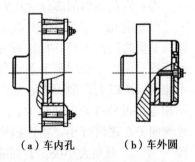

（a）车内孔　　（b）车外圆

图4-7 用花盘装夹工件示意

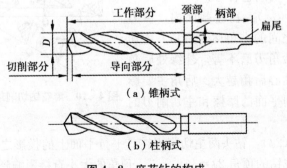

（a）锥柄式

（b）柱柄式

图4-8 麻花钻的构成

（1）柄部。柄部是麻花钻的夹持部分，用以定心和传递动力，分为锥柄和柱柄两种，一般直径小于 13mm 的钻头做成柱柄，直径大于 13mm 的做成锥柄。

（2）颈部。颈部是为磨制钻头时砂轮退刀而设计的，钻头的规格、材料和商标一般也刻在颈部。

（3）工作部分。工作部分由切削部分和导向部分组成。

①导向部分用来保持麻花钻工作时的正确方向，有两条螺旋槽，作用是形成切削刃及容纳和排除切屑，便于切削液沿着螺旋槽流入。

②切削部分主要起切削作用，由六面五刃组成。两个螺旋槽表面就是前刀面，切屑沿其排除；切削部分顶端的两个曲面叫后刀面，它与工件的切削表面相对，钻头的棱带是与已加工表面相对的表面，称为副后刀面；前刀面和后刀面的交线称为主切削刃，两个后刀面的交线称为横刃，前刀面与副后刀面的交线称为副切削刃，如图 4-9 所示。

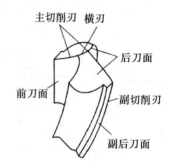

图 4-9　麻花钻切削部分的构成

11. 简述标准麻花钻切削部分的几何角度。

答：麻花钻切削部分的几何角度如图 4-10 所示。

（1）前角（γ_0）。在主截面内，前刀面与基面之间的夹角。标准麻花钻的前刀面为螺旋面，主切削刃上各点倾斜方向均不相同，所以主切削刃上各点的前角大小不相等，近外缘处前角最大，$\gamma_0 = 30°$，从外缘向中心逐渐减小，接近横刃处前角孔 $\gamma_0 = -30°$。前角大小决定着切除材料的难易程度和切屑在前刀面上的摩擦阻力大小。前角越大，切削越省力。

（2）后角（α_0）。在柱截面内，后刀面与切削平面之间的夹角称为后角。主切削刃上各点的后角刃磨不等。外缘处后角较小，愈接近钻心后角越大。后角主要影响后刀面与切削平面的摩擦和主切削刃的强度。

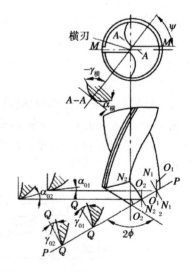

图 4-10　麻花钻切削部分的几何角度

（3）顶角（2ϕ）。钻头两主切削刃在其平行平面上的投影之间的夹角称为顶角。标准麻花钻的顶角 $2\phi = 118° \pm 2°$，顶角的大小直接影响到主切削刃上轴向力的大小。顶角大，钻尖强度好，但钻削时轴向阻力大。

（4）横刃斜角（ϕ）。横刃与主切削刃在钻头端面内的投影之间的夹角。它是在刃磨钻头时自然形成的，其大小与后角、顶角大小有关。标准麻花钻的横刃斜角 $\phi = 50° \sim 55°$，靠近横刃处的后角磨得越大，横刃斜角 ϕ 越小，横刃越锋利，但横刃的长度会增大，钻头不易定心。

12. 简述麻花钻的辅助平面是怎样的？

答：如图 4－11 所示，麻花钻钻头主切削刃上任意一点的基面、切削平面和主截面，三者的位置是相互垂直的。

（1）基面。切削刃上任意一点的基面是通过该点，且与该点切削速度方向垂直的平面，麻花钻主切削刃上各点的基面是不同的。

（2）切削平面。主切削刃上任意一点的切削平面就是通过该点且与工件表面相切的平面，即该点切削速度与钻刃构成的表面。

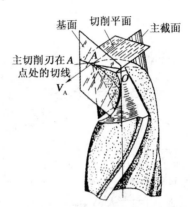

图 4－11　麻花钻的辅助平面

（3）主截面。通过主切削刃上任意一点并垂直于切削平面和基面的平面。

（4）柱截面。通过主切削刃上任意一点作与钻头轴线的平行线，该平行线绕钻头轴线旋转形成的圆柱面的切面。

13. 麻花钻如何刃磨？

答：标准麻花钻使用一段时间后，会出现钝化现象，或因使用时温度高而出现退火、崩刃或折断等问题，故需重新刃磨钻头才能使用，如图 4－12 所示。麻花钻的刃磨要求及步骤如下。

刃磨要求：

（1）顶角 2ϕ 为 $118° \pm 2°$。

（2）外缘处的后角 α_0 为 $10° \sim 14°$。

（3）横刃斜角 ϕ 为 $50° \sim 55°$。

（4）两主切削刃的长度以及和钻头轴心线组成的两角要相等。

（5）两个主后刀面要刃磨光滑。

刃磨步骤：

（1）将主切削刃置于水平状态并与砂轮外圆平行。

（2）保持钻头中心线和砂轮外圆面成 ϕ 角。

（3）右手握住钻头导向部分前端，作为定位支点，刃磨时使钻头绕其轴心线转动，左手握住柄部，作上下扇形摆动，磨出后角，同时，掌握好作用在砂轮上的压力。

（4）左右两手的动作要协调一致，相互配合。一面磨好后，翻转 180°刃磨另一面。

（5）在刃磨过程中，主切削刃的顶角、后角和横刃斜角同时磨出。为防切削部分过热退火，应注意蘸水冷却。

（6）刃磨后的钻头，常用目测法进行检查，也可如图 4 - 13 所示用样板检验。

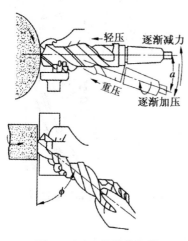

图 4 - 12　麻花钻的刃磨

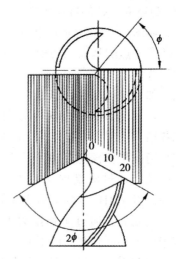

图 4 - 13　麻花钻刃磨后的检验

14. 车床钻孔时易出现的问题、原因及预防措施是什么?

答：车工在钻孔时，易出现问题的主要原因是孔歪斜以及孔过大，预防措施见表 4 - 1。

表 4 - 1　　　　　　钻孔时易出现的问题、原因及预防措施

问　题	产　生　原　因	预　防　措　施
孔歪斜	①工件端面不平，或与轴线不垂直	①钻孔前车平端面，中心不能有凸头
	②尾座偏移	②调整尾座轴线与主轴轴线同轴
	③钻头刚性差，初钻时进给量过大	③选用较短的钻头或用中心钻先钻导向孔，初钻时进给量要小
	④钻头顶角不对称	④正确刃磨钻头
孔直径过大	①钻头直径选错	①看清图样，仔细检查钻头直径
	②钻头主切削刃不对称	②仔细刃磨，使两主切削刃对称
	③钻头未对准工件中心	③检查钻头是否弯曲，钻夹头、钻套是否装夹正确

续表

问　题	产　生　原　因	预　防　措　施
孔壁粗糙	①进给量过大	①减小进给量
	②后角太小	②增大后角
	③切削液性能差	③选择性能较好的切削液
钻头磨损过快	①切削速度太大	①降低切削速度
	②钻钢件时，切削液不足	②供足切削液
	③钻头几何角度刃磨不合理	③根据工件材质选择合理的几何角度
折断钻头	①钻头过分磨损，切削刃已不锋利	①及时将钻头刃磨锋利
	②切屑不能通畅排出，塞住螺旋槽	②应经常将钻头从孔中退出
	③钻铸件时碰到缩孔	③加工估计有缩孔的铸件时，要放慢进给速度

15. 如何装卸麻花钻？麻花钻钻孔方法是什么？

答：（1）如何装卸麻花钻

车工常用麻花钻分直柄和锥柄两种，其特点说明如下：

①直柄麻花钻：如图 4-14 所示，用钻夹头夹住直柄处，然后再将钻夹头用力装入尾座锥孔内，就可以进行钻孔了。

②锥柄麻花钻：锥柄的锥度为莫氏锥度，常用的钻头柄部的圆锥规格为 $2^\#$、$3^\#$、$4^\#$。如果钻柄规格与尾座套筒锥孔的规格一致，可直接装入进行钻孔，如果钻头柄规格小于套筒锥孔的规格，则还应采用锥套作过渡。锥套内

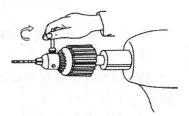

图 4-14　直柄麻花钻的装夹

锥孔要与钻头锥柄规格一致，外锥则应与尾座套筒内锥孔的规格一致。钻头装入锥套时，柄部的舌尾要对准锥套上的腰形孔，如不对准，一般圆锥不会相接触。

（2）麻花钻钻孔方法

①钻孔前，先将工件平面车平，中心处不允许留有凸台；找正尾座，使钻头中心对准工件回转中心。

②用小直径麻花钻钻孔时，一般先用中心钻定心，再用钻头钻孔，这样操作同轴度就较好。

③用细长麻花钻钻孔时，为防止钻头晃动，可以在刀架上夹一挡铁，以支持钻头头部，帮助钻头定心，如图 4-15 所示。其方法是先用钻头钻入工件平面（少量），然后摇动滑板移动挡铁支顶，见钻头逐渐不晃动时，退出挡铁后继续钻削即可。但挡铁不能把钻头支过中心，以免折断钻头。

④需要铰孔的工件，由于所留铰削余量较少，因此钻孔时当钻头钻进工件1～2mm后，应将钻头退出，停车检查孔径，防止因孔径扩大没有铰削余量而报废。

⑤钻不通孔与钻通孔的方法基本相同，只是钻孔时需要控制孔的深度。常用的控制方法是：先启动机床，然后摇动尾座手轮，当钻头开始切入端面时，记下尾座筒上的标尺读数，也可用钢直尺量出套筒的伸出长度。钻孔时，用套筒伸出的长度加上孔深来控制尾座的伸出量，如图4-16所示。在钻孔过程中一般要使用冷却液。

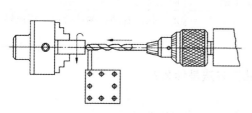 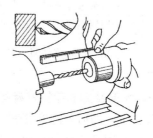

图4-15 用挡铁支顶防止钻头晃动　　　图4-16 钻不通孔

16. 钻孔时，怎样选择切削用量和切削液？

答：(1) 背吃刀量（a_p）

钻孔时的背吃刀量是钻头直径的一半，因此它是随钻头直径大小而改变的。

(2) 切削速度（v_c）

钻孔时切削速度可按下式计算：

$$v_c = \pi D n / 1000$$

式中　v_c——切削速度（m/min）；

　　　D——钻头的直径（mm）；

　　　n——工件转速（r/min）。

用高速钢钻头钻钢料时，切削速度一般为20～40m/min；钻铸铁时，应稍低些。

(3) 进给量（f）

在车床上，钻头的进给量是用手慢慢转动车床尾座手轮来实现的。使用小直径钻头钻孔时，进给量太大会使钻头折断。用直径30mm的钻头钻钢料时，进给量选0.1～0.35mm/r；钻铸铁时，进给量选0.15～0.4mm/r。

(4) 切削液

钻削钢料时，为了不使钻头过热，必须加注充分的切削液。钻削时，可以用煤油；钻削铸铁、黄铜、青铜时，一般不用切削液，如果需要，也可用乳化液；钻削镁合金时，切忌用切削液，因为用切削液后会起氧化作用（助燃）而引起燃烧，甚至爆炸，只能用压缩空气来排屑和降温。

由于在车床上钻孔时，切削液很难深入到切削区，所以在加工过程中应经常退出钻头，以利排屑和冷却钻头。

17. 你知道扩孔和锪孔吗？其方法是什么？

答： 用扩孔工具扩大工件孔径的加工方法称为扩孔。常用的扩孔刀具有麻花钻、扩孔钻等。一般工件的扩孔可用麻花钻。对于孔的半精加工，可用扩孔钻。如孔径大，钻头直径也大时，由于横刃长，轴向钻削力大，轴向进给很费力；铸件或锻件上的预制孔，也常用扩孔法作粗加工。扩孔的方法有两种。

（1）用麻花钻扩孔

用大直径的钻头将已钻出的小孔扩大。例如钻 $\phi50mm$ 直径的孔，可先用 $\phi25mm$ 的钻头钻一孔，然后用 $\phi50mm$ 的钻头将孔扩大。扩孔时，由于大钻头的横刃已经不参加工作了，所以进给省力。但是应该注意，钻头外缘处的前角大，不能使进给量过大，否则使钻头在尾座套筒内打滑而不能切削。因此，在扩孔时，应把钻头外缘处的前角修磨得小些，并对进给量加以适当控制，绝不要因为钻削轻松而加大进给量。

（2）用扩孔钻扩孔

这是常用的扩孔方法。扩孔钻有高速钢扩孔钻和硬质合金扩孔钻两种，如图 4-17（a）所示。扩孔在自动机床和镗床上用得较多，它的主要特点是：

①切削刃不必自外缘一直到中心，这样就避免了横刃所引起的不良影响。

②由于背吃刀量小 $a_p=(D-d)/2$，如图 4-17（b）所示，切屑少、钻心粗、刚性好，且排屑容易，可提高切削用量。

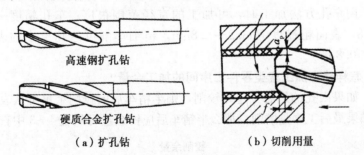

高速钢扩孔钻

硬质合金扩孔钻

（a）扩孔钻　　　　　　　　（b）切削用量

图 4-17　扩孔钻和扩孔

③由于切屑少，容屑槽可以做得小些，扩孔钻的刀齿可比麻花钻多（一般有 3～4 齿），导向性比麻花钻好。因此，可提高生产效率，改善加工质量。

扩孔精度一般可达公差等级 IT9～IT10，表面粗糙度 $Ra5～10\mu m$。扩孔钻一般用于孔的半精加工。

用锪钻加工平底或锥形沉孔，叫做锪孔。车工常用的是圆锥形锪钻。

（3）圆锥形锪钻

有些零件钻孔后需要孔口倒角，有些零件要用顶尖顶住孔口加工外圆，这时可用锥形锪钻，如图 4-18 所示，在孔口锪出锥孔。

圆锥形锪钻有 60°、75°、90°、120°等几种。60°和 120°锪钻的工作情况，如图 4-18（c）所示。75°锪钻用于锪埋头铆钉孔，90°锪钻用于锪埋头螺钉孔。

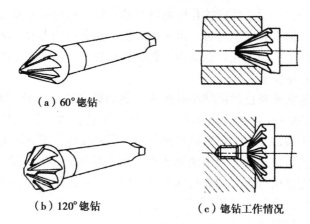

（a）60°锪钻

（b）120°锪钻

（c）锪钻工作情况

图 4-18　圆锥形锪钻

18. 什么叫车孔？其精度怎样？

答：用车削方法扩大工件的孔或加工空心工件的内表面称为车孔。车内孔是一种常用的孔加工方法，车孔就是把预制孔如铸造孔、锻造孔或用钻扩出来的孔再加工到更高的精度和更低的表面粗糙度。车孔既可作半精加工，也可作精加工。用车孔方法加工时，可加工的直径范围很广。车孔精度一般可达 IT7～IT8，表面粗糙度 $Ra3.2～0.8\mu m$，精细车削可达到更小的表面粗糙度（$<Ra0.8\mu m$）。

19. 怎样确定加工套类零件工序间的加工余量？

答：如果内孔的最后工序是铰削，则半精车后的铰削余量可从表 4-2 中查找；如果最后工序是磨削，那么半精车后应留余量可从表 4-3 中查找。

表 4-2　　　　　　　　　　铰削余量　　　　　　　　　　mm

铰刀类型	铰削余量	铰刀类型	铰削余量
高速钢铰刀	0.10～0.30	硬质合金铰刀	0.10～0.40
高速钢阶梯铰刀	0.20～0.50	无刃铰刀	0.01～0.03

表 4-3 内孔留磨余量

孔的直径 (mm)	性　质	孔 的 长 度 (mm)						公　差
		30以下	30～50	50～100	100～200	200～300	300～400	
		孔 径 余 量 (mm)						
5～12	不淬火	0.10	0.10	0.10	—	—	—	按 H9
	淬　火	0.10	0.10	0.10	—	—	—	
12～18	不淬火	0.20	0.20	0.20	0.20	—	—	+0.10
	淬　火	0.30	0.30	0.30	0.30	—	—	
18～30	不淬火	0.30	0.30	0.30	0.30	—	—	+0.12
	淬　火	0.40	0.40	0.50	0.50	—	—	
30～50	不淬火	0.30	0.40	0.40	0.40	—	—	+0.14
	淬　火	0.50	0.50	0.50	0.50	—	—	
50～80	不淬火	0.40	0.40	0.40	0.50	0.50	—	+0.17
	淬　火	0.50	0.50	0.60	0.60	0.60	—	
80～120	不淬火	0.40	0.40	0.40	0.50	0.50	0.60	+0.20
	淬　火	0.60	0.70	0.70	0.70	0.80	0.80	
120～180	不淬火	0.50	0.50	0.50	0.60	0.60	0.60	+0.23
	淬　火	0.70	0.70	0.80	0.80	0.80	0.90	
180～260	不淬火	0.60	0.60	0.60	0.60	0.60	0.60	+0.26
	淬　火	0.80	0.80	0.80	0.85	0.90	0.90	
260～360	不淬火	0.60	0.60	0.60	0.65	0.70	0.70	+0.03
	淬　火	0.90	0.90	0.90	0.90	0.90	0.90	

注：①选用时还应根据热处理变形程度不同，适当增减表中数值。

②留磨表面粗糙度值不应大于 $Ra3.2\mu m$。

20. 车孔刀的刃磨步骤有哪些？

答：（1）粗磨前刀面。

（2）粗磨主后刀面。

（3）粗磨副后刀面。

（4）磨卷削槽并控制前角和刃倾角。

（5）精磨主后刀面、副后刀面。

21. 车孔刀的种类及几何角度是怎样的？

答：根据不同的加工情况，内孔车刀可分为通孔车刀［如图 4-19（a）所示］和不通孔（盲孔）车刀［如图 4-19（b）所示］两种。

（1）通孔车刀。通孔车刀切削部分的几何形状基本上与外圆车刀相似［图 4-19（a）所示］，为了减小径向切削抗力，防止车孔时振动，主偏角 k_r 应取得大些，一般在 $65°\sim75°$ 之间，副偏角 k_r' 一般为 $15°\sim30°$。为了防止内孔车刀后刀面和孔壁的摩擦又不使后角磨得太大，一般磨成两个后角如图 4-

101

19（c）α_{o1} 和 α_{o2} 所示，其中：α_{o1} 取 6°～12°，α_{o2} 取 30°左右。

（2）不通孔车刀。不通孔车刀用来车削不通孔或阶台孔，切削部分的几何形状基本上与偏刀相似，它的主偏角 k_r 大于 90°，一般为 92°～95°［如图 4 - 19（b）所示］，后角的要求和通孔车刀一样。不同之处是不通孔车刀刀尖在刀杆的最前端，刀尖到刀杆外端的距离 a 小于半径 R，否则无法车平孔的底面。

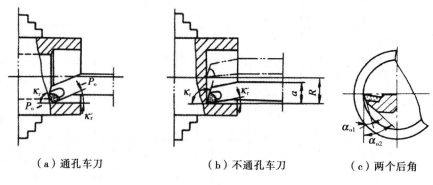

（a）通孔车刀 　　　　（b）不通孔车刀 　　　　（c）两个后角

图 4 - 19　内孔车刀

22. 车孔刀的结构是怎样的？

答：根据被加工孔的类型，内孔车刀可分为通孔车刀［如图 4 - 19（a）所示］和不通孔车刀［如图 4 - 19（b）所示］。

（1）内孔车刀：内孔车刀是加工孔的刀具，其切削部分的几何形状基本上与外圆车刀相似。但是，内孔车刀的工作条件和车外圆有所不同，所以内孔车刀又有自己的特点。内孔车刀的结构：把刀头和刀杆作成一体的整体式内孔车刀。这种刀具因为刀杆太短，只适合于加工浅孔。加工深孔时，为了节省刀具材料，常把内孔车刀作成较小的刀头，然后装夹在用碳钢合金做的、刚性较好的刀杆前端的方孔中，在车通孔的刀杆上，刀头和刀杆轴线垂直，如图 4 - 19 所示。

（2）不通孔车刀：不通孔车刀用来车削不通孔或台阶孔，切削部分的几何形状基本上与偏刀相似，在加工不通孔用的刀杆上，刀头和刀杆轴线安装成一定的角度。如图 4 - 20 所示的刀杆的悬伸量是固定的，刀杆的伸出量不能按内孔加工深度来调整。如图 4 - 21 所示为方形刀杆，能够根据加工孔的深度来调整刀杆的伸出量，可以克服悬伸量是固定的那类刀杆的缺点。

内孔车刀可做成整体式（如图 4 - 22 所示），为节省刀具材料和增加刀柄强度，也可把高速钢或硬质合金做成较小的刀头，安装在碳钢或合金钢制成的刀柄前端的方孔中，并在顶端或上面用螺钉固定（如图 4 - 20 和图 4 - 21 所示）。

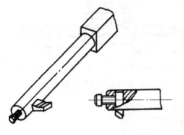

图 4‑20　车削内孔车刀

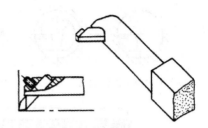

图 4‑21　可调式内孔车杆

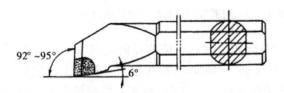

图 4‑22　整体式内孔车刀的结构

23. 怎样装夹车孔刀?

答: 内孔车刀安装正确与否,直接影响到车削情况及孔的精度,所以在安装时一定要注意以下几点:

(1) 刀尖应与工件中心等高或稍高,如果装得低于中心,由于切削抗力的作用,容易将刀柄压低而产生扎刀现象,并造成孔径扩大,刀柄伸出刀架不宜过长,一般比被加工孔长 5~6mm。

(2) 刀柄基本平行于工件轴线,否则在车削到一定深度时刀柄后半部容易碰到工件孔口。

(3) 盲孔车刀装夹时,内偏刀的主刀刃应与孔底平面成 3°~5°角(如图 4‑23 所示),并且在车平面时要求横向有足够的退刀余地。

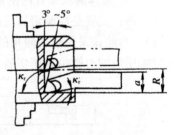

24. 增加车孔刀的刚性有哪些关键技术?

答: 车孔的关键技术是解决内孔车刀的刚性和排屑问题。增加内孔车刀的刚性主要采取以下几项措施:

图 4‑23　不通孔车刀的安装

(1) 尽量增加刀杆的截面积,一般的内孔车刀有一个缺点,刀杆的截面积小于孔截面积的四分之一[如图 4‑24(a)所示],若使内孔车刀的刀尖位于刀柄的中心线上,那么刀柄在孔中的截面积可大大地增加[如图 4‑24(b)所示]。

(2) 刀杆的伸出长度尽可能缩短,如果刀杆伸出太长,就会降低刀杆刚性,容易引起振动。因此,为了增加刀杆刚性,刀杆伸出长度只要略大于孔深

103

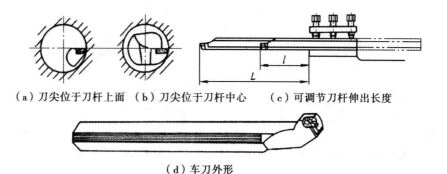

（a）刀尖位于刀杆上面　（b）刀尖位于刀杆中心　（c）可调节刀杆伸出长度

（d）车刀外形

图 4 - 24　可调节刀柄长度的内孔车刀

即可。在选择内孔车刀的几何角度时，应该使径向切削力 F_p 尽可能小些。一般通孔粗车刀主偏角取 $k_r=65°\sim75°$，不通孔粗车刀和精车刀主偏角取 $k_r=92°\sim95°$，内孔粗车刀的副偏 $k_r=15°\sim30°$，精车刀的副偏角 $k_r'=4°\sim6°$，而且要求刀杆的伸出长度能根据孔深加以调节，如图 4 - 24（c）所示。

（3）为了使内孔车刀的后面既不和工件孔面发生干涉和摩擦，也不使内孔车刀的后角磨得过大时削弱刀尖强度，内孔车刀的后面一般磨成两个后角的形式，如图 4 - 19（c）所示。

（4）为了使已加工表面不至于被切屑划伤，通孔的内孔车刀最好磨成正刃倾角，切屑流向待加工表面（前排屑）。不通孔的内孔车刀当然无法从前端排屑，只能从后端排屑，所以刃倾角一般取 $0°\sim-2°$。

25. 怎样解决车孔时的排屑问题？

答：主要是控制切屑流出方向。精车孔时要求切屑流向待加工表面（前排屑）。为此，采用正刃倾角的内孔车刀［如图 4 - 25（a）所示］；加工盲孔时，应采用负的刃倾角，使切屑从孔口排出［如图 4 - 25（b）所示］。

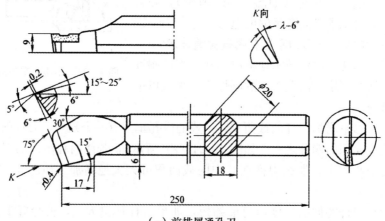

（a）前排屑通孔刀

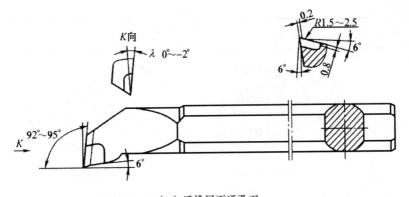

（b）后排屑不通孔刀

图 4 - 25　典型车孔刀

26. 你知道车直孔、阶台孔及不通孔时常用的方法吗?

答：孔的形状不同，车孔的方法也有所差异。常用的车孔方法见表 4 - 4。

表 4 - 4　　　　　　　　　　　　　　　　　车孔方法

类　型	方　　　法
车直孔	①直通孔的车削基本上与车外圆相同，只是进刀和退刀的方向相反。在粗车或精车时也要进行试切削，其横向进给量为径向余量的 1/2。当车刀纵向切削至 2mm 左右时，纵向快速退刀（横向不动），然后停车测试，若孔的尺寸不到位，则需微量横向进刀后再次测试，直至符合要求，方可车出整个内孔表面 ②车孔时的切削用量要比车外圆时适当减小些，特别是车小孔或深孔时，其切削用量应更小
车阶台孔	①车直径较小的阶台孔时，由于观察困难而尺寸精度不宜掌握，所以常采用粗、精车小孔，再粗、精车大孔 ②车大的阶台孔时，在便于测量小孔尺寸而视线又不受影响的情况下，一般先粗车大孔和小孔，再精车小孔和大孔 ③车削孔径尺寸相差较大的阶台孔时，最好采用主偏角 $k_r < 90°$（一般为 $85° \sim 88°$）的车刀先粗车，然后再用内偏刀精车，直接用内偏刀车削时切削深度不可太大，否则刀刃易损坏。其原因是刀尖处于刀刃的最前端，切削时刀尖先切入工件，因此其承受切削抗力最大，加上刀尖本身强度差，所以容易碎裂；由于刀柄伸长，在轴向抗力的作用下，切削深度大容易产生振动和扎刀 ④控制车孔深度的方法通常采用粗车时在刀柄上刻线痕作记号［如图 4 - 26（a）所示］或安放限位铜片［如图 4 - 24（b）所示］，以及用床鞍刻线来控制等，精车时需用小滑板刻度盘或游标深度尺等来控制车孔深度

续表1

类　型	方　　法
车阶台孔	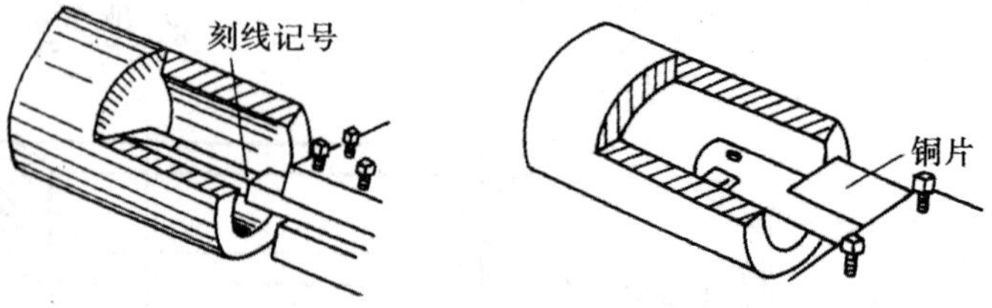 （a）刻线痕法　　　　　　　（b）铜片挡铁法 **图 4-26　控制车孔深度的方法**
车不通孔 （平底孔）	车不通孔时，其内孔车刀的刀尖必须与工件的旋转中心等高，否则不能将孔底车平。检验刀尖中心高的简便方法是车端面时进行对刀，若端面能车至中心，则盲孔底面也能车平。同时还必须保证盲孔车刀的刀尖至刀柄外侧的距离应小于内孔半径 R［如图 4-24（b）所示］，否则切削时刀尖还未车至工件中心，刀柄外侧就已与孔壁上部相碰 （1）粗车盲孔： ①车端面、钻中心孔 ②钻底孔。可选择比孔径小 1.5～2mm 的钻头先钻出底孔。其钻孔深度从钻头顶尖量起，并在钻头刻线作记号，以控制钻孔深度。然后用相同直径的平头钻将孔底扩成平底。孔底平面留 0.5～1mm 余量 ③盲孔车刀靠近工件端面，移动小滑板，使车刀刀尖与端面轻微接触，将小滑板或床鞍刻度调至零位 ④将车刀伸入孔口内，移动中滑板，刀尖进给至与孔口刚好接触时，车刀纵向退出，此时将中滑板刻度调至零位 ⑤用中滑板刻度指示控制切削深度（孔径留 0.3～0.4mm 精车余量），若机动纵向进给车削平底孔时要防止车刀与孔底面碰撞。因此，当床鞍刻度指示离孔底面还有 2～3mm 距离时，应立即停止机动进给改用手动继续进给。如孔大而浅，一般车孔底面时能看清；若孔小而深，就很难观察到是否已车到孔底。此时通常要凭感觉来判断刀尖是否已切到孔底。若切削声音增大，表明刀尖已车到孔底。当中滑板横向进给车孔底平面时，若切削声音消失，控制横向进给手柄的手已明显感觉到切削抗力突然减小。则表明孔底平面已车出，应先将车刀横向退刀后再迅速纵向退出 ⑥如果孔底面余量较多需车第二刀时，纵向位置保持不变，向后移动中滑板；使刀尖退回至车削时的起始位置，然后用小滑板刻度控制纵向切削深度，第二刀的车削方法与第一刀相同。粗车孔底面时，孔深留 0.2～0.3mm 的精车余量

106

类 型	方 法
车不通孔 （平底孔）	（2）精车盲孔： 精车时用试切削的方法控制孔径尺寸。试切正确可采用与粗车类似的进给方法，使孔径、孔深都达到图样要求 平头钻刃磨时两刃口磨成平直，横刃要短，后角不宜过大，外缘处的前角要修磨得小些［如图4-27（a）所示］，否则容易引起扎刀现象，还会使孔底产生波浪形，甚至使钻头折断。如果加工盲托，最好采用凸形钻心［如图4-27（b）所示］，这样定心较好。如果车孔后还要磨削，应留一定的磨削余量，见表4-3 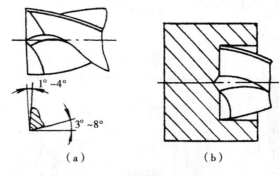 （a）　　　　　　（b） 图4-27　平头钻加工底平面

在用硬质合金车刀车孔时，一般不需要加切削液。车铝合金孔时，不要加切削液，因为水和铝容易起化学作用，会使加工表面产生小针孔，在精加工铝合金时，一般使用煤油冷却较好。

车孔时，由于工作条件不利，加上刀柄刚性差，容易引起振动，因此它的切削用量应比车外圆时要少些。

27. 怎样用内测千分尺测量内径？

答：内测千分尺是内径千分尺的一种特殊形式，其刻线方向与外径千分尺相反。内测千分尺的测量范围为 5～30mm 和 25～50mm，其分度值为0.01mm。内测千分尺的使用方法与使用Ⅲ型游标卡尺的内、外测量爪测量内径尺寸的方法相同（如图4-28所示）。

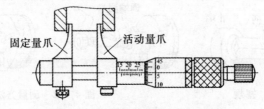

固定量爪　　　活动量爪

图4-28　内测千分尺及其使用

28. 怎样用内径百分表测量内径？

答：内径百分表结构如图4－29所示。百分表装夹在测架1上，触头（活动测量头）6通过摆动块7、杆3，将测量值1：1传递给百分表。测量头5可根据被测孔径大小更换。定心器4用于使触头自动位于被测孔的直径位置。内径百分表是利用对比法测量孔径的，测量前应根据被测孔径用千分尺将内径百分表对准零位。测量时，为得到准确的尺寸，活动测量头应在径向方向摆动并找出最大值，在轴向方向摆动找出最小值（两值应重合一致），这个值即为孔径基本尺寸的偏差值，并由此计算出孔径的实际尺寸（如图4－30所示）。内径百分表主要用于测量精度要求较高而且又较深的孔。

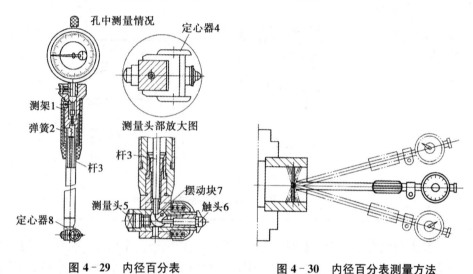

图4－29　内径百分表　　　　图4－30　内径百分表测量方法

29. 怎样用塞规测量孔径？

答：塞规由通端、止端和手柄组成（如图4－31所示），测量方便、效率高，主要用在成批生产中。塞规的通端尺寸等于孔的最小极限尺寸，止端尺寸等于孔的最大极限尺寸。测量时通端能塞入孔内而止端不能塞进孔内，则说明孔径尺寸合格（如图4－32所示）。塞规通端的长度比止端的长度长，一方面便于修磨通端以延长塞规使用寿命，另一方面则便于区分通端和止端。测量盲孔用的塞规，应在通端和止端的圆柱面上沿轴向开排气槽。

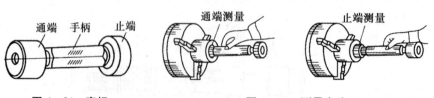

图4－31　塞规　　　　　图4－32　测量方法

30. 车孔时产生废品的原因及预防方法有哪些?

答: 车孔时可能产生的废品种类、产生的原因及预防方法,见表4-5。

表4-5　　　　　　　　　　车孔时产生废品的原因及预防方法

废品种类	产　生　原　因	预　防　方　法
尺寸不对	①测量不正确	①要仔细测量。用游标卡尺测量时,要调整好卡尺的松紧,控制好摆动位置,并进行试切
	②车刀安装不对,刀柄与孔壁相碰	②选择合理的刀柄直径,最好在未开车前,先把车刀在孔内走一遍,检查是否会相碰
	③产生积屑瘤,增加刀尖长度,使孔车大	③研磨前面,使用切削液,增大前角,选择合理的切削速度
	④工件的热胀冷缩	④最好使工件冷却后再精车,加切削液
内孔有锥度	①刀具磨损	①提高刀具的耐用度,采用耐磨的硬质合金
	②刀柄刚性差,产生"让刀"现象	②尽量采用大尺寸的刀柄,减小切削用量
	③刀柄与孔壁相碰	③正确安装车力
	④车头轴线歪斜	④检查机床精度,校正主轴轴线跟床身导轨的平行度
	⑤床身不水平,使床身导轨与主轴轴线不平行	⑤校正机床水平
	⑥床身导轨磨损。由于磨损不均匀,使走刀轨迹与工件轴线不平行	⑥大修车床
内孔不圆	①孔壁薄,装夹时产生变形	①选择合理的装夹方法
	②轴承间隙太大,主轴颈成椭圆	②大修机床,并检查主轴的圆柱度
	③工件加工余量和材料组织不均匀	③增加半精镗,把不均匀的余量车去,使精车余量尽量减小和均匀,对工件毛坯进行回火处理
内孔不光	①车刀磨损	①重新刃磨车刀
	②车刀刃磨不良,表面粗糙度值大	②保证刀刃锋利,研磨车刀前后面
	③车刀几何角度不合理,装刀低于中心	③合理选择刀具角度,精车装刀时可略高于工件中心
	④切削用量选择不当	④适当降低切削速度,减小进给量
	⑤刀柄细长,产生振动	⑤加粗刀柄和降低切削速度

31. 铰刀的种类有哪些？

答： 铰刀按用途可分为机用铰刀和手铰刀。机用铰刀的柄为圆柱形或圆锥形，工作部分较短，主偏角较大。标准机用铰刀的主偏角为 15°，这是由于已有车床尾座定向，因此不必做出很长的导向部分。手铰刀的柄部做成方榫形，以便套入扳手，用手转动铰刀来铰孔。它的工作部分较长，主偏角较小，一般为 40′～4°。标准手铰刀为了容易定向和减小进给力，主偏角为 40′～1°30′。铰刀按切削部分材料分为高速钢和硬质合金两种。

（1）正刃倾角硬质合金铰刀

这种铰刀的结构特点是：在直槽铰刀的前端磨出与轴线成 10°～30° 刃倾角的前面，所以称为正刃倾角铰刀。此种铰刀的优点具体如下：

①能控制切屑流出的方向。在正刃倾角作用下使切屑流向待加工表面，如图 4-33 所示。不会因切屑的挤塞而拉伤已加工表面，因而可降低表面粗糙度值。在铰削深孔时更能显示出它的优点。由于排屑顺利，铰削余量可较大，一般可在 0.15～0.2mm。

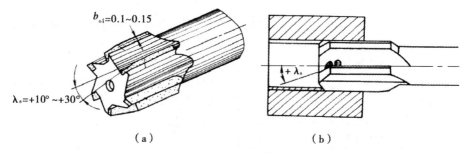

$b_{o1}=0.1\sim0.15$

$\lambda_s=+10°\sim+30°$

$+\lambda_s$

（a）　　　　　　　　　（b）

图 4-33　正刃倾角铰刀

②提高铰刀寿命。切削刃是硬质合金制成的，铰刀寿命提高了，并可减少棱连接宽度，一般 $f=0.1\sim0.15$mm。

③增加了重磨次数。每次重磨铰刀时，只需要磨刀齿上有刃倾角部分的前面，铰刀的直径不变，可增加重磨次数，延长使用寿命。

由于刃倾角的关系，切屑向前排出，因此不宜加工不通孔。

（2）浮动铰刀

浮动铰刀在加工时，刀体插入刀杆的矩形孔内，如图 4-34（a）所示。刀体可在矩形孔内作径向浮动。在切削过程中，浮动铰刀由两边的切削刃受到的径向力来平衡刀体的位置而自动定心，因此能补偿车床主轴或尾座偏差所引起的影响。切削孔的直线性靠刀体的两切削刃的对称和铰孔前孔的直线性来保证，加工后表面粗糙度可达到 $Ra0.8\mu m$，如图 4-34 所示。

浮动铰刀不能调节，如直径磨小后，就不能继续使用。所以一般多采用可调式浮动铰刀如图 4-34 所示。调节时，松开两只螺钉 3，调节螺钉 4，使刀

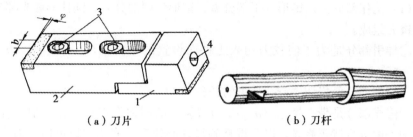

（a）刀片　　　　　　　　　（b）刀杆

图 4-34　浮动铰刀

体 1 与刀体 2 之间产生位移，尺寸 D 就改变，调到符合要求时，紧固两只螺钉 3。装入刀杆，就可使用。浮动铰刀的刀片可用硬质合金或高速钢制成。刀杆可用 40Cr 钢制成，淬硬到 $40\sim50$ HRC。

刀具几何形状：加工钢料时，前角 $\gamma_o=6°\sim18°$，加工铸铁时，前角 $\gamma_o=0°$，后面留有 $0.1\sim0.2$ mm 棱边，后角 $\alpha_o=1°\sim2°$，为使切削平稳，切削刃主偏角 k_r 取 $1°30'\sim2°30'$，修光刃长度 b 为 $6\sim10$ mm。

切削用量：$v_c=2\sim5$ m/min；$a_p=0.03\sim0.06$ mm；$f=0.4\sim1$ mm/r。

32. 铰刀由哪几部分组成？怎样选择其角度？

答：铰刀由工作部分、颈部和柄部组成，如图 4-35 所示。其结构形状及几何角度如下：

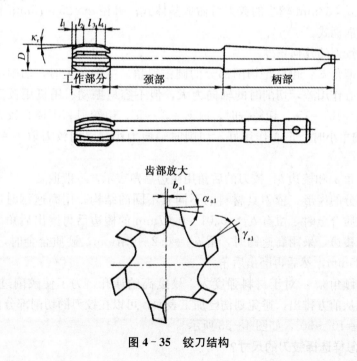

图 4-35　铰刀结构

111

(1) 工作部分：由锥形导引部分 l_1、锥形切削部分 l_2、圆柱形修光部分 l_3 和倒锥 l_4 组成。

①导引部分是为了使铰刀切入工件而设置的导向锥，一般作成 $(0.2 \sim 0.5) \times 45°$。

②切削部分负担切去铰孔余量的任务。

③修光部分是带有棱边（$\alpha_o = 0$ 的刀齿）的圆柱形刀齿。在切削过程中，对已加工面进行挤压修光，以获得精确尺寸并使表面光洁，还可使铰刀定向，同时也便于在制造铰刀时，测量铰刀的直径。

④倒棱部分是为了减少铰刀和工件上已加工表面间的摩擦，一般锥度为 $0.02° \sim 0.05°$。修光部分与倒锥部分合起来叫做校准部分。

(2) 柄部：柄部是铰刀的夹持部分，机用铰刀有圆柱柄（直柄用在小直径的铰刀上）和锥柄（用在大直径的铰刀上）两种。手用铰刀为直柄并带有四方头。

(3) 铰刀的齿数和齿槽的形状：铰刀一般为 $4 \sim 8$ 齿。为了便于测量铰刀直径和在切削中使切削力对称，使铰出的孔有较高的圆度，一般都做成偶数齿。铰刀的齿槽一般做成直槽。直槽容易制造，但当需要铰在轴向有凹槽的孔（如带有键槽的孔）时，为了保证切削平稳，防止铰刀崩刃，要把铰刀齿槽做成螺旋槽。

直径 $d < 32\text{mm}$ 较小的铰刀可做成整体式；直径 $d = 25 \sim 75\text{mm}$ 较大的铰刀可做成插柄式。

(4) 铰刀的几何角度

①主偏角 k_r：也就是切削部分的圆锥斜角。主偏角大时，切削部分的长度短，定心作用差，切削时的轴向力大，但不容易振动。用机用铰刀切钢件时，取 $k_r = 12° \sim 15°$，切铸铁时，取 $k_r = 3° \sim 5°$；粗铰刀和不通孔铰刀取 $k_r = 45°$。主偏角小时，定心作用好，切削时轴向力小。手用铰刀取 $k_r = 0°30' \sim 1°30'$。

②后角 α_o 和棱边 b：铰刀的后角用棱边后角表示，一般取 $\alpha_o = 6° \sim 10°$；铰刀切削部分的齿形，依刀具材料的不同有不同的结构。用高速钢时，磨成尖齿，用硬质合金时，留有 $b_{a1} = 0.01 \sim 0.07\text{mm}$ 的棱边后再磨出后角。修光部分都要留棱边，采用高速钢时，留 $b_{a1} = 0.2 \sim 0.4\text{mm}$；硬质合金时，留 $b_{a1} = 0.1 \sim 0.25\text{mm}$，然后再磨出后角。

③刃倾角 λ_s：对于材料强度大、硬度高的通孔，为了使铰削过程平稳，使切屑能从前方排出，避免划伤已加工表面，可以在铰刀的切削部分作出正刃倾角，$\lambda_s = 10° \sim 30°$，如图 4-33 所示。

33. 怎样选择铰刀的尺寸？

答：铰刀的基本尺寸和孔的基本尺寸相同，只是需要确定铰刀的公差。铰刀的公差是根据被铰孔要求的精度等级、加工时可能出现的扩大量（或收缩量）以及允许的磨损铰刀量来确定的。所以，所谓铰刀尺寸的选择，就是校核铰刀的公差。根据经验，铰刀的制造公差大约是被铰孔的直径公差的1/3，这时铰刀的公差可以按下列公式计算。

铰刀公差：

上偏差＝2/3 被加工孔径公差；下偏差＝1/3 被加工孔径公差。

例如：铰 ϕ30H7（$^{0}_{+0.025}$）的孔，选择什么样的铰刀？

解：铰刀基本尺寸是直径 ϕ30mm。

铰刀公差：

上偏差 ＝ 2/3 × 0.025mm ＝ 0.016mm；下偏差：1/3 × 0.025mm ＝0.008mm

所以铰刀尺寸是 ϕ30mm $^{+0.016}_{+0.008}$ mm。

在实际生产中，采用较高速度铰软金属材料时，被铰孔往往会变形和收缩，这时铰刀的直径就应该适当选大一些。如果确定铰刀直径没有把握时，可以通过试铰的方法最终来确定。

34. 怎样装夹铰刀？

答：铰刀在车床上的安装有两种方法：一种是将刀柄直接或通过钻夹头（对直柄铰刀）、过渡套筒（对锥柄铰刀）插入车床尾座套筒的锥孔中。铰刀的这种安装方法和麻花钻在车床的安装方法完全相同。使用这种方法安装时，要求铰刀的轴线和工件旋转轴线严格重合，否则铰出的孔径将会扩大。当它们不重合时，一般总是靠调尾座的水平位置来达到重合。但是，无论怎么调，也总会存在误差。为了克服这种情况，又出现了另一种安装铰刀的方法：将铰刀通过浮动套筒插入尾座套筒的锥孔中，如图 4-36 所示。衬套 2 和套筒 1 之间的配合较松，存在一定的间隙，当工件轴线和铰刀轴线不重合时，允许铰刀浮动，也就是使铰刀自动去适应工件的轴线，去消除它们不重合的偏差。

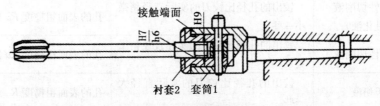

图 4-36 铰刀浮动安装

35. 怎样确定铰孔前对孔的预加工方案？

答：为了校正孔及端面的垂直度误差（即把歪斜了的孔校正），使铰孔余量均匀，保证铰孔前有必要的表面粗糙度，铰孔前对已钻出或铸、锻的毛孔要进行预加工——车孔或扩孔。铰孔前孔加工方案如下：

孔精度：

$$IT9\begin{cases}D\leqslant10\text{mm：钻中心孔}\rightarrow\text{钻头钻孔}\rightarrow\text{铰孔}\\D>10\text{mm：钻中心孔}\rightarrow\text{钻头钻孔}\rightarrow\text{扩孔钻扩孔（或车孔）}\rightarrow\text{铰孔}\end{cases}$$

孔精度：

$$IT8\sim IT7\begin{cases}D\leqslant10\text{mm：钻中心孔}\rightarrow\text{钻头钻孔}\rightarrow\text{粗铰（或车孔）}\rightarrow\text{精铰}\\D>10\text{mm：钻中心孔}\rightarrow\text{钻头钻孔}\rightarrow\text{扩孔或车孔}\rightarrow\text{粗铰}\rightarrow\text{精铰}\end{cases}$$

车孔或扩孔时，都应该留出铰孔余量。铰孔余量的大小直接影响到铰孔的质量。余量太大，会使切屑堵塞在刀槽中，切削液不能进入切削区域，使切削刀很快磨损，铰出来的孔表面不光洁；余量过小，会使上一次切削留下的刀痕不能除去，也使孔的表面不光洁。比较适合的铰削余量是：用高速钢铰刀时，留余量为 0.08～0.12mm；用硬质合金铰刀时，留余量为 0.15～0.20mm。

选择加工余量时，应考虑铰孔的精度、表面粗糙度、孔径大小、工件材料的软硬和铰刀类型等因素。表 4-6 给出了铰孔余量的范围。

表 4-6　　　　　　　铰孔余量的范围　　　　　　　mm

孔的直径	≤6	>6～10	>10～18	>18～30	>30～50	>50～80	>80～120
粗铰	0.10	0.10～0.15	0.15～0.20	0.20～0.30	0.35～0.45	0.50～0.60	
精铰	0.04		0.05		0.07	0.10	0.15

注：如果仅用一次铰削，铰孔余量为表中粗铰、精铰余量总和。

36. 怎样选用铰孔切削液？

答：铰孔时，切削液对孔的扩胀量与孔的表面粗糙度有一定的影响，见表 4-7。

表 4-7　　　　铰孔时的切削液对孔径和孔的表面粗糙度的影响

切削液类型	对孔的扩胀量的影响	对孔的表面粗糙度 Ra 的影响
水溶性切削液（乳化液）	铰出的孔径比铰刀的实际直径稍微小一些	孔的表面粗糙度 Ra 较小
油溶性切削液	铰出的孔径比铰刀的实际直径稍微大一些	孔的表面粗糙度 Ra 次之
干切液	铰出的孔径比铰刀的实际直径大一些	孔的表面粗糙度 Ra 最差

常用切削液选用如下：

(1) 铰削钢件及韧性材料：乳化液、极压乳化液。

(2) 铰削铸铁、脆性材料：煤油、煤油与矿物油的混合油。

(3) 铰削青铜或铝合金：2 号锭子油或煤油。

根据切削液对孔径的影响，当使用新铰刀铰削钢料时，可选用 10％～15％的乳化液作切削液，这样孔不容易扩大。铰刀磨损到一定程度时，可用油溶性切削液，使孔稍微扩大一些。

37. 铰孔时怎样选择铰削速度进给量？

答： 车工在实际工作中，切削速度越低，被铰出来的孔的表面粗糙度就越低。一般推荐 $v_c < 5\mathrm{m/min}$。进给量可选大一些，因为铰刀有修光部分，铰钢件时，$f = 0.2 \sim 1.0\mathrm{mm/r}$，铰削有色金属时，进给量还可以再大一些。背吃刀量 a_p 是铰孔余量的一半。铰铸铁时，$f = 0.4 \sim 1.5\mathrm{mm/r}$。粗铰用大值，精铰用小值。铰削盲孔时，进给量 $f = 0.2 \sim 0.5\mathrm{mm/r}$。

38. 铰孔时如何正确选择冷却及润滑？

答： 实践证明，孔的扩大量和表面粗糙度与切削液的性质有关。在不加切削液时，铰出来的孔略有些大，不加切削液时，扩大量很大。用水溶性切削液（乳化液）时，铰出来的孔径比铰刀的实际直径略小，这是因为水溶性切削液的黏度小，容易进入切削区，工件材料的弹性恢复显著，故铰出来的孔径小。当用新的铰刀铰钢件时，用质量分数 10％～15％的乳化液进行冷却润滑，才不会使孔径扩大。当铰刀磨损后，用油类切削液可使孔径稍扩大一点。用水溶性切削液可以得到最好的表面粗糙度，油类次之，不用切削液时最差。

39. 怎样铰通孔？

答： （1）摇动尾座手轮，使铰刀的引导部分轻轻进入孔口，深度为 1～2mm。

（2）启动车床，加注充分的切削液，双手均匀摇动手轮，进给量约 0.5mm/r，均匀地进给至铰刀切削部分的 3/4 超出孔末端时，即反向摇动手轮，将铰刀从孔内退出［如图 4-37（a）所示］。此时工件应继续作主运动。

（3）将内孔擦净后，检查孔径尺寸。

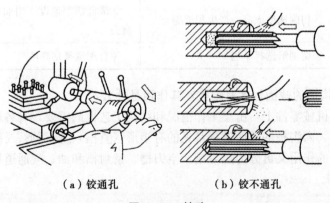

（a）铰通孔　　　　　　　　（b）铰不通孔

图 4-37　铰孔

40. 怎样铰盲孔?

答:(1)开启车床,加切削液,摇动尾座手轮进行铰孔,当铰刀端部与孔底接触后会与铰刀产生轴向切削抗力,手动进给当感觉到轴向切削抗力明显增加时,表明铰刀端部已到孔底,应立即将铰刀退出。

(2)铰较深处的不通孔时,切屑排除比较困难,通常中途应退刀数次,用切削液和刷子清除切屑后再继续铰孔〔如图4-37(b)所示〕。

41. 铰孔时常见的问题有哪些?

答:铰孔时常见的问题和预防措施见表4-8。

表4-8　　　　　　　　铰孔时产生废品的原因及预防措施

废品种类	产 生 原 因	预 防 措 施
孔径缩小	①用硬质合金铰刀铰削较软的材料	①适当增大铰刀直径
	②使用水溶性切削液使孔径缩小	②正确选用切削液
	③铰削铸铁孔时加煤油	③不加或通过试铰掌握收缩量
孔径扩大	①铰刀刃口径向圆跳动过大	①重新修磨铰刀刃口
	②尾座偏位,铰刀与孔轴线不重合	②找正尾座,最好采用浮动套筒装夹铰刀
	③切削速度太高,使铰刀温度升高	③降低切削速度,加充分的切削液
	④余量太多	④正确选择铰削余量
表面粗糙	①铰刀不锋利及切削刃上有崩口、毛刺	①重新刃磨
	②余量过多或过少	②铰削余量要适当
	③切削速度太高,产生积屑瘤	③降低切削速度,用油石把积屑瘤磨去
	④切削液选择不当	④合理选择切削液

42. 内沟槽的截面形状有哪些?其作用是什么?

答:在机械零件上,由于工作情况和结构工艺性的需要,有各种不同断面形状的沟槽,内沟槽的截面形状常见的有矩形(直槽)、圆弧形、梯形等几种。按沟槽所起的作用又可分为退刀槽、空刀槽、密封槽和油、气通道槽等。其作用见表4-9。

表 4-9　　　　　　　　　内沟槽截面形状及其作用

内沟槽形状	图　示	作　用
退刀槽	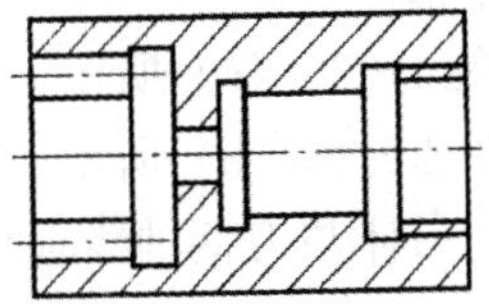	当不是在内孔的全长上车内螺纹时，需要在螺纹终了位置处车出直槽，以便车削螺纹时把螺纹车刀退出（如左图所示）
空刀槽	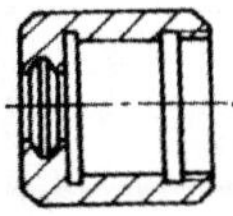 （a） 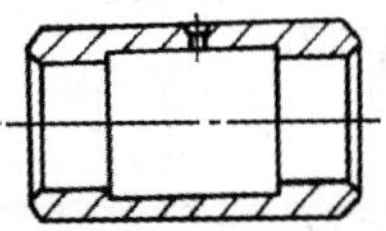　　　（b） 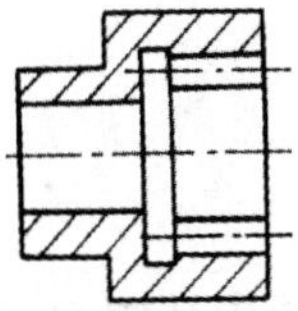 （c）	空刀槽有多种作用，槽的形状也是直槽： ①在内孔车削或磨削内台阶孔时，为了能消除内圆柱面和内端面连接处不能得到直角的影响，通常需要在靠近内端面处车出矩形空刀槽来保证内孔和内端面垂直［如左图（a）所示］ ②当利用较长的内孔作为配合孔使用时，为了减少孔的精加工时间，使孔在配合时两端接触良好，保证有较好的导向性，常在内孔中部车出较宽的空刀槽。这种形式的空刀槽，常用在有配合要求的套筒类零件上，如各种套装工刀具、圆柱铣刀、齿轮滚刀等，如左图（b）所示 ③当需要在内孔的部分长度上加工出纵向沟槽时，为了断屑，必须在纵向沟槽终了的位置上，车出矩形空刀槽。如左图（c）所示是为了插内齿轮牙齿而车出的空刀槽
密封槽	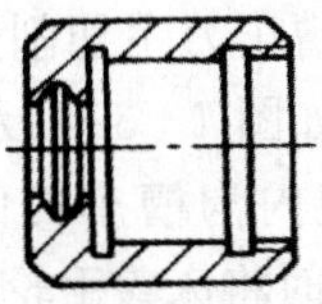 （a） 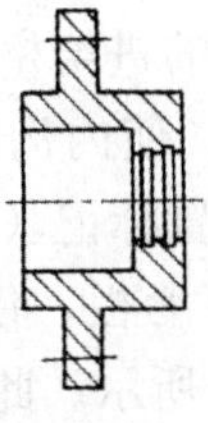　　　（b）	一种截面形状是梯形，可以在它的中间嵌入油毡来防止润滑滚动轴承的油脂渗漏，如左图（a）所示。另一种是圆弧形的，用来防止稀油渗漏，如左图（b）所示
油、气通道	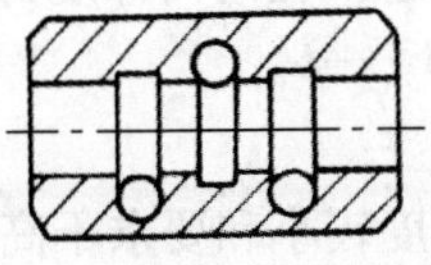	在各种油、气滑阀中，多用矩形内沟槽作为油、气通道。这类内沟槽的轴向位置有较高的精度要求，否则油、气应该流通时不能流通，应该切断时不能切断，滑阀不能工作，如左图所示

117

43. 内沟槽车刀的结构是怎样的？采用刀杆装夹车槽刀时应该满足怎样的条件？

答：内沟槽车刀和外沟槽车刀通常都叫做车槽刀。内沟槽车刀与切断刀的几何形状相似，但装夹方向相反，且在内孔中车槽。

加工小孔中的内沟槽车刀做成整体式〔如图 4 - 38（a）所示〕，而在大直径内孔中车内沟槽的车刀常为机械夹固式〔如图 4 - 38（b）所示〕。由于内沟槽通常与内孔轴线垂直，因此要求内沟槽车刀的刀体与刀柄轴线垂直。

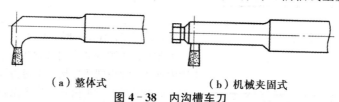

（a）整体式　　　　　　　　（b）机械夹固式

图 4 - 38　内沟槽车刀

采用刀杆装夹车槽刀时，应该满足：

$$a>h \text{ 和 } d+a<D$$

式中　D——内孔直径（mm）；

　　　d——刀杆直径（mm）；

　　　h——槽深（mm）；

　　　a——刀头伸出长度（mm）。

装夹内沟槽车刀时，应使主切削刃等高或略高于内孔中心，两侧副偏角必须对称。

44. 内沟槽深度和位置的尺寸控制是怎样的？

答：（1）内沟槽深度的控制：摇动床鞍和中滑板，将内沟槽车刀伸入孔中，并使主切削刃与孔壁刚好接触，此时中滑板手柄刻度盘刻线为零位（即起始位置）。根据内沟槽深度计算出中滑板刻度的进给格数，并在进给终止相应刻度位置用记号笔作出标记或记下该刻度值。使内沟槽车刀主切削退离孔壁 0.3~0.5mm，在中滑板刻度盘上作出退刀位置标记（如图 4 - 39 所示）。

（2）内沟槽尺寸的控制：移动床鞍和中滑板，使内沟槽车刀的副切削刃（刀尖）与工件端面轻轻接触，如图 4 - 40 所示。此时将床鞍手轮刻度盘的刻度对到零位（即纵向起始位置）。如果内沟槽轴向位置离孔不远可利用小滑板刻度控制内沟槽轴向位置，车刀在进入孔内之前，应先将小滑板刻度调整到零位。用床鞍刻度或小滑板刻度控制内沟槽车刀进入孔的内深度为：内沟槽位置尺寸 L 和内沟槽车刀主切削刃宽度 b 之和，即 $L+b$。

45. 内沟槽的车削方法是什么？

答：如图 4 - 41 所示为直进法车内沟槽，宽度较小和要求不高的内沟槽可用主切削刃宽度等于槽宽的内沟槽车刀采用直进法一次车出〔如图 4 - 41（a）

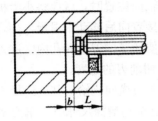

图4-39 内沟槽深度的控制

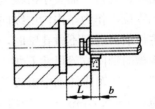

图4-40 内沟槽轴向尺寸的控制

所示]。要求较高或较宽的内沟槽可采用直进法分几次车出。粗车时，槽壁和槽底应留精车余量，然后根据槽宽、槽深要求进行精车［如图4-41（b）所示]。深度较浅、宽度很大的内沟槽，可用车孔刀先车出凹槽，再用内沟槽车刀车沟槽两端的垂直面［如图4-41（c）所示]。

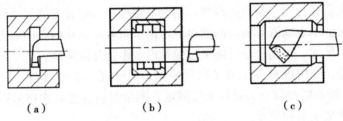

（a） （b） （c）

图4-41 车内沟槽的方法

（1）确定起始位置。摇动床鞍和中滑板，使沟槽车刀的主切削刃轻轻地与孔壁接触，将中滑板刻度调至零位。

（2）确定车内沟槽的终止位置。根据内沟槽深度可计算出中滑板刻度的进给格数，并在终止刻度指示位置上用记号笔作出标记或记下刻度值。

（3）确定车内沟槽的退刀位置。使内沟槽车刀主切削刃离开孔壁0.2～0.3mm，并在中滑板刻度盘上作出退刀位置标记。

（4）控制内沟槽的轴向位置尺寸。移动床鞍和中滑板，使内沟槽车刀副切削刃与工件端面轻轻地接触，如图4-42所示，此时将床鞍刻度调至零位。若

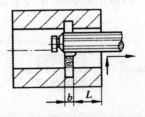

图4-42 横向车削内沟槽的退刀方法

119

内沟槽靠近孔口，需要小滑板刻度控制内沟槽轴向位置时，就应将小滑板刻度调整到零位，作为车内沟槽纵向的起始位置。接着向后移动中滑板，待内沟槽车刀主切削刃退到不碰孔壁时，再移动床鞍以便让车槽刀进入孔内。进入深度为内沟槽的轴向位置尺寸 L 加上内沟槽车刀主切削刃的宽度。

（5）启动车床转动中滑板手柄，使内沟槽车刀横向进给，其进给量不宜过大，为 0.1～0.2mm/r，当中滑板刻度标示已进给到槽深尺寸时，车刀不要马上退出，应稍作停留，这样可使槽底经主切削刃修整后提高其表面粗糙度。横向退刀时，要确认内沟槽车刀主切削刃已到达预先设定的退刀位置，才能纵向向外退出车刀。否则会因横向退刀不足就纵向退刀而将已车好的槽碰坏；若横向退刀过多，又可能会使刀柄与孔壁擦碰而伤及内孔。

46. 内沟槽的测量方法是怎样的?

答: 测量内沟槽直径可用弹簧内卡钳测量，如图 4-43（a）所示。其使用方法是先把弹簧内卡钳放进沟槽，用调节螺母把卡钳张开的尺寸调整至松紧适度，在保证不走动调节螺母的前提下，把卡钳收小，从内孔中取出，然后使其回复原来尺寸，再用千分尺测量出弹簧内卡钳张开的距离。这个尺寸就是内沟槽的直径。但用这种方法测量比较麻烦，尺寸又不十分准确。最好采用图 4-43（b）所示的特殊弯头游标卡尺测量，测量时应注意，沟槽的直径应等于其读数值再加上卡脚尺寸。

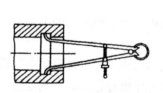 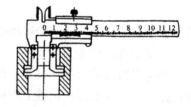

（a）用弹簧内卡钳测量内沟槽直径　　（b）用弯头游标卡尺测量内沟槽直径

图 4-43　测量内沟槽直径

测量内沟槽宽度可用游标卡尺［如图 4-44（a）所示］和样板［如图 4-44（b）所示］测量。内沟槽的轴向位置可采用钩形游标尺来测量，如图 4-44（c）所示。

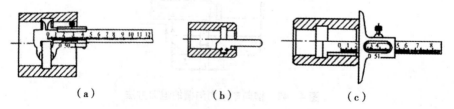

（a）　　　　　　　　　（b）　　　　　　　　　（c）

图 4-44　内沟槽宽度和轴向位置的测量

第五章　圆锥面的车削

1. 什么是标准圆锥？其类型是什么？应用在什么场合？

答： 为了制造和使用上的方便，所使用工具和刀具柄部的圆锥都已标准化，圆锥的各部尺寸可以按照所规定的几个编号来制造，这在使用中满足了互换性的要求。

（1）莫氏圆锥。

莫氏圆锥是应用最广泛的一种标准圆锥。各类钻头、棒形铣刀、铰刀的锥柄、车床上主轴锥孔和尾座套筒的锥孔、顶尖的锥尾以及其他起连接作用的过渡套筒上的内、外圆锥，一般都使用莫氏圆锥。莫氏圆锥按大端直径由小到大编号，分为 $0^\#$、$1^\#$、$2^\#$、$3^\#$、$4^\#$、$5^\#$、$6^\#$ 7 个号码。莫氏圆锥的尺寸和圆锥半角都不同，莫氏圆锥的锥度见表 5-1。

表 5-1　　　　　　　　　　　　莫氏圆锥的锥度

号数	锥度 C	圆锥角 α	圆锥半角 α/2	tanα/2
0	1∶19.212=0.05205	2°58′54″	1°29′27″	0.026
1	1∶20.047=0.04988	2°51′26″	1°25′43″	0.0249
2	1∶20.020=0.04995	2°51′41″	1°25′50″	0.025
3	1∶190922=0.050196	2°52′32″	1°26′16″	0.0251
4	1∶19.254=0.051938	2°58′31″	1°29′15″	0.026
5	1∶19.002=0.0526265	3°0′53″	1°30′26″	0.0263
6	1∶19.180=0.052138	2°59′12″	1°29′36″	0.0261

（2）米制圆锥。

米制圆锥由小到大编号，分为 $4^\#$、$6^\#$、$80^\#$、$100^\#$、$120^\#$、$160^\#$、$200^\#$ 7 个号码。它的号码指大端直径，单位是 mm，如 $200^\#$ 米制圆锥，大端直径是 200mm。其锥度为 1∶20，固定不变。

除了莫氏圆锥和米氏圆锥外，还经常遇到各种专用标准锥度，如升降台铣床主轴锥孔用的是 7∶24 专用标准圆锥。常用标准圆锥的锥度及应用场合见表 5-2。

表 5 - 2 　　　　　　常用标准圆锥的锥度及应用场合

锥度 C	圆锥角 α	圆锥半角 α/2	应 用 举 例
1：4	14°15′	7°7′30″	车床主轴法兰及轴头
1：5	11°25′16″	5°42′38″	易于拆卸的连接，砂轮主轴与砂轮法兰的结合
1：7	8°10′16″	4°5′8″	管件的开关塞、阀等
1：12	4°46′19″	2°23′9″	部分滚动轴承内环锥孔
1：15	3°49′6″	1°54′33″	主轴与齿轮的配合部分
1：16	3°34′47″	1°47′24″	圆锥管螺纹
1：20	2°51′51″	1°25′56″	米制工具圆锥，锥形主轴颈
1：30	1°54′35″	0°57′17″	装柄的铰刀和扩孔钻与柄的配合
1：50	1°8′45″	0°34′23″	圆锥定位销及锥铰刀
7：24	16°35′39″	8°17′50″	铣床主轴孔及刀杆的锥体
7：64	6°15′38″	3°7′49″	刨齿机工作台的心轴孔

2. 你知道一般用途圆锥的锥度与锥角吗？

答：一般用途圆锥的锥度与锥角的数值见表 5 - 3。

表 5 - 3 　　　　一般用途圆锥的锥度与锥角 (GB/T157—2001)

基 本 值		推 荐 值			
系列 1	系列 2	圆 锥 角 α			锥度 C
		(°)	(tad)	(°) (′) (″)	
120°	—	—	2.09439510	—	1：0.2886751
90°	—	—	1.57079633	—	1：0.5000000
—	75°	—	1.30899694	—	1：0.6516127
60°	—	—	1.04719755	—	1：0.8660254
45°	—	—	0.78539816	—	1：1.2071068
30°	—	—	0.52359878	—	1：1.8660254
1：3	—	18.924644°	0.33029735	18°55′28.7″	—
—	1：4	14.250033°	0.24870999	14°15′0.1″	—
1：5	—	11.421186°	0.19933730	11°25′16.3″	—
—	1：6	9.527283°	0.16628246	9°31′38.2″	—
—	1：7	8.171234°	0.14261493	8°10′16.4″	—
—	1：8	7.152669°	0.12483762	7°9′9.6″	—
1：10	—	5.724810°	0.09991679	5°43′29.3″	—

续表

基本值		推荐值			
系列1	系列2	圆锥角 α			锥度 C
		(°)	(tad)	(°) (′) (″)	
—	1:12	4.771888°	0.08328516	4°46′18.8″	—
—	1:15	3.818305°	0.06664199	3°49′5.9″	—
1:20	—	2.864192°	0.04998959	2°51′51.1″	—
1:30	—	1.909682°	0.03333025	1°54′34.9″	—
—	1:40	1.432222°	0.02498432	1°25′56.8″	—
1:50	—	1.145877°	0.01999933	1°8′45.2″	—
1:100	—	0.572953°	0.00999992	0°34′22.6″	—
1:200	—	0.286478°	0.00499999	0°17′11.3″	—
1:500	—	0.114591°	0.00200000	0°6′52.5″	—

3. 圆锥的基本参数有哪些?

答: 圆锥的基本参数（如图 5-1 所示），具体说明如下:

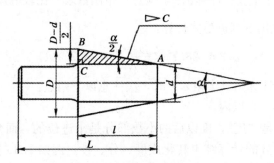

图 5-1　圆锥的基本参数

（1）圆锥半角 $\alpha/2$。圆锥角 α 是在通过圆锥轴线的截面内，两条素线间的夹角。在车削时经常用到的是圆锥角 α 的一半——圆锥半角 $\alpha/2$。

（2）最大圆锥直径 D：简称大端直径。

（3）最小圆锥直径 d：简称小端直径。

（4）圆锥长度 L：最大圆锥直径处与最小圆锥直径处的轴向距离。

（5）锥度 C：圆锥大、小端直径之差处与长度之比，即:

$$C = \frac{D-d}{L}$$

锥度 C 确定后，圆锥半角 $\alpha/2$ 则能计算出。因此，圆锥半角 $\alpha/2$ 与锥度 C 属于同一基本参数。

4. 怎样计算小滑板的转动角度?

答: 由上可知,圆锥具有 4 个基本参数,只要熟记其中任意 3 个参数,便可计算出其他一个未知参数。具体说明如下:

圆锥半角 $\alpha/2$ 与其他 3 个参数的关系: 在图样上,一般常标注 D、d、L,而在车圆锥时,往往需要将小滑板由 0° 转动一定的角度,而转动的角度正好是圆锥半角 $\alpha/2$,因此必须计算出圆锥的半角 $\alpha/2$。

在图 5-1 中:

$$\tan\frac{\alpha}{2}=\frac{BC}{AC} \qquad BC=\frac{D-d}{2} \qquad AC=L$$

$$\tan\frac{\alpha}{2}=\frac{D-d}{2L}$$

其他 3 个参数与圆锥半角 $\alpha/2$ 的关系:

$$D=d+2L\tan\alpha/2$$
$$d=D-2L\tan\alpha/2$$
$$L=\frac{D-d}{2\tan\alpha/2}$$

应用 $\tan\dfrac{\alpha}{2}=\dfrac{D-d}{2L}$ 计算 $\alpha/2$,须查三角函数表(比较麻烦)。当圆锥半角 $\alpha/2<6°$ 时,可以用下列近似式计算:

$$\alpha/2\approx28.7°\times\frac{D-d}{L}=28.7°\times C$$

采用近似式计算圆锥半角 $\alpha/2$ 时,应注意以下两点:

①圆锥半角在 6° 以内。

②计算结果是 "度",度以后的小数部分是十进位的,而角度是 60 进位。应将含有小数部分的计算结果转化成度、分、秒。例如 2.35° 并不等于 $2°35'$。因此,要用小数部分去乘 $60'$,即 $60×0.35°=21'$,所以 2.35° 应为 $2°21'$。

5. 怎样计算圆锥的各部分尺寸?

答: 圆锥面有圆锥体和圆锥孔之分。它们各部分的概念及尺寸计算均相同。表 5-4 列出了圆锥体的各部分尺寸的计算公式。

表 5-4 　　　　　　　　　圆锥体各部分尺寸的计算公式

尺寸名称	单位	计算公式	文　字　说　明
M (斜度)	—	$=\tan\dfrac{\alpha}{2}$	$=\tan$ 斜角
		$=\dfrac{D-d}{2L}$	$=\dfrac{\text{最大圆锥直径}-\text{最小圆锥直径}}{2\times\text{圆锥长度}}$
		$=\dfrac{C}{2}$	$=\dfrac{\text{锥度}}{2}$

124

续表

尺寸名称	单位	计算公式	文 字 说 明
C （锥度）	—	$=2\tan\dfrac{\alpha}{2}$	$=2\times\tan$ 斜角
		$=\dfrac{D-d}{L}$	$=\dfrac{\text{最大圆锥直径}-\text{最小圆锥直径}}{\text{圆锥长度}}$
D（最大 圆锥直径）	mm	$=d+2L\times\tan\dfrac{\alpha}{2}$	$=$最小圆锥直径$+2\times$圆锥长度$\times\tan$圆锥半角
		$=d+LC$	$=$最小圆锥直径$+$圆锥长度$\times$锥度
		$=d+2LM$	$=$最小圆锥直径$+2\times$圆锥长度$\times$斜度
d（最小 圆锥直径）	mm	$=D-2L\times\tan\dfrac{\alpha}{2}$	$=$最大圆锥直径$-2\times$圆锥长度$\times\tan$圆锥半角
		$=D-CL$	$=$最大圆锥直径$-$圆锥长度$\times$锥度
		$=D-2LM$	$=$最大圆锥直径$-2\times$圆锥长度$\times$斜度
$\dfrac{\alpha}{2}$ （斜角）	度	$\tan\dfrac{\alpha}{2}=\dfrac{C}{2}$ 当 $\dfrac{\alpha}{2}\leqslant 6°$ 时 近似式： $\dfrac{\alpha}{2}=28.7°\times C$	$\tan$斜角$=\dfrac{\text{锥度}}{2}$ 当 $\dfrac{\alpha}{2}\leqslant 6°$ 时 近似式： $\dfrac{\alpha}{2}=28.7°\times$锥度
		$\tan\dfrac{\alpha}{2}=\dfrac{D-d}{2L}$ 当 $\dfrac{\alpha}{2}\leqslant 6°$ 时 近似式： $\dfrac{\alpha}{2}=28.7°\times\dfrac{D-d}{L}$	$\tan$斜角$=\dfrac{\text{最大圆锥直径}-\text{最小圆锥直径}}{2\times\text{圆锥长度}}$ 当 $\dfrac{\alpha}{2}\leqslant 6°$ 时 近似式： $\dfrac{\alpha}{2}=28.7°\times\dfrac{\text{最大圆锥直径}-\text{最小圆锥直径}}{\text{圆锥长度}}$

6. 在车床上车外圆锥的常用方法有哪些？

答：车外圆锥面的常用方法有转动小滑板法、偏移尾座法、宽刃刀车削法和仿形法 4 种。

7. 什么是转动小滑板法？其特点是什么？

答：转动小滑板法是把刀架小滑板按工件的圆锥半角 $\alpha/2$ 要求转动一个相应角度，使车刀的运动轨迹与所要加工的圆锥素线平行。转动小滑板法操作简便，调整范围广，主要适用于单件、小批量生产，特别适用于工件长度较短、圆锥角较大的圆锥面，如图 5 - 2 所示。

转动小滑板法车外圆锥面的特点有以下几点：

125

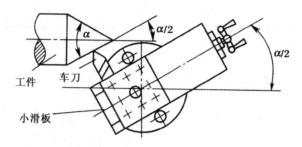

图 5 - 2　转动小滑板法车圆锥面

(1) 因受小滑板行程限制，只能加工圆锥角度较大但锥面不长的工件。

(2) 应用范围广，操作简便。

(3) 同一工件上加工不同角度的圆锥时调整较方便。

(4) 只能手动进给，劳动强度大，表面粗糙度较难控制。

8. 车外圆锥时，你知道小滑板偏转角度的近似计算吗?

答: 按照公式 $\tan\dfrac{\alpha}{2}=\dfrac{D-d}{2L}$ 计算圆锥半角 $\alpha/2$，需要使用三角函数表查

出角度值，在缺少三角函数表的情况下计算 $\alpha/2$ 时，可使用下面方法。如图 5 - 3所示中，圆锥半角 $\alpha/2$ 即小滑板扳转角度 β，是所要求的角度，$OEFB$ 为所要加工的圆锥面 [如图 5 - 21 (b) 所示]。如果以 O 点为圆心，以 $OA=L$ 为半径作一个圆时，则这圆与工件 OB 边相交于 S 点。若所求的角度 $\alpha/2$ 用弧度表示，则得如下公式:

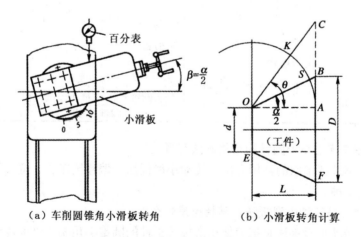

（a）车削圆锥角小滑板转角　　　　（b）小滑板转角计算

图 5 - 3　计算小滑板转动角度

$$\frac{\alpha}{2}=\beta=\frac{\widehat{AS}}{OA}=\frac{\widehat{AS}}{L}\times 1\mathrm{rad}(弧度)$$

$$1\mathrm{rad}=57.296°$$

若 $\overline{AB}$ 看作是近似$\overset{\frown}{AS}$时（因为在角度很小时的确很近似），即：

$$\overset{\frown}{AS} \approx \overline{AB} = \frac{D-d}{2}$$

将此代入上式则得：

$$\frac{\alpha}{2} = \beta = \frac{D-d}{2L} \times 57.296° = \frac{D-d}{L} \times 28.648° \approx \frac{D-d}{L} \times 28.65°$$

但从公式的推导来看，只有$\alpha/2 \leqslant 5°$时$\overset{\frown}{AS}$才能近似等于$\overline{AB}$，即$\frac{D-d}{L} <$

0.175时才能使用此公式。如果$\alpha/2$增到θ时，从图中看到，$\overset{\frown}{AK}$就不等于

$\overline{AC}$，这时应用公式$\tan\frac{\alpha}{2} = \frac{D-d}{2L}$计算才对，否则会出现明显的计算误差。该方法对于车削内锥面时计算同样适用。

9. 车外圆锥时，偏转小滑板时的准确方法是什么?

答：车床上，小滑板转动角度的刻度线一般每小格是$0.5°$，如果需要转动的角度数值在度以后还有"$'$"或"$''$"，此时就无法将小滑板准确地转动刻线处，只能在相邻近的两个格间去估计。如：$\alpha = 5°20'$，就只能在$5°$和$5.5°$（$5°30'$）中间去估计，甚至在加工过程中，将小滑板敲来敲去，尤其对于精度要求较高的锥度工件，小滑板的转动需要很准确时，就会更加困难。为了把握准确度，可采用精确校准小滑板转动角度：将磁性表座吸到三爪自定心卡盘平面上，按照工件的圆锥半角将小滑板转动$\alpha/2$的角度。百分表平放，测量杆触头抵住小滑板侧面［如图$5-4$（a）所示］。然后，移动溜板位置，用溜板箱处刻度盘控制移动距离，从百分表在两接触点上的读数差可知小滑板转动角度的准确性。如图$5-4$（b）所示，AB为小滑板在零度时的位置，$A'B'$为小滑板转动$\alpha/2$后的位置，图中的50是用百分表校准小滑板转动角度是否准确时溜板的移动距离，这时：

$$\tan\beta = \frac{b-a}{50} \qquad b-a = 50\tan\beta$$

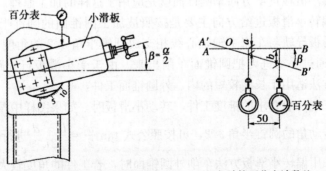

（a）百分表测量杆抵住小滑板侧面　　（b）计算百分表计数差

图5-4　小滑板转动角度校准方法

根据百分表在溜板移动前后测出的读数差，由上式计算可知小滑板转过角度的准确性。

例：在车床上车制莫氏 6 号的外锥面，校准小滑板转动角度误差时，使用图 5-4 所示方法，溜板移动距离按 50mm 计算，求百分表在两接触点的读数差应为多少？

解：从表 5-2 查出：莫氏 6 号圆锥的基本值为 1：19.180；$\beta=1°29'36''$，$\tan\beta=0.0261$。

用公式 $\tan\beta=\dfrac{b-a}{50}$，$b-a=50\tan\beta$ 计算：

$$b-a=50\tan\beta=50×0.0261=1.305 \ (mm)$$

即小滑板转过角度 $1°29'36''$ 后，百分表触头抵住小滑板侧面，溜板移动 50mm，百分表在两处接触点的读数差为 1.305mm 时，小滑板转动角度是准确的。

小滑板转动角度还可通过各部尺寸都准确的样件进行校准。这时，将样件安装在前、后顶尖之间（如图 5-5 所示），小滑板上安装一只百分表，百分表的测量头对准样件中心，并压

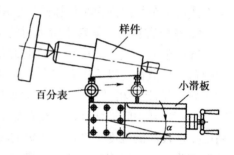

图 5-5　按样件校准小滑板扳动位置

在样件的表面上。手摇小滑板，从圆锥面的一端移动到另一端，观察百分表的指针在移动过程中是否稳定，如果在样件母线的全长上百分表指针没有摆动，就说明小滑板转动角度是准确的。

10. 偏转小滑板进给方向车外锥面的车削方法有哪些？

答：（1）车床上车削圆柱形工件，车刀的进给方向是平行于主轴中心线的。若使进给方向与主轴中心线之间倾斜成一个角度，车出的表面就是一个圆锥面，偏转小滑板进给方向车圆锥面就是应用了这样的加工原理。

（2）偏转小滑板进给方向主要是按照被加工圆锥面的圆锥半角转动小滑板，使小滑板导轨与车床主轴轴心线相交成圆锥半角 $\alpha/2$ 的角度（如图 5-2 所示），并通过手动进刀把圆锥面车削出来。由于受小滑板行程距离的限制，这种加工方法适用于长度较短的内、外圆锥面工件。

（3）车削一般要求的锥度工件，转动小滑板时，如果图样中没有标注出偏转小滑板转动角的圆锥半角 $\alpha/2$，可按照公式 $\tan\dfrac{\alpha}{2}=\dfrac{D-d}{2L}$ 进行计算。

（4）采用偏转小滑板方法车削外圆锥面时，若工件的角度较大，如需要将小滑板转动 $80°$ 角，但由于刻度盘上自零位起顺时针或逆时针转动，一般都各

有 50°，在这种情况下，可采用辅助刻线的方法。即先使小滑板逆时针方向转动 50°（如图 5-6 所示），对正中滑板平面的 0°处，在转盘的圆周面上刻出一条辅助线；然后以刻出的辅助线为 0°，再使小滑板逆时针转动 30°，这时小滑板就转动 80°。

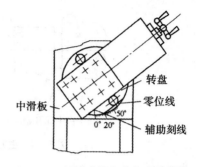

图 5-6　刻辅助线车大角度外圆锥

11. 你知道偏转小滑板车外锥面的操作步骤吗?

答：操作时，先做好必要的准备工作，它包括装夹车刀、车刀刀尖对准工件中心、计算小滑板转动角度 $\alpha/2$、松开转盘螺母并将小滑板转至所需要角度 $\alpha/2$ 的刻度线上，以及调整好小滑板导轨的间隙等。然后按照以下步骤进行车削：

（1）车削圆柱体：调整主轴转速，按圆锥工件的大端直径及外锥面的长度，车削出圆柱体。

（2）粗车圆锥体：粗车时，移动中、小滑板位置，使车刀刀尖与工件轴端接触，然后，按照工件情况和加工需要，使小滑板后退一段距离，作为粗车外锥面起始位置。中滑板刻度置于零位。接着中滑板刻度向前进给，调整背吃刀量后开动车床，均匀地摇动小滑板手轮进行车削。由于是车削外锥度工件，所以切削过程中切削深度会逐渐减小，直至切削深度接近零位，这时记下中滑板刻度值，将车刀退出，小滑板也快速退回原位。最后，在原刻度的基础上调整背吃刀量，将外圆锥小端车出，并留出 1.5～2mm 的余量。车削过程中，可采用由右向左进刀的车削方法（如图 5-7 所示），也可采用由左向右的进刀方法（如图 5-8 所示）。第一种方法适于车削直径较大工件时使用；被车削件直径较小，刚性差时，一般采用第二种方法。

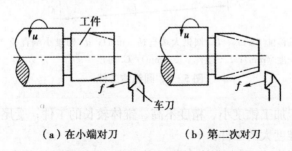

（a）在小端对刀　　　　　（b）第二次对刀

图 5-7　由右向左进刀车外圆锥面

（3）检查外圆锥角度：粗车过程中要检查外圆锥角度，用套规检查。外圆锥面经检查若不正确，就需调整小滑板位置，这时松开转盘螺母（不要太松），

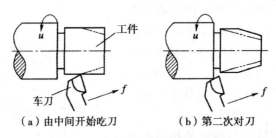

（a）由中间开始吃刀　　　（b）第二次对刀

图5‑8　由左向右进刀车外圆锥面

轻轻敲动小滑板，使角度朝着正确的方向做极微小的转动。小滑板位置调整后，再进行试切削，直至用套规检查时，锥度正确为止。

（4）精车外圆锥面：提高车床主轴转速，缓慢均匀地摇动小滑板手柄精车外圆锥面；使用高速钢车刀低速精车时，充足使用切削液；精车时要掌握外圆锥面的圆锥角和各部尺寸。

（5）检验：精车后对外圆锥面进行检验。

12. 偏移尾座法的特点是什么？怎样计算偏移量？

答：偏移尾座法车削外圆锥面，就是将尾座上层滑板横向偏移一个距离 S，使尾座偏移后，前、后两顶尖连线与车床主轴轴线相交成一个等于圆锥半角的角度，当床鞍带着车刀沿着平行于主轴轴线方向移动切削时，工件就车成一个圆锥体，如图5‑9所示。偏移尾座车外圆锥面的特点：

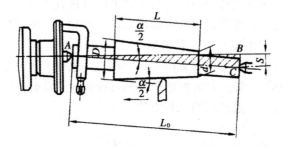

S. 尾座偏移量（mm）；D. 圆锥大端直径（mm）；d. 圆锥小端直径（mm）；
L. 圆锥长度（mm）；L_0. 工件全长（mm）；C. 锥度

图5‑9　圆锥体工件

（1）适宜于加工锥度小、精度不高、锥体较长的工件；受尾座偏移量的限制，不能加工锥度大的工件。

（2）可以用纵向机动进给车削，使已加工表面刀纹均匀，表面粗糙度值小。

（3）由于工件需用两顶尖装夹，因此不能车削整锥体，也不能车削圆锥孔。因顶尖在中心孔中是歪斜的，不能良好的接触，所以顶尖和中心孔磨损不均匀。

（4）尾座偏移量的计算

尾座偏移量 S 可以根据下列近似公式计算：

$$S \approx L_0 \tan \frac{\alpha}{2} L_0 \times \frac{D-d}{2L} \ \text{或} \ S = \frac{C}{2} L_0$$

13. 偏移尾座的方法有哪些？

答： 先将前、后两顶尖对齐（尾座上、下层零线对齐），然后根据计算所得偏移量 S，偏移尾座上层采用以下几种方法：

（1）利用锥度量棒或样件偏移：用锥度量棒偏移尾座的方法，是先将锥度量棒（或标准样式）安装在两顶尖之间，在刀架上固定一百分表，使百分表测量头与量棒锥面接触（百分表测量杆的轴线和锥度量棒的轴线应相互垂直，且在同一水平面内），然后偏移尾座，纵向移动床鞍，使百分表在圆锥面两端的读数一致后，再将尾座固定，如图 5-10 所示。使用这种方法偏移尾座，必须选用与加工工件等长的锥度量棒（或标准样件），否则，加工出的锥度是不准确的。

（2）利用百分表偏移：用百分表偏移尾座的方法，是将百分表固定在刀架上，使百分表的测量头与尾座套筒接触（百分表测量杆的轴线和尾座套筒的轴线应相互垂直，且在同一水平面内），并调整百分表使指针处于零位，然后按偏移量调整尾座，当百分表指针转动至 S 值时，再把尾座固定，如图 5-11 所示。利用百分表可准确地调整尾座偏移量。

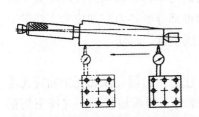

图 5-10　利用锥度量棒或样件偏移

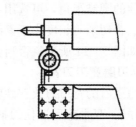

图 5-11　利用百分表偏移

（3）利用尾座刻度偏移：先将尾座紧固螺母松开，然后用六角扳手转动尾座上层两侧的螺钉 1 和螺钉 2 进行调整，如图 5-12（a）所示。车削正锥时，先松螺钉 1，紧螺钉 2，使尾座上层向里（向操作者方向）移动一个 S 的距离，如图 5-12（b）所示；车削倒锥时则相反。尾座偏移量 S 调整准确后，必须把尾座紧固螺母拧紧，以防在车削时偏移量 S 发生变化。这种方法简单方便，一般尾座上有刻度的车床都可以采用。

（4）利用中滑板刻度偏移：用中滑板刻度偏移尾座的方法，是先在刀架上夹持一端比较平整的铜棒，摇动中滑板手柄，使铜棒比较平整的一端与尾座套筒接触，此时记下中滑板刻度值，再根据尾座偏移量把中滑板移动一个 S 距离（如图 5-13 所示），最后横向移动尾座的上层，使尾座套筒与铜棒端面接触，这样尾座也就横向偏移了一个 S 的距离。移动中滑板时，要注意消除中滑板丝杆与螺母间的间隙。

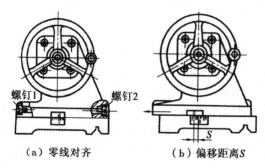

（a）零线对齐　　　（b）偏移距离 S

图 5-12　利用尾座刻度偏移　　　图 5-13　利用中滑板刻度偏移

注意：由于尾座偏移量的计算公式中，用两顶尖间的距离近似看作工件全长，这样计算出的偏移量 S 为近似值。所以除利用锥度量棒或标准样件偏移尾座之外，其他按 S 值偏移尾座的 3 种方法，都必须经试切和逐步修正来达到精确的圆锥半角，以满足图样的要求。

14. 车削圆锥时，怎样选择宽刃刀？

答：对于 $30°$、$45°$、$60°$、$75°$ 的圆锥半角，可选用主偏角与之相对应的车刀，对于其他的圆锥半角，可选用主偏角相接近的车刀，切削刃长度应大于圆锥素线长度。若切削刃长度小于素线长度，圆锥部分要接刀车削成形。切削刃要求平直，如图 5-14 所示，否则会使圆锥素线不直。

15. 怎样刃磨宽刃刀？

答：将粗磨后的宽刃刀放在砂轮托架上（注意：刀柄底面和托架面应无毛刺，并擦干净）。双手前后捏住刀柄，均匀、平稳、慢慢地移动，并使主切削刃与砂轮端面保持平行，以很小的刃磨量，轻轻刃磨，并用样板透光检查其直线度，如图 5-15 所示。要求较高的宽刃车刀，一般在工具磨床上磨出。

16. 宽刃刀的装夹和角度检查如何？

答：如图 5-16 所示将宽刃刀轻夹在刀架上，在不影响车削的情况下，车刀伸出长度应尽量短。然后将角度样板或游标万能角度尺紧靠在工件的已加工面上，并使主切削刃与样板或游标万能角度尺面靠拢，移动中滑板使间隙逐步缩小，作透光检查，发现间隙不一致，可用铜棒或锤子轻轻敲刀柄，将角度纠正后锁紧刀架螺钉。锁紧刀架螺钉时，车刀角度有可能位移，最后还应再检查一次。

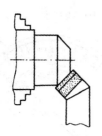

（a）主切削刃长于圆锥素线　（b）直线度要好

图 5‑14　宽刃刀的选择

（a）正确　　　　（b）不正确

图 5‑15　宽刃刀主切削刃的检查

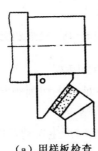 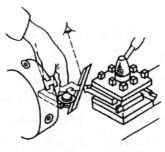

（a）用样板检查　　（b）用游标万能角度尺检查

图 5‑16　宽刃刀角度的检查

17. 宽刃刀车圆锥对机床的调整要求是什么?

答: 采用宽刃刀车圆锥会产生很大的切削力,容易引起振动,在不影响操作的情况下,将中、小滑板间隙调整得小一些。

18. 宽刃刀车圆锥时的操作要领和操作方法有哪些?

答:（1）切削用量的选择:根据刀具及工件材料,合理选择切削用量。当车削产生振动时,应适当减慢主轴转速。

（2）宽刃刀车圆锥的操作要领:当切削刃长度大于圆锥素线长度时,其车削方法是将切削刃对准圆锥一次车削成形,如图 5‑17（a）所示,车削时要锁紧床鞍,开始时中滑板进给速度略快,随着切削刃接触面的增加而逐步减慢,当车到尺寸时车刀应稍作滞留,使圆锥面光洁。当工件圆锥面长度大于切削刃长度时,一般采用接刀的方法加工,如图 5‑17（b）所示,要注意接刀处必须平整。

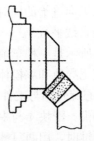 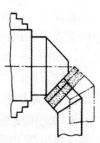

（a）直进法车圆锥　（b）接刀车圆锥

图 5‑17　宽刃刀车圆锥

（3）检查圆锥角度的方法

①用样板检查。用样板检查圆锥的方法，如图5-18（a）所示。

②用游标万能角度尺检查。游标万能角度尺识读方法和普通的游标卡尺相似，不同的是：游标万能角度尺的尺身刻线表示度，游标刻线表示分，尺身和游标可以转动。检查时应在灯光的配合下进行，目测基本上无缝隙时，旋紧螺钉看刻度值，并作重复测量，以减少测量误差。图5-18（b）所示角度值为 $90°+45°30'=135°30'$。

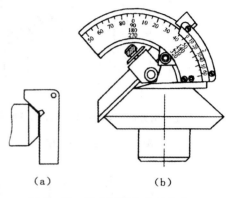

(a)　　　　　　　(b)

图5-18　检查圆锥角度的方法

19. 宽刃刀车圆锥常见的弊病及产生原因是什么？

答： 用宽刃刀车圆锥常见的弊病主要有下列几种：

（1）车削时产生振动。原因是刀具刚性不足、主切削刃与工件接触面过大、机床导轨间隙偏大、工件或车刀伸出太长等。

（2）圆锥表面粗糙。原因是接刀不平或车削时产生振动，以及车刀切削刃不平或严重磨损等。

（3）圆锥半角不正确。主要是装刀角度不正确或刀架螺钉及刀架手柄未紧固等而产生车刀角度位移。

（4）圆锥素线不直。主要是车刀切削刃未严格对准工件旋转中心或刃磨时切削刃直线度不好。

20. 你知道怎样用靠模法车削外圆锥吗？

答： 对于长度较长、精度要求较高的锥体，一般采用靠模法车削。靠模装置能使车刀在作纵向进给的同时，还作横向进给，从而使车刀的移动轨迹与被加工零件的圆锥素线平行。

如图5-19所示是一种车削圆锥表面的靠模装置。底座1固定在车床床鞍上，它下面的燕尾导轨和靠模体5上的燕尾槽滑动配合。靠模体5上装有锥度靠模2，可绕中心旋转到与工件轴线交成所需的圆锥半角（α/2）。两只螺钉7用来固定锥度靠模，滑块4与中滑板丝杠3连接，可以沿着锥度靠模2自由滑动。当需要车圆锥时，用两只螺钉11通过挂脚8，调节螺母9及拉杆10把靠模体5固定在车床床身上。螺钉6用来调整靠模斜度。当床鞍作纵向移动时，滑块就沿着靠板斜面滑动。由于丝杠和中滑板上的螺母是连接的，这样床鞍纵向进给时，中滑板就沿着靠模斜度作横向进给，车刀就合成斜进给运动。当不需要使用靠模时，只要把固定在床身上的两只螺钉11放松，床鞍就带动整个附件一起移动，使靠模失去作用。

如图5-20所示是一种夹具靠模装置，使用方法如图5-21所示。刀架体

134

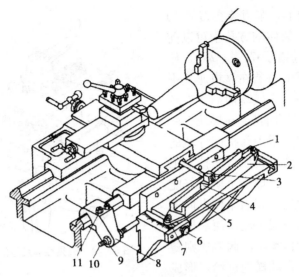

图 5-19　用靠模车圆锥的方法

1. 底座；2. 靠模；3. 丝杠；4. 滑块；5. 靠模体；6、7、11. 螺钉；8. 挂脚；9. 螺母；10. 拉杆

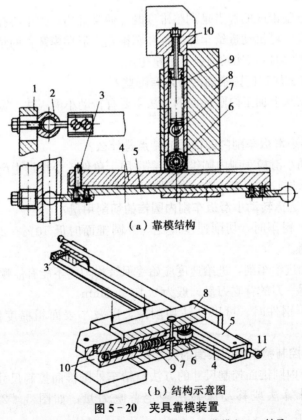

（a）靠模结构

（b）结构示意图

图 5-20　夹具靠模装置

1. 支架；2. 导轨；3. 螺钉；4. 靠模；5. 靠模座；6. 轴承；

7. 销子；8. 刀架体；9. 拉簧；10. 刀体；11. 球头手柄

135

8 装在方刀架上，车刀装在刀体 10
上。刀体在刀架体的方孔中可以前
后滑动，通过销子 7、拉簧 9，使
刀体上的轴承 6 与装在靠模座 5 中
的靠模 4 接触。靠模座两端装有球
头手柄 11，使用时活套在导轨 2 的
圆槽中。支架 1 紧固在机床导轨的
一定位置上，使刀尖大致在接触工
件右端的位置时，球头手柄正好能
套进导轨的圆槽中。当床鞍纵向进
给时，轴承随刀架移动，而靠模受
支架限制不能移动，因此刀体则随
靠模板的斜度自动横向进给，形成

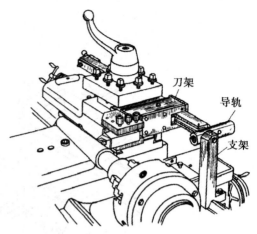

刀架

导轨

支架

图 5-21　夹具靠模装置的使用情况

车刀纵横进给的复合运动，车出外圆锥或圆锥孔。车削圆锥时，锥度大小由调
节螺钉 3 来调节。

靠模法车削锥度的优点是调整锥度既方便又准确；因中心孔接触良好，所
以锥面质量高；可机动进给车外圆锥和圆锥孔。但靠模装置的角度调节范围较
小，一般在 12°以内，比较适合于批量生产。

21. 车床上加工内圆锥面的方法有哪些？

答： 在车床上加工内圆锥面的方法主要有转动小滑板法、宽刃刀法和铰内
圆锥法。

22. 转动小滑板车削内圆锥面的特点是什么？

答： 转动小滑板车削内圆锥面主要适用于单件、小批量生产，特别是锥孔
直径较大、长度较短、锥度较大的圆锥孔工件。

23. 怎样选择转动小滑板车削内圆锥的切削用量？

答：（1）粗车时，切削速度应比车外圆锥面时低 10%～20%；精车时，
采用低速车削。

（2）手动进给车削，进给速度应始终保持均匀，不能有停顿或快慢不均匀
的现象，最后一刀的背吃刀量一般为 0.1～0.2mm。

（3）精车钢件时，可以加注切削液，以减小表面粗糙度值，提高表面
质量。

24. 怎样控制精车内圆锥面的尺寸？

答： 精车内圆锥面控制尺寸的方法与精车外圆锥面控制尺寸的方法相同，
也可以采用计算法或移动床鞍法确定背吃刀量，如图 5-22（a）、（b）、
（c）、（d）所示。

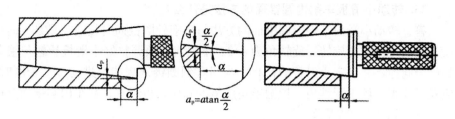

（a）计算法控制圆锥孔尺寸　　　　　　（b）移动床鞍法控制圆锥孔尺寸

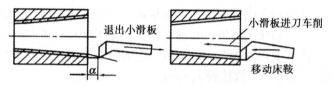

（c）、（d）移动床鞍法控制圆锥孔尺寸

图 5-22　精车内圆锥控制尺寸的方法

25.车内圆锥时，怎样选择和装夹锥孔车刀？

答：（1）钻孔：车削内圆锥面前，应先选择比锥孔小端直径小 1～2mm 的麻花钻钻孔。

（2）锥孔车刀的选择和装夹：锥孔车刀刀柄尺寸受锥孔小端直径的限制，为增大刀柄刚度，宜选用圆锥形刀柄，且刀尖应与刀柄对称中心平面等高。车刀装夹时，应使刀尖严格对准工件回转中心，刀柄伸出的长度应保证其切削行程，刀柄与工件锥孔间应留有一定空隙。车刀装夹好后，应在停车状态全程检查是否产生碰撞。车刀对中心的方法与车端平面时对中心方法相同。在工件端面上有预制孔时，可采用以下方法对中心：先初步调整车刀高低位置并夹紧，然后移动床鞍和中滑板，使车刀与工件端面轻轻接触，摇动中滑板使车刀刀尖在工件端面上轻轻划出一条刻线 AB，如图 5-23 所示。将卡盘旋转 180°左右，使刀尖通过 A 点再划出一条刻线 AC ［如图 5-23（b）所示］，若刻线 AC 与 AB 重合 ［如图 5-23（a）所示］，说明刀尖已对准工件回转中心。若 AC 在 AB 的下方 ［如图 5-23（b）所示］，说明车刀装低了；若 AC 在 AB 的上方 ［如图 5-23（c）所示］，说明车刀装高了。此时可根据 BC 间距离的 1/4 左右增减车刀垫片，使刀尖对准工件回转中心。

　　　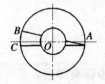　　　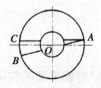

（a）合格　　　　（b）车刀低于工件回转中心　　　（c）车刀高于工件回转中心

图 5-23　刀尖是否对准工件中心的判别

137

26. 转动小滑板车削内圆锥面的方法是什么？

答：转动小滑板车削内圆锥面的方法与车削外圆锥面时相同，只是方向相反，应顺时针方向旋转，旋转角为 $\alpha/2$。车削前必须调整好小滑板导轨与镶条的配合间隙，并确定小滑板的行程。当粗车到圆锥塞规能塞进孔 1/2 长度时，应及时检查和校正圆锥角。把圆锥角调整准确后，再粗车、精车内圆锥面至尺寸要求，如图5-24所示。

27. 用宽刃刀车内圆锥面的方法是什么？

答：先用车孔刀粗车内锥面，并留精车余量 0.15~0.25mm。换宽刃锥孔车刀精车，将宽刃刀的切削刃伸入孔内，其长度大于锥长，横向（或纵向）进给时，应采用低速车削，如图5-25所示。车削时，使用切削液润滑，可使车出内锥面的表面粗糙度 Ra 值达到 1.6μm。

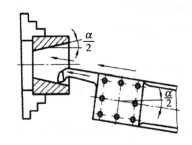

图5-24　转动小滑板车对称内圆锥面　　　图5-25　用宽刃刀车内圆锥面的方法

28. 如何选择铰削锥孔使用的铰刀？

答：铰削内圆锥面，需要使用与内圆锥面的圆锥半角相同的锥形铰刀。锥形铰刀由粗铰刀、精铰刀组成一组，用来加工同一个孔径的孔。粗铰刀［如图5-26（a）所示］在铰孔中要切除较多的加工余量，使锥孔成形。由于它所形成的切屑较多，所以粗铰刀的刀槽少，容屑空间大，切屑不易堵塞。精铰刀［如图5-26（b）所示］用来获得必要的精度和表面粗糙度，切除的加工余量少且均匀，所以它的刀齿数目较多，锥度准确。每个刀齿的顶部都留有宽 b＝0.2mm 左右的棱边，以有利于提高孔的加工精度和降低表面粗糙度。

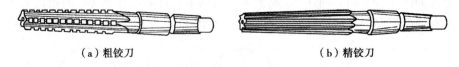

（a）粗铰刀　　　　　　　　　（b）精铰刀

图5-26　锥形铰刀

29. 内圆锥面的铰削方法和步骤有哪些？

答：被铰削内圆锥面较短或直径尺寸较小时，可先按小端直径钻孔，再用锥形铰刀直接铰削。

锥度较大或锥体较长的内圆锥孔，铰削前应先按小端直径钻孔，再粗镗出内圆锥孔，然后用粗、中、细铰刀依次铰孔。铰削内圆锥孔时，由于排屑条件不好，所以应选用较小的切削用量。在铰孔过程中，要经常将铰刀退出清除切屑，以防止切屑堵塞和摩擦加剧而影响铰孔效果。铰孔时，车床的主轴只能正转，不可反转，否则会影响铰孔质量，甚至损坏铰刀。

铰孔中应使用切削液，对于钢和铜类材料一般用乳化液，钢件铰孔精度要求高时，可用柴油或猪油等。铰削铸铁时可干铰，精铰铸铁孔可使用煤油。铝材铰孔也用煤油。用锥形铰刀铰内圆锥面的操作步骤如下：

（1）先做准备工作：它包括校准尾座中心，使尾座中心与主轴中心重合；按照被加工材料选择切削液和选择合理的切削用量等。铰内圆锥面时的切削速度与铰圆柱孔时相同，在进给量选择方面，铰大孔应比铰小孔小些。

（2）钻孔：工件铰孔前需先钻孔。使用比内圆锥面小端孔直径尺寸小 0.2～0.5mm 的钻头钻孔。钻孔时要先用中心钻或短钻头钻出定位孔，注意保证钻出孔的位置不歪斜，使孔的中心线与主轴中心同轴。

（3）使用锥形铰刀铰内圆锥面：铰内圆锥面与铰圆柱孔方法基本相同，所不同的是铰内圆锥面时要注意控制铰孔深度，防止将小端直径铰大。

30. 车圆锥面时易产生废品的原因及预防措施是什么？

答：车削内外圆锥面时，由于对操作者技能要求较高，在生产实践中，往往会因各种原因而产生很多缺陷。表 5-7 为车圆锥面时产生废品的原因及预防措施。

表 5-5　　　　　　车圆锥面时产生废品的原因及预防措施

废品种类	产 生 原 因		预 防 措 施
表面粗糙度达不到要求	①切削用量选择不当		①正确选择切削用量
	②手动进给错误		②手动进给要均匀，快慢一致
	③车刀角度不正确，刀尖不锋利		③刃磨车刀，角度要正确，刀尖要锋利
	④小滑板镶条间隙不当		④调整小滑板镶条间隙
	⑤未留足精车或铰削余量		⑤要留有适当的精车或铰削余量
双曲线误差	车刀刀尖未对准工件轴线		车刀刀尖必须严格对准工件轴线
锥度、角度不正确	（1）用转动小滑板法车削时	①小滑板转动角度计算错误或小滑板角度调整不当	①仔细计算小滑板应转动的角度、方向，反复试车校正
		②车刀没有紧固	②紧固车刀
		③小滑板移动时松紧不均	③调整镶条间隙，使小滑板移动均匀

续表

废品种类	产 生 原 因		预 防 措 施
锥度、角度不正确	（2）小偏移尾座法车削时	①尾座偏移位置不正确	①重新计算和调整尾座偏移量
		②工件长度不一致	②若工件数量较多，其长度必须一致，或两端中心孔深度一致
	（3）用仿形法车削时	①靠模角度调整不正确	①重新调整锥度靠模板角度
		②滑块与锥度靠模板配合不良	②调整滑块和锥度靠模板之间间隙
	（4）用宽刃刀法车削时	①装刀不正确	①调整切削刃的角度和对准中心
		②切削刃不直	②修磨切削刃的直线度
		③刃倾角 $\lambda_s \neq 0$	③重磨刃倾角，使 $\lambda_s = 0$
	（5）铰内圆锥面时	①铰刀锥度不正确	①修磨铰刀
		②铰刀轴线与主轴轴线不重合	②用百分表和试棒调整尾座套筒轴线
大小端尺寸不正确	①未经常测量大小端直径		①经常测量大小端直径
	②控制刀具进给错误		②及时测量，用计算法或移动床鞍法控制背吃刀量 a_p

车圆锥时，虽经多次调整小滑板的转角，但仍不能校正；用圆锥套规检测外圆锥时，发现两端显示剂被擦去，而中间未被擦去；用圆锥塞规检测内圆锥时，发现中间部位显示剂被擦去，而两端未被擦去。出现以上情况的原因，是由于车刀刀尖没有对准工件回转线而产生双曲线误差。

注意：车圆锥时，一定要使车刀刀尖严格对准工件的回转中心，车刀在中途经刃磨后再装刀时，必须调整垫片厚度，重新对中心。

31. 怎样用圆锥界限量规检测圆锥的尺寸？

答：圆锥的最大或最小圆锥直径可以用圆锥界限量规来检测，如图 5-27 所示。塞规和套规除了有一个精确的圆锥表面外，端面上还开有一个台阶（或刻线）。台阶长度（或刻线之间的距离）m 就是最大或最小圆锥直径的公差范围。检验内圆锥面时，若工件的端面位于圆锥塞规的台阶（或两刻线）之间，则说明内圆锥的最大圆锥直径为合格，如图 5-27（a）所示；若工件的端面位于圆锥套规的台阶（或两刻线）之间，则说明外圆锥的最小圆锥直径为合格，如图 5-27（b）所示。

32. 怎样用卡钳和千分尺检测圆锥的尺寸？

答：圆锥精度要求较低及加工中粗测圆锥尺寸时，可以使用卡钳和千分尺

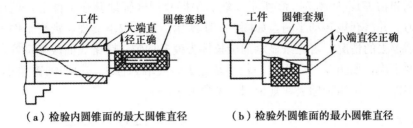

（a）检验内圆锥面的最大圆锥直径　　　　（b）检验外圆锥面的最小圆锥直径

图 5‑27　用游标万能角度尺测量工件的方法

测量。测量时，必须注意使卡钳脚或千分尺测量杆和工件的轴线垂直，测量位置必须在圆锥的最大或最小圆锥直径处。

33. 怎样使用游标万能角度尺检测锥体工件？

答：用游标万能角度尺可以测量 0°～320° 范围内的任意角度。游标万能角度尺的示值一般分为 2′ 和 5′ 两种。游标万能角度尺的读数方法与游标卡尺的读数方法相似，即先从主尺上读出游标零线前面的整读数，然后在游标上读出"分"的数值，将两者相加就是被测件的角度数值。用游标万能角度尺检测外角度时，应根据工件角度的大小，选择不同的测量方法，如图 5‑28 所示。测量 0°～50° 的工件，可选择图 5‑28（a）所示方法；测量 50°～140° 的工件，可选择图 5‑28（b）所示方法；测量 140°～230° 的工件，可选用图 5‑28（c）、（d）所示方法；若将角尺、夹块和直尺都卸下，由基尺和扇形板的测量面对被测工件进行测量，还可测量 230°～320° 之间的工件。

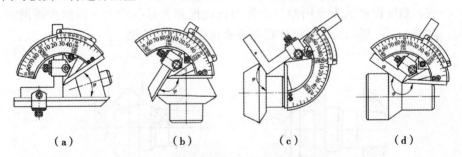

（a）　　　　　（b）　　　　　（c）　　　　　（d）

图 5‑28　用游标万能角度尺测量工件的方法

34. 怎样用涂色法检测圆锥工件？

答：对于标准圆锥或配合精度要求较高的圆锥工件，一般可以使用圆锥套规和圆锥塞规检测。圆锥套规（如图 5‑29 所示）用于检测外圆锥面，圆锥塞规用于检测内圆锥面。用圆锥套规检测外圆锥面时，要求工件和套规表面清洁，且工件外圆锥表面粗糙度小于 $Ra3.2\mu m$ 且无毛刺。检测时，首先在工件表面顺着圆锥素线薄而均匀地涂上三条显示剂（印油、红丹粉、全损耗系统用

141

油的调和物等），如图 5 - 30 所示。然后手握套规轻轻地套在工件上，稍加轴向推力，并将套规转动半圈，如图 5 - 31 所示。最后取下套规，观察工件表面显示剂擦去的情况。若三条显示剂全长擦去痕迹均匀，圆锥表面接触良好，说明锥度正确，如图 5 - 32 所示；若小端擦去，大端未擦去，说明圆锥角小了；若大端擦去，小端未擦去，则说明圆锥角大了。

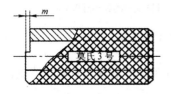

图 5 - 29　圆锥套规

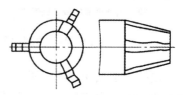

图 5 - 30　涂色方法

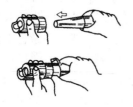

图 5 - 31　用套规检查圆锥

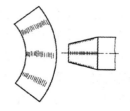

图 5 - 32　合格的圆锥面展开图

35. 怎样用角度样板检测工件？

答：角度样板属于专用量具，常用在成批和大量生产时，以减少辅助时间。如图 5 - 33 所示为用角度样板测量锥齿轮角度的情况。

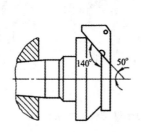

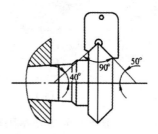

图 5 - 33　用角度样板测量锥齿轮坯的角度

第六章　成形面车削和表面修饰

1. 什么是成形面？

答：在机械制造中，有些机械零件表面的素线是由某些曲线组合而成的，例如手轮手柄、圆球等，这些曲线形成的表面称为成形面，如图 6-1 所示。在车床上加工成形面时，应根据工件的表面特征、精度的高低和生产批量大小等情况采用不同的车削方法。

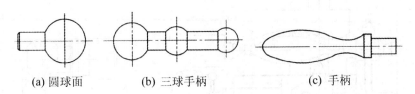

(a) 圆球面　　　　　(b) 三球手柄　　　　　(c) 手柄

图 6-1　成形面零件

2. 双手控制法车圆球时要求使用什么样的车刀？

答：要求车刀主切削刃呈圆弧形，车刀的几何形状与圆弧沟槽车刀几何形状相似。

3. 车成形面时怎样计算圆球部分长度？

答：车削圆球前要将圆球部分的长度和直径以及柄部直径按图 6-2 所示车好。圆球部分的长度 L 计算公式如下：

$$L = \frac{1}{2} \times (D + \sqrt{D^2 - d^2})$$

式中　L——圆球部分长度（mm）；

　　　　D——圆球直径（mm）；

　　　　d——柄部直径（mm）。

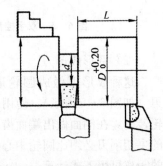

图 6-2　车圆球外圆及车槽

4. 什么是双手控制法？其特点是什么？

答：双手控制法车成形面是成形面车削的基本方法。用双手控制中、小滑板或者控制中滑板与床鞍的合成运动，使刀尖的运动轨迹与工件所要求的成形面曲线重合，以实现车成形面目的的方法称双手控制法，如图 6-3 所示。双手控制法车成形面的特点是：灵活、方便，不需要其他辅助工具，但需较高的技术水平。

5. 什么样的情况下用成形刀？成形刀有哪些类型及使用方法？

答：数量较多的成形面工件，可以用成形刀车削。把刀刃磨得与工件表面形状相同的车刀叫做成形刀（或称样板刀）。一般常用成形的类型及使用方法如下。

（1）普通成形刀。

这种成形刀的切削刃廓形根据工件的成形表面刃磨（如图6-4所示），刀体结构和装夹与普通车刀相同。这种刀具制造方便，可用手工刃磨，成本低，但精度较低。若在刀具磨床上刃磨，同样能达到较高精度。常用于加工简单的成形面。

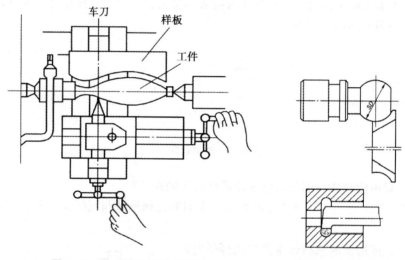

图6-3 双手控制法车成形面   图6-4 普通成形刀

（2）圆形成形刀。

这种成形刀做成圆轮形，在圆轮上开有缺口，使它形成前面和主切削刃（如图6-5所示）。使用时，它装夹在刀杆（或弹性刀杆）上。为了防止圆轮转动，在侧面做出端面齿，使之与刀杆侧面上的端面齿相啮合。圆形成形刀的主切削刃必须比圆轮中心低一些，否则后角为零度。主切削刃低于圆轮中心的距离可用下式计算：

$$H = \frac{D}{2\sin\alpha_p}$$

式中　H——主切削刃低于圆轮中心距离（mm）；

　　　D——圆形成形刀直径（mm）；

　　　α_p——成形刀的背后角（一般为6°～10°）。

（3）菱形成形刀

144

这种成形刀由刀头和刀杆两部分组成（如图6-6所示）。刀头的切削刃按工件形状在刀具磨床上用成形砂轮磨削，前面上磨出背前角 γ_p 和背后角 α_p。后部以燕尾块作定位基准，装夹在刀杆的燕尾槽中，用螺钉固定。装夹时，刀具倾斜所需的背后角 α_p，并使刀尖与工件轴线等高。菱形成形刀磨损后，只需刃磨刀具前面，并将刀头稍向上升起，直至刀头无法夹住为止。这种成形刀精度高，刀具寿命长，但制造比较复杂。

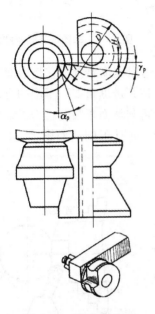

图6-5 圆形成形刀

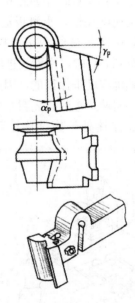

图6-6 菱形成形刀

6. 用成形刀车削成形面时，防止和减少振动的方法有哪些？

答：用成形刀车削成形面时，因切削刃与工件接触面积大，容易引起振动，防止和减少振动的方法有：

①首先应选择刚性较好的车床，并必须把车床主轴和车床滑板等各部分的间隙调整得较小。

②成形刀要装得对准工件轴线，装高了容易扎刀，装低了容易引起振动。

③应选用较小的进给量和切削速度。车削钢料时应加注乳化液或切削油。车铸铁时可以不加或加注煤油作切削液。

7. 车圆球的具体操作方法有哪些？

答：（1）操作方法：车圆球时的操作方法有以下几种：

①确定圆球中心位置，车圆球前要用钢直尺量出圆球的中心，并用车刀刻线痕，以保证车圆球时左、右半球面对称。

②为减少车圆球时的车削余量，一般用45°车刀先在圆球外圆的两端倒

角，如图 6-7 所示。

③车圆球方法如图 6-8（a）所示。操作时用双手同时移动中、小滑板或中滑板和床鞍，通过纵、横向的合成运动车出球面形状。操作的关键在于双手摇动手柄的速度配合是否恰当，因为圆球的每一段圆弧其纵、横向进给速度都不一样。如车到 a 点时〔如图 6-8（b）所示〕，中滑板进给速度要慢，小滑板退出速度要快；车到 b 点时，中滑板进给和小滑板退出速度基本差不

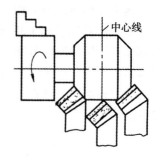

图 6-7　车圆球外圆两端倒角

多；车到 c 点时，中滑板进给速度要快，小滑板退出速度要慢。它是由双手操纵的熟练程度来保证的，因此必须反复练习逐步达到进退自如。车削的方法是由中心向两边车削，先粗车成形后再精车，逐步将圆球面车圆整。为保证柄部与球面连接处轮廓清晰，可用矩形沟槽刀或切断刀车削，如图 6-8（c）所示。

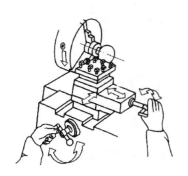
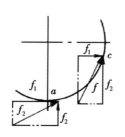
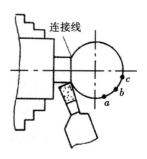

(a) 双手控制法车圆球　　　(b) 车曲面时的速度分析　　　(c) 用矩形沟槽刀车连接部位

图 6-8　车圆球方法

（2）圆球形面的修整：双手控制法车削圆球的形面，由于手动进给往往不够均匀，使工件表面留下高低不平的车削痕迹，必须采用锉刀修整形面后，用砂布抛光成形面，以保证达到所要求的精度及表面粗糙度。

8. 怎样用锉刀修饰球面？

答：（1）双手控制法为手动进给车削，工件表面不可避免地留下高低不平的刀痕，所以必须用细齿平锉进行修锉。

（2）用锉刀锉削弧面工件时，锉刀的运动要绕弧面进行，滚动锉削球面如图 6-9 所示。

（3）锉削时，为了防止锉屑散落床面，影响床身导轨精度，应垫护床板或护床纸。

（4）锉削时，车工宜用左手捏锉刀柄进行锉削，这样比较安全。

9. 用专用工具车成形面的原理是什么？

答：内、外圆弧面车削原理如图6‐10所示。由于车刀刀尖的运动轨迹是一个圆弧，所以车削时关键是要保证刀尖轨迹的圆弧半径与成形面圆弧半径相等，同时使刀尖处于工件的回转中心平面内。

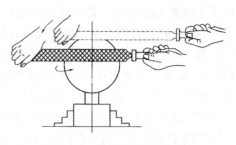

图6‐9　滚动锉削球面示意

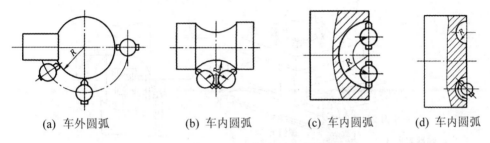

(a) 车外圆弧　　　(b) 车内圆弧　　　(c) 车内圆弧　　　(d) 车内圆弧

图6‐10　内、外圆弧面车削原理

10. 手动车内、外圆弧面的专用工具其结构是怎样的？

答：如图6‐11所示，使用该工具时应先将车床的小滑板卸下，装上车圆弧工具。刀架4可绕回转中心1转动，刀尖2可随刀架的燕尾导轨前后移动，以改变刀尖到圆弧中心的距离；还可以转动微调手柄5以实现精确调整圆弧半径，调整完毕后应锁紧手柄3。

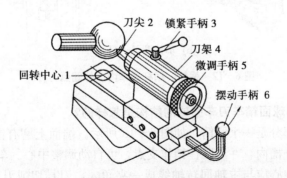

图6‐11　手动车内、外圆弧面专用工具示意

车削外圆弧时，刀尖到圆弧中心的距离应等于外圆弧半径。匀速缓慢地左右摆动手柄6，车刀刀尖则可绕回转中心作圆弧运动并车出外圆弧面。

车削内圆弧时，应把刀尖调整到超过回转中心1的位置上，其超过的距离

147

应等于内圆弧的半径。其车削方法与车外圆弧面类似。

11. 蜗轮、蜗杆车内、外圆弧刀杆的结构是怎样的？

答：车内、外圆弧刀杆的结构如图6－12所示。车内圆弧刀杆［如图6－12（a）所示］上装有车刀2的滑块1能在弹性刀夹3中移动，并用螺钉6紧固。摇动手柄7，通过蜗杆5带动蜗轮4使弹性刀夹3绕蜗轮轴线转动。刀杆8装夹在方刀架上，车刀刀尖处于主轴轴线位置。刀尖与蜗轮的中心距就是加工圆弧曲率半径R。调节它们间的距离，就可以控制加工圆弧的半径。车外圆弧刀杆结构原理、调整使用方法与车内圆弧刀杆基本相同。

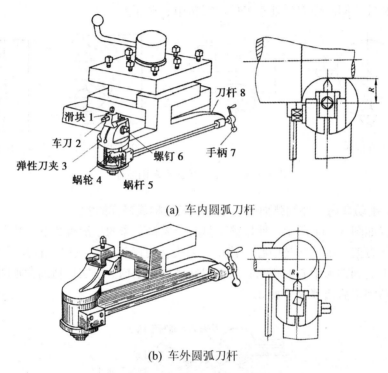

(a) 车内圆弧刀杆

(b) 车外圆弧刀杆

图6－12　蜗轮、蜗杆式车内、外圆弧刀杆

12. 圆筒形球面精车刀车圆球的结构是怎样的？

答：切削部分是一个圆筒，如图6－13所示。端面上磨有锥面15°形成刃口，装夹在刀杆槽内，并用圆柱销作支点，可自动调整中心。车削时，筒形刀具的径向表面中心应与主轴回转轴线成一夹角α，刀具切削刃上的A点应与主轴回转轴线重合。这种方法简单方便，易于操作，加工精度较高，适合于车削青铜、铸铝等脆性金属材料的球面零件。

圆筒刀内孔直径D与工件圆球直径d_1及球柄直径d_2有一定几何关系，即：

$$D = \frac{d_2}{(2\sin\alpha)}$$

$$\sin 2\alpha = \frac{d_2}{d_1}$$

车削圆球时，先用粗车刀大致车好球形，然后用圆筒形球面精车刀修光圆球表面。切削刃磨损后，只需按筒形刀内孔及15°斜面找正，重磨15°斜面即可。

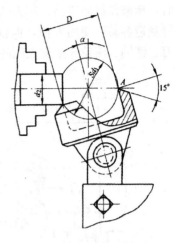

图 6-13　圆筒球球面精车刀

13. 什么是靠模法？有何特点？

答：按照刀具靠模装置进给对工件进行加工的方法称为靠模法。靠模法车成形面是一种比较先进的加工方法。一般可利用自动进给根据靠模的形状车削所需要的成形面，生产效率高，质量稳定，适合于成批生产。

14. 靠模车成形面的主要方法有哪些？其结构如何？

答：靠模车成形面的方法很多，主要方法有横向靠模、杠杆式靠模、靠板靠模。

（1）横向靠模：用来车削工件端面上的成形面，如图6-14所示。靠模6装夹在尾座套筒锥孔内的夹板7上，用螺钉8紧固。把装有刀杆2的刀夹3装夹在方刀架上，滚轮5紧靠住靠模6，由弹簧4来保证。为了防止刀杆2在刀夹3中转动，在刀杆2上铣一键槽，用键9来保证。车削时，中滑板自动进给，滚轮5沿着靠模6的曲线表面横向移动，使工件10的端面上车出成形面。

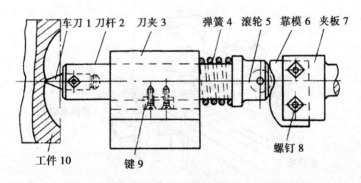

图 6-14　横向靠模

（2）杠杆式靠模：利用杠杆的摆动车削工件的成形面，如图6-15所示。杠杆2是由销轴3连接在夹具体11上，并装夹在方刀架10上。车刀12装在杠杆的方孔中，杠杆的另一端装有滚轮7。螺钉4可调整弹簧8的压力，使滚轮7紧靠靠模板6。靠模板6装夹在尾座套筒锥孔内的靠模支架5上。车削时，床鞍作纵向进给，车刀随杠杆的摆动，使工件 1 车出成形面。这种靠模装置制造容易，使用方便，但仅适用于外形变化不大的工件。使用时应注意车刀、销轴、滚轮 3 个支点间的距离相等。

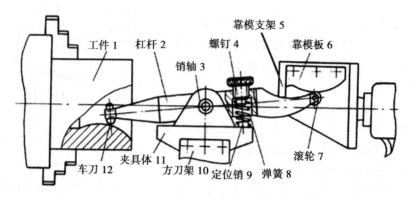

图 6-15　杠杆式靠模

（3）靠板靠模：在车床上用靠板靠模法车成形面，如图 6-16 所示。实际上与靠模车圆锥的方法基本上相同。在卧式车床的床身的外端装上靠模支架 5 和靠模板 4，靠模板 4 是一条曲线沟槽，它的形状与工件成形面相同。滚柱 3 通过拉杆 2 与中滑板 1 连接（应将中滑板丝杠抽去）。当床鞍作纵向进给时，滚柱 3 沿着靠模板 4 的曲线槽移动，使车刀刀尖随着靠板曲线的变化在工件上车出成形面。若把小滑板转过 90°，就可以进行横向进给。这种靠模方法操作方便，成形面准确，但只能加工成形面变化不大的工件。

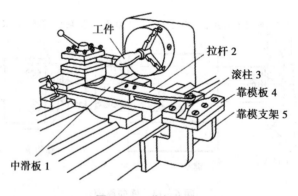

图 6-16　靠板靠模

15. 如何用样板透光检测成形面？

答：成形面在一般情况下，都没有精密的配合要求。如各类手柄的成形面是为了外形美观和便于操作；各种冲模、橡胶模、滚压模的成形面，其凸、凹模之间也只要保持一定的间隙；各种锻模、铸模的成形面也只对成形面的形状具有一定的要求，尺寸要求并不十分严格。因此，绝大多数的成形面多采用样板透光检测。样板透光检测的类型及说明如下：

（1）用半径样板测量圆弧半径。

①半径样板结构（如图 6-17 所示）。半径样板也叫圆弧样板、半径规或 R 规。半径样板中的凸形样板是用于凹形圆弧工件透光检测；而半径样板中的凹形样板则是对凸形圆弧工件进行透光检测。

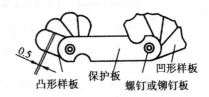

图 6-17　半径样板外形及结构

②检测时判断合格点（如图 6-18 所示）。检测时，外圆弧样板靠在内圆弧工件上出现中间透光，则表明样板半径大于圆弧半径，工件圆弧半径必须重新加工、加大；而出现两侧透光，则说明样板半径小于工件圆弧半径，工件圆弧半径要减小。上述两种情况检测都要判定为不合格。只有当样板与工件圆弧半径密合一致时，表明样板圆弧半径等于工件圆弧半径，工件圆弧检测合格。

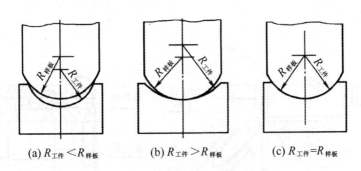

(a) $R_{工件} < R_{样板}$ 　　　(b) $R_{工件} > R_{样板}$ 　　　(c) $R_{工件} = R_{样板}$

图 6-18　用半径样板对工件 R 透光

（2）用样板测量成形面。

样板上的成形面是按工件成形面理论数据要求作出的，检测时将样板成形面与工件成形面贴合，透过观察工件成形面的吻合程度。

①对于较短的成形面用一块样板透光检测，对于较长的、较复杂的成形面可用分段样板透光检测。如图 6-19 所示为用样板透光检测外成形面。如图 6-20 所示为用样板透光检测内成形面。

②检测时操作要点：

a. 样板的基准面必须贴合工件的测量基准面；

b. 样板的整个成形面应通过工件的中心线；

c. 样板贴合在工件的测量基准面上移动，且整个成形面上透光均匀即合格。

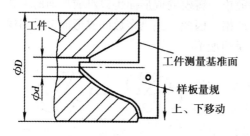
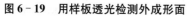

图6-19　用样板透光检测外成形面

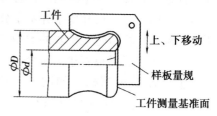

图6-20　用样板透光检测内成形面

16. 如何用三坐标测量成形面？

答： 对于线轮廓度要求在 0.05mm 范围内的成形面，可用三坐标测量仪测量成形面若干点坐标的方法来检测成形面。

17. 旋压加工的工作特点是什么？

答： 旋压加工是一种无屑成形的压力加工，它是坯料在冷或热的状态下，利用随主轴旋转的芯模及相对移动的旋轮，对装夹于芯模的薄板坯料施加一定压力，使其形状（或厚度）变化，逐点成形为空心回转体零件（如图6-21所示）。

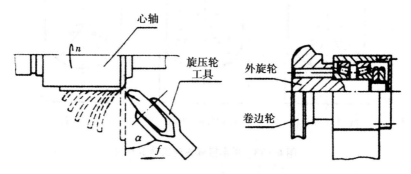

图6-21　旋压成形过程及旋压轮工具

旋压加工特点：

（1）工装简便，工艺方法简单，能加工普通车削无法加工的复杂形面的薄壁零件。与冲压相比，需6～7次冲压成形的零件，1次旋压即可完成。它适用于小批量生产。

（2）材料利用率高。旋压是一种少切削或无切削加工工艺，能充分利用毛坯材料。

（3）加工工艺性好。旋压时，由于金属与滚轮是逐点接触，接触面小，压力大，易发生变形，能使金属表现出较高的塑性和较好的成形性，故可加工高强度或低塑性的材料。

（4）产品质量好。经旋压后材料组织致密，纤维连续，晶粒细化，并有一定的方向性，提高了零件的机械性能。旋压后与旋压前对比，抗拉强度提高，硬度提高，延伸率则大幅下降。

（5）表面质量好，一般可达 $Ra\,1.6\sim3.2\mu m$，最高可达 $Ra\,0.2\sim0.4\mu m$，经多次旋压可达 $Ra\,0.1\mu m$。

（6）有检验缺陷的作用。由于旋压时材料逐点变形，因此其中任何夹渣、夹层、裂纹、砂眼等缺陷易暴露出来。

18. 什么是旋压工具？如何安装？

答：（1）旋压轮工具。旋压轮工具由旋压轮、轮架、轴承、端盖等组成。旋压轮的结构形状，由工件材料、结构特点和要求来决定，一般与滚压加工的滚轮相同，也可制成与工件所需形状相同，旋压轮的凸尖半径一般为 $2\sim4mm$，以 $2mm$ 最佳；压光带宽度 $0\sim2mm$，一般为零值。工作表面要良好，粗糙度 $Ra=0.1\sim0.2\mu m$，圆弧过渡要求光滑连接。轮架的结构可视加工时旋压工具的受力情况，设计成单臂或双支臂形式。其材料为旋压轮可用工具钢、轴承钢、模具钢、高速钢等制成。热处理硬度 $60\sim68HRC$。

（2）芯模。芯模是工件成形的模具，应根据工件所需形状和成形方向选择结构，并保证装卸工件方便和成形可靠，心轴直径设计，一般取小于工件孔径 $0.05mm$。其材料为可用铸铁、铸钢、工具钢及高速钢等，硬度 $50\sim64HRC$。

（3）尾顶。通常被用来将毛坯顶紧在芯模端面上，在旋压时以使毛坯、芯模随主轴一起旋转，保证旋压过程顺利进行，车床上的旋压加工，通常直接利用其原有的尾座垫上形状适当的垫块顶紧。其材料为 50 钢，硬度 $54\sim60HRC$。

安装方法：

（1）旋压轮工具：旋压轮工具可通过刀杆部分安装在刀架上，旋压轮与工件的接触角 α 为 $15°\sim45°$，但以 $30°$ 为最佳。

（2）芯模：芯模一般可插装在车床主轴锥孔内或装卡在卡盘上。

（3）尾顶：尾顶装在车床尾架上。

19. 你知道旋压有哪些加工工艺因素吗？

答：（1）变薄率：

$$\varepsilon=(t_0-t)/t$$

其中　t_0——旋压前壁厚（mm）；

　　　t——旋压后壁厚（mm）。

ε 过小成形较困难，生产效率低，ε 过大壁厚公差变大且易产生毛刺及鱼鳞状叠层等缺陷。推荐 $\varepsilon=18\%\sim30\%$。

（2）旋压次数：坯料塑性越差、工件的厚度越厚，旋压成形次数越多。旋压数一般应在 $4\sim5$ 次为宜，只有壁厚很薄、形状又简单的零件，可以一次成形。

（3）旋压用量：芯模线速度一般选用 $v=0.5\sim1m/s$；旋压纵向进给量 $f_纵=0.1\sim0.4mm/r$。

（4）旋压温度：对于大于5mm或会引起加工硬化的坯料，不能在常温下加工，应考虑采用火焰局部加热旋压或增加中间退火处理来增加塑性，降低变形抗力，提高材料的可旋性。另外，也可利用摩擦生热原理，应用成形工具对高速旋转的工件加一定压力，使工件摩擦生热实现热旋压加工。

（5）冷却润滑：常用二硫化钼或氯化石蜡润滑脂进行冷却，以防金属粘附到旋压轮上。

（6）旋压方向：正旋时壁厚公差、内径公差均大于反旋，故一般采用反向旋压法。也可根据加工特点，选用正向旋压法，见表6-1。

表6-1　　　　　　　　　　　旋压成形加工方法

加工方法	示　图	加工方法	示　图
壁变厚旋不压	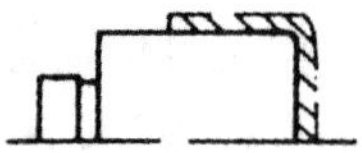	反向旋压	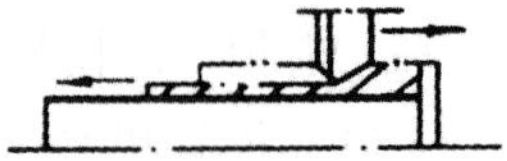
壁薄厚旋变压	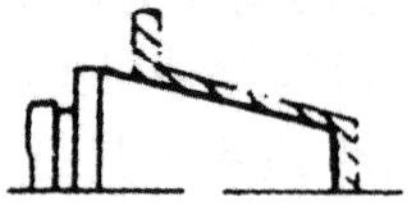	正向旋压	
双轮旋压	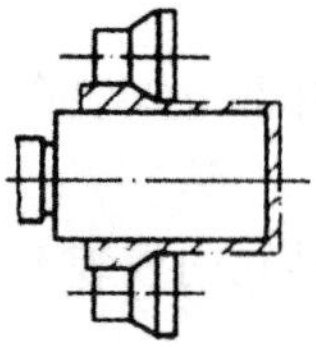	锥向旋压	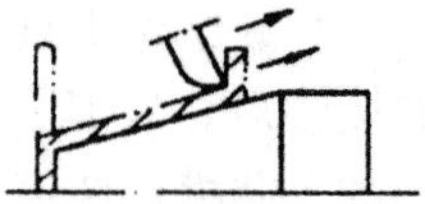
三轮旋压	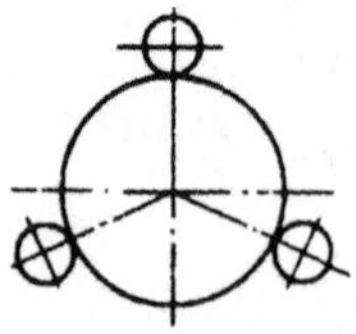	内旋压	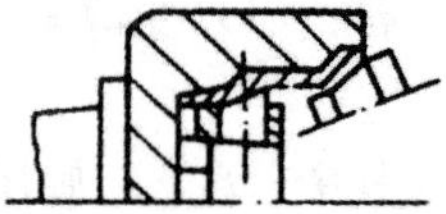
加热旋压			

154

（7）其他要求：要求车床振动小，精度好，以保证旋压过程能平稳而正常地进行。

20. 在车床上对工件的表面修饰有哪些？

答：在车床上的表面修饰主要有对工件进行研磨、抛光及滚花等修饰加工。

21. 什么是研磨？有何特点？

答：用研磨工具配以研磨剂对工件进行研磨的过程称为研磨。研磨是一种精加工，可以获得很高的精度和极小的表面粗糙度值，还可以改善工件表面的形状误差。研磨有手工研磨和机械研磨两种，在车床上一般是手工和机械结合研磨。

22. 常用研磨工具的材料有哪几种？

答：研磨工具的材料要比工件材料软，组织要均匀，最好有微小的针孔。研具材料组织均匀，才能保证研磨工件的表面质量。研具又要有较好的耐磨性，以保证研磨后工件的尺寸和几何形状精度。研具太硬，磨料不易嵌入研具表面，使磨料在工件和研具之间滑动，这样会降低研磨效果，甚至可能使磨料嵌入工件起反研磨作用，以致影响表面粗糙度。研具材料太软，会使研具磨损快而不均匀，容易失去正确的几何形状精度而影响研磨质量。

常用的研具材料种类如下：

（1）灰铸铁。灰铸铁是较理想的研具材料，它最大的特点是具有可嵌入性，磨料容易嵌入铸铁的细片形缝隙或针孔中而起研磨作用，适用于研磨各种淬火钢料工件。

（2）低碳钢。一般很少使用，它的强度大于灰铸铁，不易折断变形，可用于研磨 M8 以下的螺纹和小孔工件。

（3）铸造铝合金。一般用作研磨铜料等工件。

（4）硬木材。用于研磨软金属。

（5）轴瓦合金（巴氏合金）。用于金属的精研磨，如高精度的铜合金轴承等。

23. 研磨剂有哪些类型？其用途如何？

答：研磨剂是磨料、研磨液及辅助材料的混合剂。其类型及用途见表 6 - 2。

目前工厂采用较多的是氧化铝和碳化硅两种微粉磨料。微粉的粒度号用 W 表示，数字表示磨粒宽度尺寸。如 W14 表示磨粒尺寸为 $10\sim14\mu m$ 的微粉磨料。

为了方便，一般工厂中都使用研磨膏。研磨膏是在微粉中加入油酸、混合脂（或黄油）和少许煤油配制而成的。

类　型		说　明
磨料	金刚石粉末	即结晶碳（C），其颗粒很细，是目前已知最硬的材料，切削性能好，但价格昂贵。适用于研磨硬质合金刀具或工具
	碳化硼（B_4C）	硬度仅次于金刚石，价格也较贵，用来精研磨和抛光硬度较高的工具钢和硬质合金等材料
	氧化铬（Cr_2O_3）	颗粒极细，用于表面粗糙度值要求极小的表面最后研光
	氧化铁（Fe_2O_3）	颗粒极细，用于表面粗糙度值要求极小的表面最后研光
	碳化硅（SiC）	有绿色和黑色两种。绿色碳化硅用于研磨硬质合金、陶瓷、玻璃等材料；黑色碳化硅用于研磨脆性或软性材料，如铸铁、铜、铝等
	氧化铝（Al_2O_3）	有人造和天然两种，硬度很高，但比碳化硅低。颗粒大小种类较多，制造成本较低，被广泛用于研磨一般碳钢和合金钢
研磨液		磨料不能单独用于研磨，必须配以研磨液和辅助材料。常用的研磨液为 L-AN15 全损耗系统用油、煤油和锭子油。其作用是： ①使微粉能均匀地分布在研具表面 ②起冷却和润滑作用
辅助材料		辅助材料是一种黏度较大和氧化作用较强的混合脂。常用的辅助材料有硬脂酸、油酸、脂肪酸和工业甘油等。辅助材料的主要作用是使工件表面形成氧化薄膜，加速研磨过程

24. 怎样研磨外圆？

答：研磨轴类工件时，可用铸铁做成研套，它的内径按工件尺寸配制（如图 6－22 所示）。研套的内表面轴向开有几条槽，研套有切开口，借以调节尺寸。用螺钉限制研套在研磨时产生转动，金属夹箍包在研套的外圆上，用螺栓紧固以调节径向间隙。

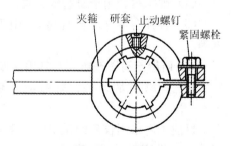

图 6－22　研套

研套内涂研磨剂。研套和工件之间间隙不宜过大，否则会影响研磨精度。研磨前，工件必须留有 0.005～0.02mm 的研磨余量。研磨时，手握研具，并沿低速旋转的工件作均匀的轴向移动，并经常添加研磨剂，直到尺寸和表面粗糙度都符合要求为止。

25. 怎样研磨内孔？

答： 研孔时，可使用如图 6-23 所示的研棒。锥形心轴 2 和锥孔套筒 3 配合，套筒表面开有几条轴向槽，并在一面有开口。转动螺母 4 和 1，可利用心轴的锥度调节套筒的外径，其尺寸按工件的孔配制（间隙不要过大）。销钉 5 是用来限制套筒与心轴作相对转动的。研磨时，在套筒表面涂上研磨剂，研棒在自定心卡盘和顶尖上作低速旋转，工件套在套筒上，用手扶着或装入夹具中沿轴向往复移动。

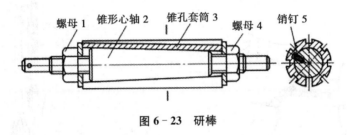

图 6-23 研棒

26. 什么叫抛光？其目的是什么？

答： 利用机械、化学或电化学的作用，使工件获得光亮、平整表面的加工方法称为抛光。在车削加工时由于手动进给不均匀，尤其是双手同时进给车削成形面时，往往在工件表面留下不均匀的刀痕。抛光的目的就在于去除这些刀痕和减少表面粗糙度值。在车床上抛光通常采用锉刀修光和砂光两种方法。

27. 怎样用锉刀修光工件？

答： 修光用的锉刀常用细齿纹的平锉（又称板锉）和整形锉（又称什锦锉）或特细齿纹的油光锉，如图 6-24 所示，修光时的锉削余量一般为 0.01～0.03mm。锉刀修光方法如下：

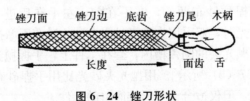

图 6-24 锉刀形状

（1）在车床上用锉刀修光时，按修光要求，选用不同型号的锉刀。常用的锉刀按断面形状可分为扁锉（板锉）、半圆锉、圆锉、矩形锉、细锉和特细锉（5 号锉）。为保证安全，最好用左手握住锉柄，右手扶锉刀前端进行锉削。

（2）修成形面时，一般使用扁锉和半圆锉。工件的锉削余量一般在

157

0.1mm 左右。精修时可用 5 号锉进行，其锉修余量在 0.05mm 内，甚至可以更小些。在锉削时为了保证安全，用左手握柄，右手扶住锉刀的前端进行锉削（如图 6-25 所示）。如果用右手握柄，左手扶住锉刀前端进行锉削，很容易勾衣袖口而造成事故。

（3）锉削修光球面时，可用自制夹套或垫铜皮夹住球面，并用锉刀、砂布抛光至要求（如图 6-26 所示）。用锉刀锉削弧形工件时，锉刀的运动要绕弧面进行，要目测球形并协调双手控制进给动作，否则往往把球面锉成椭圆形和算盘球形。

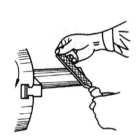

图 6-25　在车床上锉削的姿势

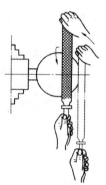

图 6-26　滚动锉削球面

28. 怎样用砂布砂光工件？

答：用砂布或砂纸磨光工件表面的过程称为砂光。工件表面经过精车或锉刀修光后，如果表面粗糙度值还不够小，可用砂布砂光的方法进行抛光。在车床上抛光时用的砂布，常用细粒度的 0 号或 1 号砂布。砂布越细，抛光后获得的表面粗糙度值就越小。

（1）砂光外圆的方法

①把砂布垫在锉刀下面进行砂光。

②用双手直接捏住砂布两端，右手在前，左手在后进行砂光［如图 6-27（a）所示］。砂光时，双手用力不可过大，防止砂布因摩擦过度而被拉断。

③将砂布夹在抛光夹的圆弧槽内，套在工件上，手握抛光夹纵向移动来砂光工件［如图 6-27（b）所示］。用抛光夹砂光比用手捏砂布砂光工件更安全些，适于成批砂光，但仅适合于外形较简单的工件。

（2）砂光内孔的方法

经过精车以后的内孔表面，如果还不够光洁或孔径尺寸偏小，可用砂布抛光或修整。具体抛光方法是：选一根比孔径小的木棒，在一端开槽，如图 6-28（a）所示。将砂布撕成条状塞进槽内，以顺时针方向把砂布绕在木棒上，然后放进工件孔内进行抛光［如图 6-28（b）所示］。其抛光的方法是右手握

(a) 双手捏住砂布两端砂光

(b) 砂布夹在抛光夹内砂光

图 6 - 27　砂光外圆的方法

紧木棒手柄后部，左手握住木棒前部，当工件旋转时，木棒均匀地在孔内移动。孔径比较大的工件，也可直接用右手捏住砂布抛光。孔径较小的工件绝不能把砂布绕在手指上直接在工件内抛光，以防发生事故。

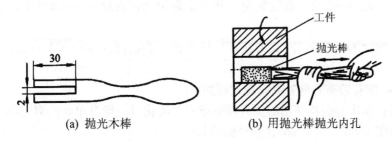
(a) 抛光木棒　　　　　　　　(b) 用抛光棒抛光内孔

图 6 - 28　用砂光棒抛光内孔的工件

29. 什么叫滚花？滚花有几种？怎样选择？

答：在车床上应用滚花工具在工件表面上滚压出花纹的加工，称为滚花。滚花的花纹一般有直纹和网纹两种，并有粗细之分。花纹的粗细由节距的大小决定。

滚花花纹的种类及选择：

(1) 滚花花纹的形状如图 6 - 29 所示。滚花的花纹有直纹［如图 6 - 29（a）所示］和网纹［如图 6 - 29（b）所示］两种。花纹有粗细之分，并用模数 m 区分。模数越大，花纹越粗。滚花的标注方法及节距（p）的选择见表 6 - 3。

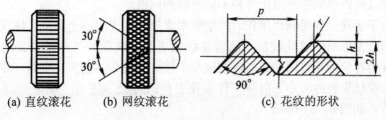
(a) 直纹滚花　　　(b) 网纹滚花　　　(c) 花纹的形状

图 6 - 29　滚花花纹的种类

表6-3　　　　　　　　　　　滚花的花纹各部分尺寸

模数 m/mm	h/mm	r/mm	节距 p/mm	模数 m/mm	h/mm	r/mm	节距 p/mm
0.2	0.132	0.06	0.628	0.4	0.264	0.12	1.257
0.3	0.198	0.09	0.942	0.5	0.326	0.16	1.571

注：①表中 $h=0.785m-0.414r$。

②滚花前工件表面粗糙度为 $Ra\ 12.5\mu m$

③滚花后工件直径大于滚花前直径，其值 $\Delta\approx(0.8\sim1.6)m$。

（2）滚花的花纹粗细应根据工件滚花表面的直径大小选择，直径大选用大模数花纹；直径小则选用小模数花纹。

（3）滚花的规定标记示例如下：

①模数 $m=0.2$，直纹滚花，其规定标记为：直纹 $m=0.2$(GB6403.3—86)。

②网纹 $m=0.3$，网纹滚花，其规定标记为：网纹 $m=0.3$(GB6403.3—86)。

30. 滚花刀有几种？其滚花过程如何？

答：车床上滚花使用的工具称滚花刀。滚花刀一般有单轮、双轮和六轮3种［如图6-30（a）、（b）、（c）所示］。

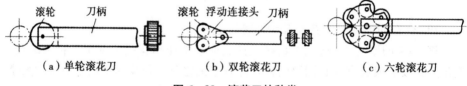

（a）单轮滚花刀　　　（b）双轮滚花刀　　　（c）六轮滚花刀

图6-30　滚花刀的种类

（1）单轮。单轮滚花刀由直纹滚轮和刀柄组成，用来滚直纹。

（2）双轮。双轮滚花刀由两只旋向不同的滚轮、浮动连接头及刀柄组成，用来滚网纹。

（3）六轮。六轮滚花刀由3对不同模数的滚轮，通过浮动连接头与刀柄组成一体，可以根据需要滚出3种不同模数的网纹。

由于滚花过程是利用滚花刀的滚轮来滚压工件表面的金属层，使其产生一定的塑性变形而形成花纹的，随着花纹的成形，滚花后工件直径会增大。为此，在滚花前滚花表面的直径应相应车小些。一般在滚花前，根据工件材料的性质和花纹模数的大小，应将工件滚花表面的直径 d_0 车小 $(0.8\sim1.6)m$，m 为模数，如图6-31所示。

31. 怎样装夹滚花刀?

答:(1)滚花刀装夹在车床方刀架上,滚花刀的装刀(滚轮)中心与工件回转中心等高。

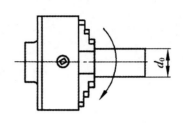

图 6-31　滚花前的工件直径

(2)滚压有色金属或滚花表面要求较高的工件时,滚花刀滚轮轴线与工件轴线平行〔如图 6-32(a)所示〕。

(3)滚压碳素钢或滚花表面要求一般的工件时,可使安装如图 6-32(b)所示,以便于切入工件表面且不易产生乱纹。

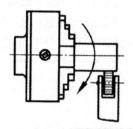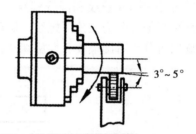

（a）滚轮轴线与工件轴线平行　　　（b）刀柄尾部向左偏斜 3°~5°

图 6-32　滚花刀的装夹

32. 滚花的工作要点有哪些?

答:(1)在滚花刀开始滚压时,挤压力要大且猛一些,使工作圆周上一开始就形成较深的花纹,这样就不易产生乱纹。

(2)为了减少滚花开始时的径向压力,可以使滚轮表面宽度的 1/3~1/2 与工件接触,使滚花刀容易切入工件表面(如图 6-33 所示)。在停车检查花纹符合要求后,即可纵向机动进给。反复滚压 1~3次,直至花纹凸出达到要求为止。

(3)滚花时,应选低的切削速度,一般为 5~10mm/min。纵向进给选择大些,一般为 0.3~0.6mm/r。

图 6-33　滚花的要点

(4)滚花时,应充分浇注切削液以润滑滚轮和防止滚轮发热损坏,并经常清除滚压产生的切屑。

(5)滚花时径向力很大,所用设备应刚度较高,工件必须装夹牢靠。由于滚花时出现工件移位现象难以完全避免,所以车削带有滚花表面的工件时,滚花应安排在粗车之后、精车之前进行。

第七章 螺纹的车削

1. 螺纹的用途和牙型分类如何？

答：在各种机械产品中，带有螺纹的零件应用广泛。车削螺纹是常用的方法也是车工的基本技能之一。螺纹的种类很多，如图 7-1 所示，按形成螺旋线的形状可分为圆柱螺纹和圆锥螺纹；按用途不同可分为连接螺纹和传动螺纹；按牙型特征可分为三角形螺纹、矩形螺纹、梯形螺纹和锯齿形螺纹；按螺旋线的旋向可分为右旋螺纹和左旋螺纹；按螺旋线的线数可分单线螺纹和多线螺纹。

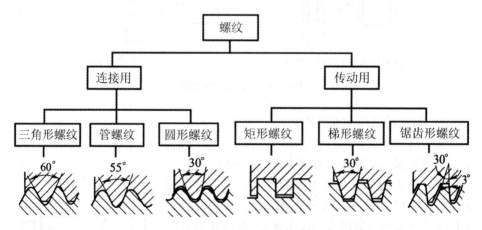

图 7-1 螺纹的用途和牙型分类

2. 三角形螺纹的种类和牙型有哪几种？

答：三角形螺纹按其规格及用途不同，可分为普通螺纹、英制螺纹和管螺纹 3 种。三角形螺纹常用于固定、连接、调节或测量等处。三角形螺纹的种类、代号、牙型和标注见表 7-1。

3. 三角形螺纹包括哪几种？

答：普通螺纹、英制螺纹和管螺纹的牙型都是三角形，所以通称为三角形螺纹。

表 7-1　　　　　　　　　三角形螺纹的种类、代号、牙型和标注

三角形螺纹种类及牙型代号	外形图	内外螺纹旋合牙型放大图	代号标注方法	附　注
普通粗牙螺纹（GB197—2003）M　普通细牙螺纹（GB197—2003）M		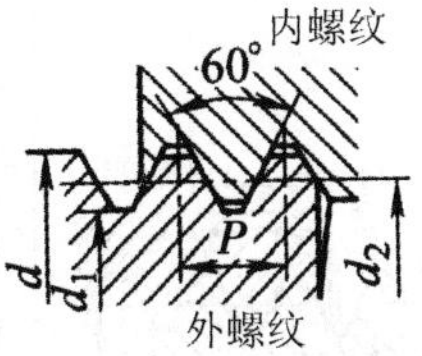 60°	M12-5g6g-S　M20×2-LH-bH　M20×2-LH-bH/bg	普通粗牙螺纹不注螺距，细牙螺纹多用于薄壁工件，中等旋合长度不标 N
英制螺纹		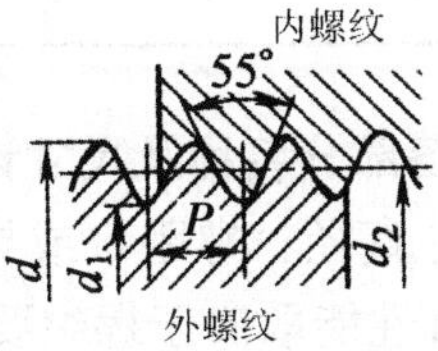 55°	1/2in（1/2″）　11/2in（11/2″）	英制螺纹在进口设备和修配时会遇到。英制螺纹，它以每英寸长度中的牙数来确定其螺距 P：$P = \dfrac{1}{n}\text{in} = \dfrac{25.4}{n}(\text{mm})$
圆柱管螺纹（GB7307—2001）G		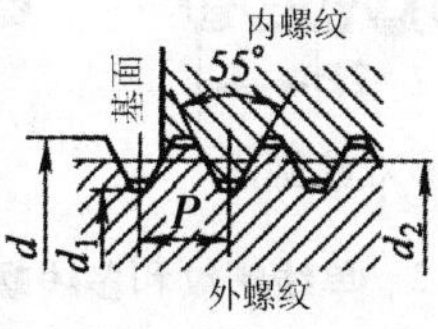 55°	G11/2A　G11/2-LH　G11/2　G11/2A	外管螺纹中径公差等级分 A、B 两级，上偏差为零，下偏差为负。内管螺纹中径公差等级只有一种
60°圆锥管螺纹（GB/T12716—2002）NPT	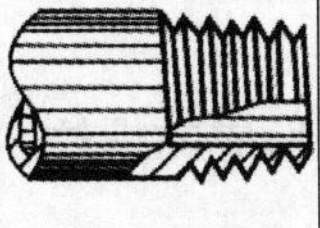	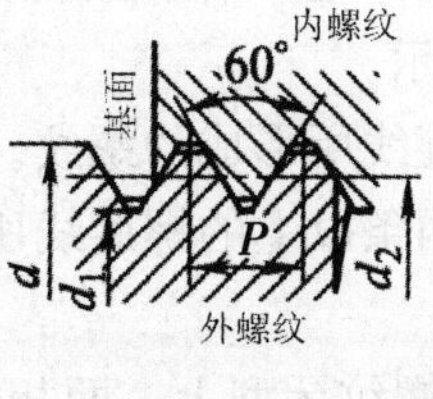 60°	NPT3/8　NPT3/8-LH	内、外管螺纹中径均仅有一种公差带，故不注公差代号

163

续表

三角形螺纹种类及牙型代号		外形图	内外螺纹旋合牙型放大图	代号标注方法	附　注
用螺纹密封的管螺纹（GB 7306—2000）	圆锥外螺纹 R	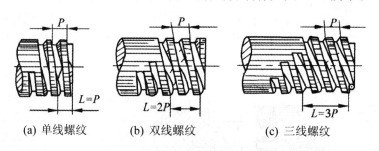	基面 55°　内螺纹 d　d_1　P　d_2 外螺纹	NPT3/8 NPT3/8－LH	内、外管螺纹中径均只有一种公差带，即 Hb、hb
	圆锥内螺纹 RC			RC11/2 RC11/2R11/2	
	圆锥内螺纹 RP			RP1/2 RP11/2 R11/2	

4. 你知道普通螺纹要素、各部分名称及尺寸计算吗?

答：螺纹要素由牙型、公称直径、螺距（或导程）、线数、旋向和精度等组成。螺纹的形成、尺寸和配合性能取决于螺纹要素，只有当内、外螺纹的各要素相同时，才能互相配合。普通螺纹的各部分名称如图 7－2 所示。

（a）单线螺纹　　　　（b）双线螺纹　　　　（c）三线螺纹

$L=P$　　$L=2P$　　$L=3P$

图 7－2　单线螺纹和多线螺纹

（1）螺旋线。沿着圆柱或圆锥表面运动的点的轨迹，该点的轴向位移和相应的角位移成定比，如图 7－3 所示。

（2）螺纹。在圆柱或圆锥表面上，沿着螺旋线所形成的具有规定牙型的连接凸起称为螺纹，如图 7－4 所示。

（3）单线螺纹。沿一定螺旋线所形成的螺纹。

（4）多线螺纹。沿两条或两条以上的螺旋线所形成的螺纹，该螺旋线在轴向等距分布。

（5）牙型角（α）。它是在螺纹牙型上，两相邻牙侧间的夹角（如图 7－5 所示）。

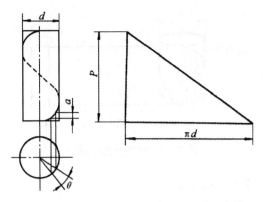

图 7-3 螺旋线

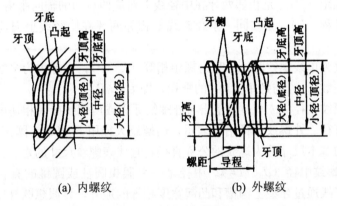

(a) 内螺纹　　　　　　　　　(b) 外螺纹

图 7-4 内螺纹与外螺纹

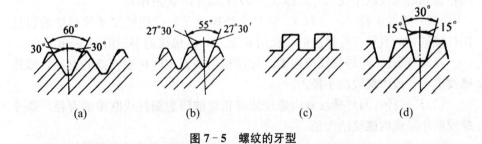

(a)　　　　　(b)　　　　　(c)　　　　　(d)

图 7-5 螺纹的牙型

　　(6) 螺纹升角（ψ）。在中径圆柱或中径圆锥上螺旋线的切线与垂直于螺纹轴线的平面的夹角（如图 7-6 所示）。螺纹升角可按下式计算：

$$\tan\psi = \frac{nP}{\pi d_2} = \frac{L}{\pi d_2}$$

式中　n——螺旋线数；

　　　P——螺距（mm）；

165

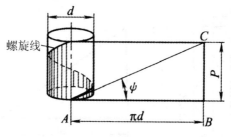

图 7-6 螺纹升角的原理

d_2——中径（mm）；

L——导程（mm）。

（7）螺距（P）。是相邻两牙在中径线上对应两点间的轴向距离。

（8）导程（L）。是在同一条螺旋线上相邻两牙在中径线上对应两点间的轴向距离。

当螺纹为单线螺纹时，导程与螺距相等（$L=P$）；当螺纹为多线时，导程等于螺旋线数（n）与螺距（P）的乘积，即 $L=nP$。

（9）螺纹大径（d、D）。是指与外螺纹牙顶或内螺纹牙底相切的假想圆柱或圆锥的直径。外螺纹大径用 d 表示，内螺纹大径用 D 表示。国家标准规定，螺纹大径的基本尺寸称为螺纹的公称直径，它代表螺纹尺寸的直径。

（10）螺纹中径（d_2、D_2）。中径是一个假想圆柱或圆锥的直径，该圆柱或圆锥的素线通过牙型上沟槽和凸起宽度相等的地方，该假想圆柱或圆锥称为中径圆柱或中径圆锥。外螺纹中径用 d_2 表示，内螺纹中径用 D_2 表示。外螺纹的中径和内螺纹的中径相等，即 $d_2=D_2$（如图 7-7 所示）。

（11）螺纹大径（d_1、D_1）。它是与外螺纹牙底或内螺纹牙顶相切的假想圆柱或圆锥的直径。外螺纹的小径用 d_1 表示，内螺纹的小径用 D_1 表示。

（12）顶径。与外螺纹或内螺纹牙顶相切的假想圆柱或圆锥的直径，即外螺纹的大径或内螺纹的小径。

（13）底径。与外螺纹或内螺纹牙底相切的假想圆柱或圆锥的直径，即外螺纹的小径或内螺纹的大径。

（14）原始三角形高度（H）。指由原始三角形顶点沿垂直于螺纹轴线方向到其底边的距离（如图 7-8 所示），其基本尺寸计算可按下式计算：

$$H=\sqrt{\frac{3}{2}}P=0.866025404P$$

$$\frac{5}{8}H=0.541265877P$$

$$\frac{3}{8}H=0.324759526P$$

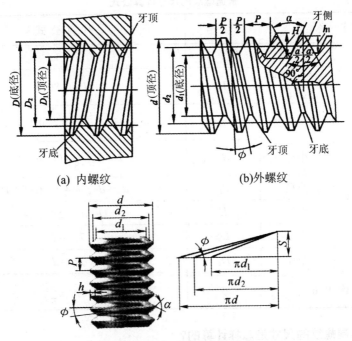

(a) 内螺纹　　　　　　　　(b)外螺纹

图7-7　普通螺纹的各部名称

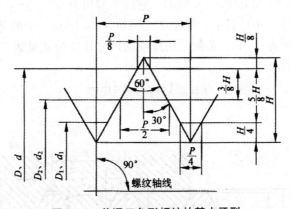

图7-8　普通三角形螺纹的基本牙型

$$\frac{1}{4}H = 0.216506351P$$

$$\frac{1}{8}H = 0.108253175P$$

5. 三角形螺纹的尺寸是怎样计算的?

答：普通三角形螺纹的牙型如图7-8所示，其尺寸计算公式见表7-2。

167

名 称		代 号	计 算 公 式
外螺纹	牙型角	α	$\alpha = 60°$
	原始三角形高度	H	$H = 0.866P$
	牙型高度	h	$h = \frac{5}{8}H = \frac{5}{8} \times 0.866P = 0.5413P$
	中径	d_2	$d_2 = d - 2 \times \frac{3}{8}H = d - 0.6495P$
	小径	d_1	$d_1 = d - 2h = d - 1.0825P$
内螺纹	大径	D	$D = d = $ 公称直径
	中径	D_2	$D_2 = d_2$
	小径	D_1	$D_1 = d_1$
螺纹升角		ψ	$\tan\psi = \frac{nP}{\pi d_2}$

表 7 - 2   普通螺纹的尺寸计算公式

6. 英制螺纹的尺寸是怎样计算的？

答：英制螺纹在我国应用较少，只在某些进出口设备和维修旧设备时使用。英制螺纹的牙型如图 7 - 9 所示。它的牙型角为 55°，公称直径是指内螺纹的大径，用英寸（in）表示。螺距 P 以 1in（25.4mm）中的牙数 n 表示，如 1in 12 牙，螺距为 0.5in。英制三角螺纹的尺寸计算公式见表 7 - 3。英制螺距与米制螺距换算如下：

$$P = \frac{1\text{in}}{n} = \frac{25.4\text{mm}}{n}$$

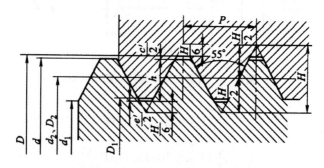

图 7 - 9 英制三角螺纹的牙型

表 7 - 3 　　　　　　　　　英制三角螺纹的尺寸计算公式

名　称		代　号	计　算　公　式
牙型角		α	$\alpha = 55°$
螺距		P	$P = \dfrac{1\text{in}}{n} = \dfrac{25.4}{n}$
原始三角形高度		H	$H = 0.96049P$
外螺纹	大径	d	$d = D - c'$
	中径	d_2	$d_2 = D - 0.64033P$
	小径	d_1	$d_1 = d - 2h$
	牙顶间隙	c'	$c' = 0.075P + 0.05$
	牙型高度	h	$h = 0.64033 - P - \dfrac{c'}{2}$
内螺纹	大径	D	$D = $ 公称直径
	中径	D_2	$D_2 = d_2$
	小径	D_1	$D_1 = d - 2h - c' + e'$
	牙底间隙	e'	$e' = 0.148P$

7. 管螺纹的牙型角有哪两种？其用途如何？

答：管螺纹是一种特殊的英制细牙螺纹，其牙型角有 55°和 60°两种。常见的管螺纹有 55°非密封管螺纹，主要适用管接头、旋塞、阀门及其附件。55°密封管螺纹主要适用于管、管接头、旋塞阀门及其附件。60°密封管螺纹主要适用于机床上的油管、水管、气管的连接。米制锥螺纹适用于气体或液体管路系统依靠螺纹密封的连接螺纹（水、煤气管道用螺纹除外）。

计算管子中流量时，为了方便起见，常将管子的孔径作为管螺纹的公称直径，常见的管螺纹有非密封的管螺纹（又称圆柱管螺纹）、用螺纹密封的管螺纹（又称 55°圆锥管螺纹）和 60°圆锥管螺纹 3 种，其中圆柱管螺纹用得较多，如图 7 - 10 所示。

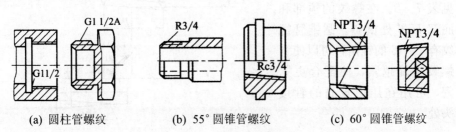

　(a) 圆柱管螺纹　　　　(b) 55°圆锥管螺纹　　　(c) 60°圆锥管螺纹

图 7 - 10　带有管螺纹的零件

8. 55°密封管螺纹有几种连接形式？其主要尺寸是怎样计算的？

答：主要适用于管子、管接头、旋塞、阀门及其附件。标准规定连接形式有两种，第一种为圆柱内螺纹和圆锥外螺纹的连接；第二种为圆锥内螺纹和圆锥外螺纹连接。两种连接形式都具有密封性能，必要时，允许在螺纹副内加入密封填料。

（1）圆柱内螺纹：其基本牙型如图 7-11 所示。其尺寸计算见表 7-4。

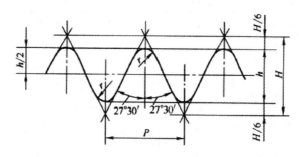

图 7-11　圆柱内螺纹基本牙型

表 7-4　　　　　　　　　　　圆柱内螺纹尺寸计算

名　称	代　号	计　算　公　式	螺纹的基本尺寸
牙型角	α	$\alpha = 55°/\text{mm}$	螺纹中径和小径的数值按下列公式计算： $d_2 = D_2 = d - 0.640327P$ $d_1 = D_1 = d - 1.280654P$
螺　距	P	$P = \dfrac{25.4}{n}$	
圆弧半径	r	$r = 0.137329P$	
牙型高度	h	$h = 0.640327P$	
原始三角形高度	H	$H = 0.960491P \dfrac{H}{6} = 0.160082P$	

（2）圆锥螺纹：其基本牙型如图 7-12 所示，尺寸计算见表 7-5。在螺纹的顶部和底部 $H/6$ 处倒圆。圆锥管螺纹有 1∶16 的锥角，可以使管螺纹越旋越紧，使配合更紧密，可用在压力较高的管接头处。

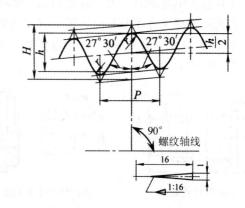

图 7-12　圆锥管螺纹基本牙型

表 7 - 5　　　　　　　　　　圆锥螺纹基本尺寸计算

术　语	代　号	计　算　公　式	螺纹的基本尺寸
牙型角	α	$\alpha = 55°/mm$	螺纹中径和小径的数值按下列公式计算：$d_2 = D_2 = d - 0.640327P$ $d_1 = D_1 = d - 1.280654P$
螺　距	P	$P = \dfrac{25.4}{n}$	
圆弧半径	r	$r = 0.137278P$	
牙型高度	h	$h = 0.640327P$	
原始三角形高度	H	$H = 0.960237P$	
螺纹牙数	n	n 为每 25.4mm 内的牙数	

9. 55°非密封管螺纹的基本尺寸和公差有哪些？

答：55°非密封管螺纹的基本尺寸和公差见表 7 - 6。

表 7 - 6　　　　　　　　　　螺纹的基本尺寸和公差

螺纹的尺寸代号	每25.4mm内的牙数 n (mm)	螺距 P (mm)	牙型高度 h (mm)	圆弧半径 $r\approx$ (mm)	基本尺寸（mm）大径 $d=D$	中径 $d_2=D_2$	小径 $d_1=D_1$	外螺纹（mm）大径公差 T_d 下偏差	上偏差	中径公差 T_{d_2}[①] 下偏差 A级	下偏差 B级	上偏差	内螺纹（mm）中径公差 T_{D_2}[①] 下偏差	上偏差	小径公差 T_{D_1} 下偏差	上偏差
1/16	28	0.907	0.581	0.125	7.723	7.142	6.561	-0.214	0	-0.107	-0.214	0	0	+0.107	0	+0.282
1/8	28	0.907	0.581	0.125	9.728	9.147	8.566	-0.214	0	-0.107	-0.214	0	0	+0.107	0	+0.282
1/4	19	1.337	0.856	0.184	13.157	12.301	11.445	-0.250	0	-0.125	-0.250	0	0	+0.125	0	+0.445
3/8	19	1.337	0.856	0.184	16.662	15.806	14.950	-0.250	0	-0.125	-0.250	0	0	+0.125	0	+0.445
1/2	14	1.814	1.162	0.249	20.955	19.793	18.631	-0.284	0	-0.142	-0.284	0	0	+0.142	0	+0.541
5/8	14	1.814	1.162	0.249	22.911	21.749	20.587	-0.284	0	-0.142	-0.284	0	0	+0.142	0	+0.541
3/4	14	1.814	1.162	0.249	26.441	25.279	24.117	-0.284	0	-0.142	-0.284	0	0	+0.142	0	+0.541
7/8	14	1.814	1.162	0.249	30.201	29.039	27.877	-0.284	0	-0.142	-0.284	0	0	+0.142	0	+0.541
1	11	2.309	1.479	0.317	33.249	31.770	30.291	-0.360	0	-0.180	-0.360	0	0	+0.180	0	+0.640
$1\frac{1}{8}$	11	2.309	1.479	0.317	37.897	36.418	34.939	-0.360	0	-0.180	-0.360	0	0	+0.180	0	+0.640
$1\frac{1}{4}$	11	2.309	1.479	0.317	41.910	40.431	38.952	-0.360	0	-0.180	-0.360	0	0	+0.180	0	+0.640
$1\frac{1}{2}$	11	2.309	1.479	0.317	47.803	46.324	44.845	-0.360	0	-0.180	-0.360	0	0	+0.180	0	+0.640
$1\frac{3}{4}$	11	2.309	1.479	0.317	53.746	52.267	50.788	-0.360	0	-0.180	-0.360	0	0	+0.180	0	+0.640
2	11	2.309	1.479	0.317	59.614	58.135	56.656	-0.360	0	-0.180	-0.360	0	0	+0.180	0	+0.640

续表

螺纹的尺寸代号	每25.4mm内的牙数 n (mm)	螺距 P (mm)	牙型高度 h (mm)	圆弧半径 $r\approx$ (mm)	基本尺寸 (mm)			外螺纹 (mm)					内螺纹 (mm)			
					大径 $d=D$	中径 $d_2=D_2$	小径 $d_1=D_1$	大径公差 T_d		中径公差 T_{d_2}①			中径公差 T_{D_2}①		小径公差 T_{D_1}	
								下偏差	上偏差	下偏差		上偏差	下偏差	上偏差	下偏差	上偏差
										A级	B级					
$2\frac{1}{4}$	11	2.309	1.479	0.317	65.71	64.231	62.752	-0.434	0	-0.217	-0.434	0	0	+0.217	0	+0.640
$2\frac{1}{2}$	11	2.309	1.479	0.317	75.184	73.705	72.226	-0.434	0	-0.217	-0.434	0	0	+0.217	0	+0.640
$2\frac{3}{4}$	11	2.309	1.479	0.317	81.534	80.055	78.576	-0.434	0	-0.217	-0.434	0	0	+0.217	0	+0.640
3	11	2.309	1.479	0.317	87.884	86.405	84.926	-0.434	0	-0.217	-0.434	0	0	+0.217	0	+0.640
$3\frac{1}{2}$	11	2.309	1.479	0.317	100.33	98.851	97.372	-0.434	0	-0.217	-0.434	0	0	+0.217	0	+0.640
4	11	2.309	1.479	0.317	113.03	111.551	110.072	-0.434	0	-0.217	-0.434	0	0	+0.217	0	+0.640
$4\frac{1}{2}$	11	2.309	1.479	0.317	125.73	124.251	122.772	-0.434	0	-0.217	-0.434	0	0	+0.217	0	+0.640
5	11	2.309	1.479	0.317	138.43	136.95	135.472	-0.434	0	-0.217	-0.434	0	0	+0.217	0	+0.640
$5\frac{1}{2}$	11	2.309	1.479	0.317	151.13	149.651	148.172	-0.434	0	-0.217	-0.434	0	0	+0.217	0	+0.640
6	11	2.309	1.479	0.317	163.83	162.351	160.872	-0.434	0	-0.217	-0.434	0	0	+0.217	0	+0.640

注："①"表示对薄壁管件,此公差适用于平均中径,该中径是测量两个互相垂直直径的算术平均值。

10. 60°圆锥管螺纹尺寸是怎样计算的?

答: 该螺纹属英制管螺纹,目前尚未公布新的国家标准,其基本牙型如图 7-13 所示。螺纹的顶部和底部处削平,内、外螺纹配合时没有间隙。60°圆锥管螺纹尺寸计算见表 7-7。

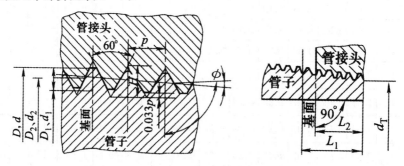

图 7-13 60°圆锥管螺纹基本牙型

表 7-7 　　　　　　　　　　60°圆锥管螺纹的尺寸计算

名　称	代　号	计　算　公　式	示　例
牙型角	α	$\alpha = 60°/\text{mm}$	例：3/4in（14牙）/mm
螺　距	P	$P = \dfrac{25.4}{n}$	$P = \dfrac{25.4}{14} = 0.814$
原始三角形高度	H	$H = 0.866P$	$H = 0.866 \times 1.814 = 1.571$
牙型高度	h	$h = 0.8P$	$h = 0.8 \times 1.814 = 1.45$
$K = 1 : 16$　　$\psi = 1°47'24''$			

11. 60°密封管螺纹有何特点？其主要尺寸是怎样计算的？

答：主要适用于机床上的油管、水管、气管的连接。标准规定了60°密封管螺纹的牙型角为60°，锥度为1：16，配合后的螺纹副具有密封能力，使用中允许加入密封填料。

内螺纹有圆锥内螺纹和圆柱内螺纹两种，外螺纹仅有圆锥外螺纹一种。内外螺纹可组成两种密封配合形式，圆锥内螺纹与圆锥外螺纹组成"锥/锥"配合，圆柱内螺纹与圆锥外螺纹组成"柱/锥"配合。螺纹牙型及牙型尺寸如图7-14所示。其尺寸计算公式及螺纹术语代号见表7-8。

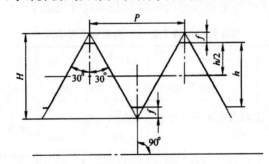

(a) 圆柱内螺纹基本牙型

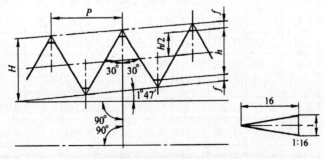

(b) 圆锥内、外螺纹的牙型尺寸

图 7-14　螺纹牙型及牙型尺寸

表 7-8　　　　　　螺纹尺寸计算公式及螺纹术语代号

计算公式	术　语	代号	术　语	代号
牙型尺寸计算公式： $P=\dfrac{25.4}{n}$ $H=0.866P$ $h=0.8P$ $f=0.033P$	内、外螺纹在基准平面内的大径	D、d	每 25.4mm 轴向长度内所包含的螺纹牙数	n
	内、外螺纹在基准平面内的中径	D_2、d_2	基准距离	L_1
	内、外螺纹在基准平面内的小径	D_1、d_1	完整螺纹长度	L_5
	螺　距	P	不完整螺纹长度	L_6
			螺尾长度	V
	牙型高度	h	有效螺纹长度	L_2
	原始三角形高度	H	装配余量	L_3
	削平高度	f	旋紧余量	L_7

12. 圆锥管螺纹各主要尺寸的位置及基本尺寸有哪些?

答：圆锥管螺纹各主要尺寸的位置及基本尺寸见表 7-9。

表 7-9　　　　　圆锥管螺纹各主要尺寸的位置及基本尺寸

1	2	3	4	5	6	7	8	9	10	11	12
螺纹的尺寸代号	25.4mm 内包含的牙数 n	螺距 P(mm)	牙型高度 h(mm)	基准平面内的基本直径			基准距离 L_1		装配余量 L_3		外螺纹小端面内的基本小径 (mm)
				大径 $d=D$	中径 $d_2=D_2$	小径 $d_1=D_1$	牙数	L_1 (mm)	牙数	L_3 (mm)	
1/16	27	0.941	0.752	7.894	7.142	6.389	4.32	4.064	3	2.822	6.137
1/8	27	0.941	0.752	10.242	9.489	8.737	4.36	4.102	3	2.822	8.481
1/4	18	1.411	1.129	13.616	12.487	11.358	4.10	5.785	3	4.233	10.996
3/8	18	1.411	1.129	17.055	15.926	14.797	4.32	6.096	3	4.233	14.417
1/2	14	1.814	1.451	21.224	19.772	18.321	4.48	8.128	3	5.443	17.813
3/4	14	1.814	1.451	26.569	25.117	23.666	4.75	8.618	3	5.443	23.127
1	11.5	2.209	1.767	33.228	31.461	29.694	4.60	10.160	3	6.626	29.060
$1\frac{1}{4}$	11.5	2.209	1.767	41.985	40.218	38.451	4.83	10.668	3	6.626	37.785
$1\frac{1}{2}$	11.5	2.209	1.767	48.054	46.287	44.520	4.83	10.668	3	6.626	43.853
2	11.5	2.209	1.767	60.092	58.325	56.558	5.01	11.065	3	6.626	55.867

续表

1	2	3	4	5	6	7	8	9	10	11	12
螺纹的尺寸代号	25.4mm 内包含的牙数 n	螺距 P(mm)	牙型高度 h(mm)	基准平面内的基本直径			基准距离 L_1		装配余量 L_3		外螺纹小端面内的基本小径 (mm)
				大径 $d=D$	中径 $d_2=D_2$	小径 $d_1=D_1$	牙数	L_1 (mm)	牙数	L_3 (mm)	
$2\frac{1}{2}$	8	3.175	2.540	72.699	70.159	67.619	5.46	17.335	2	6.350	66.535
3	8	3.175	2.540	88.608	86.068	83.528	6.13	19.463	2	6.350	82.311
$3\frac{1}{2}$	8	3.175	2.540	101.316	98.776	96.236	6.57	20.860	2	6.350	94.932
4	8	3.175	2.540	113.973	111.433	108.893	6.75	21.431	2	6.350	107.554
5	8	3.175	2.540	140.952	138.412	135.872	7.50	23.812	2	6.350	134.384
6	8	3.175	2.540	167.792	165.252	162.712	7.66	24.320	2	6.350	161.191
8	8	3.175	2.540	218.441	215.901	213.361	8.50	26.988	2	6.350	211.673
10	8	3.175	2.540	272.312	269.772	267.232	9.68	30.734	2	6.350	265.311
12	8	3.175	2.540	323.032	320.492	317.952	10.88	34.544	2	6.350	315.793
14O.D.	8	3.175	2.540	354.904	352.364	349.824	12.50	39.688	2	6.350	347.345
16O.D.	8	3.175	2.540	405.784	403.244	400.704	14.50	46.038	2	6.350	397.828
18O.D.	8	3.175	2.540	456.565	454.025	451.485	16.00	50.800	2	6.350	448.310
20O.D.	8	3.175	2.540	507.246	504.706	502.166	17.00	53.975	2	6.350	498.792
24O.D.	8	3.175	2.540	608.608	606.068	603.528	19.00	60.325	2	6.350	599.758

注：①可参照表中第12栏数据选择攻丝前的麻花钻直径。

②螺纹收尾长度（V）为 3.47P。

③O. D. 是英文管子外径（oulside diameter）的缩写。

13. 一般密封米制管螺纹（ZM、M）的基本尺寸有哪些？

答：一般密封米制管螺纹的基本尺寸见表 7-10。

表 7-10　　　　　一般密封米制管螺纹的基本尺寸

螺纹公称直径 d、D(mm)	螺距 P(mm)	基面上螺纹直径（mm）			基准距离 L_1（mm）		有效螺纹长度 L_2(mm)	
		大径 $d=D$	中径 $d_2=D_2$	小径 $d_1=D_1$	标准基距	短基距	标准有效螺纹长度	短有效螺纹长度
6	1	6.000	5.350	4.917	5.5	2.5	8	5
8	1	8.000	7.350	6.917	5.5	2.5	8	5

螺纹公称直径 d、D(mm)	螺距 P(mm)	基面上螺纹直径（mm）			基准距离 L_1（mm）		有效螺纹长度 L_2(mm)	
		大径 $d=D$	中径 $d_2=D_2$	小径 $d_1=D_1$	标准基距	短基距	标准有效螺纹长度	短有效螺纹长度
10	1	10.000	9.350	8.917	5.5	2.5	8	5
12	1.5	12.000	11.026	10.376	7.5	3.5	11	7
14	1.5	14.000	13.026	12.376	7.5	3.5	11	7
16	1.5	16.000	15.026	14.376	7.5	3.5	11	7
18	1.5	18.000	17.026	16.376	7.5	3.5	11	7
20	1.5	20.000	19.026	18.376	7.5	3.5	11	7
22	1.5	22.000	21.026	20.376	7.5	3.5	11	7
24	1.5	24.000	23.026	22.376	7.5	3.5	11	7
27	2	27.000	25.701	24.835	11	5	16	10
30	2	30.000	28.701	27.835	11	5	16	10
33	2	33.000	31.701	30.835	11	5	16	10
36	2	36.000	34.701	33.835	11	5	16	10
39	2	39.000	37.701	36.835	11	5	16	10
42	2	42.000	40.701	39.835	11	5	16	10
45	2	45.000	43.701	42.835	11	5	16	10
48	2	48.000	46.701	45.835	11	5	16	10
52	2	52.000	50.701	49.835	11	5	16	10
56	2	56.000	54.701	53.835	11	5	16	10
60	2	60.000	58.701	57.835	11	5	16	10

14. 一般密封米制管螺纹（ZM、M）用途、牙型及计算如何？

答：米制锥螺纹适用于气体或液体管路系统依靠螺纹密封的连接螺纹（水、煤气管道用螺纹除外）。一般密封米制管螺纹有两种配合方式：圆柱内螺纹与圆锥外螺纹组成"柱/锥"配合；圆锥内螺纹与圆锥外螺纹组成"锥/锥"配合。为提高密封性，允许在螺纹配合面加密封填料。

一般密封米制圆锥管螺纹的设计牙型及计算公式见表 7-11。

表 7-11　　　一般密封米制圆锥管螺纹的设计牙型及尺寸计算公式

一般密封米制圆锥管螺纹的设计牙型	计算公式
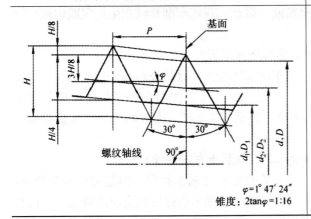	$H = \dfrac{\sqrt{3}}{2}P = 0.866025404P$ $\dfrac{H}{4} = 0.126506351P$ $\dfrac{5}{8}H = 0.541265877P$ $\dfrac{H}{8} = 0.108253175P$

15. 如何装夹三角形螺纹车刀？

答：螺纹车刀装夹是否正确，对螺纹的牙型有很大的影响。如果装刀有偏差，即使车刀刀尖刃磨得很正确，加工后螺纹的牙型角仍难以达到精度要求。

（1）三角形螺纹，牙型半角必须对称，即在装夹螺纹车刀时，刀头伸出不要过长，一般为 20～25mm，约为刀杆厚度的 1.5 倍。刀尖高度必须对准工件旋转中心（可根据尾座顶尖高度检查）。

（2）车刀刀尖角的中心线必须与工件轴线严格保持垂直，装刀时可用螺纹样板来对刀，如图 7-15 所示。如果车刀装斜，就会产生牙型歪斜，如图 7-16 所示。

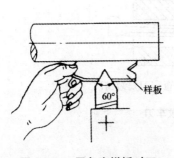

图 7-15　用角度样板对刀

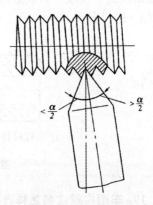

图 7-16　车刀装歪

16. 车削三角形螺纹主要有哪两种方法？其特点如何？

答：车削三角形螺纹的方法有低速车削和高速车削两种，低速车削使用高速钢螺纹车刀，高速车削使用硬质合金螺纹车刀，低速车削精度高，表面粗糙度小，但效率低。高速车削效率高，能比低速车削提高 15～20 倍，只要措施合理，也可获得较小的表面粗糙度。因此，高速车削螺纹在生产实践中被广泛采用。

17. 车削三角形内螺纹时，怎样选择车刀？

答：内螺纹车刀是根据它的车削方法和工件材料及形状来选择的。它的尺寸大小受到螺纹孔径尺寸限制。一般内螺纹车刀的刀头径向长度应比孔径小 3～5mm，否则退刀时要碰伤牙顶，甚至不能车削。刀杆的大小在保证排屑的前提下要粗壮些。

18. 怎样刃磨三角形内螺纹车刀？其装夹方法怎样？

答：内螺纹车刀的刃磨方法与外螺纹车刀基本相同。但是刃磨刀尖角时，要特别注意它的平分线必须与刀杆垂直，否则车内螺纹时会出现碰伤工件内孔的现象，如图 7-17 所示。刀尖宽度应符合要求，一般为 0.1 倍螺距。

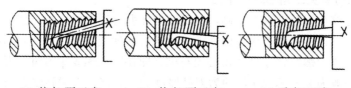

(a) 偏左(不正确)　　(b) 偏右(不正确)　　(c) 垂直(正确)

图 7-17　车刀刀尖角与刀杆位置关系

装刀时，必须严格按样板找正刀尖角，如图 7-18（a）所示，否则车削后会出现倒牙现象。刀装好后，应在孔内摇动床鞍至终点检查是否碰撞，如图 7-18（b）所示。

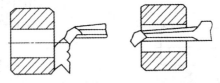

(a) 用样板找正刀尖角　　(b) 检查车刀安装情况

图 7-18　装夹内螺纹车刀

19. 车削内螺纹前怎样计算其孔径？

答：车三角形内螺纹时，因车刀切削时的挤压作用，内孔直径（螺纹小径）会缩小，在车削塑性金属时尤为明显，所以车削内螺纹前的孔径 $D_孔$ 应比内螺纹小径 D_1 的基本尺寸略大些。车削普通内螺纹的孔径可用下列近似式计算。

车削塑性金属的内螺纹时：

$$D_孔 \approx d - P$$

车削脆性材料的金属时：

$$D_孔 \approx d - 1.05P$$

式中　$D_孔$——车内螺纹前的孔径（mm）；

　　　d——内螺纹的大径（mm）；

　　　P——螺距（mm）。

20. 车削内螺纹时的注意事项有哪些?

答：（1）内螺纹车刀两侧刃的对称中心线应与刀杆中心线垂直，否则车削时刀杆会碰伤工件。

（2）车削通孔螺纹时，应先把内孔、端面和倒角车好再车螺纹，进刀方法和车削外螺纹完全相同。

（3）车削盲孔螺纹时一定要小心，退刀和工件反转动作一定要迅速，否则车刀刀头将会和孔底相撞。为控制螺纹长度，避免车刀和孔底相碰，最好在刀杆上作出标记（缠几圈线），或根据床鞍纵向移动刻度盘控制行程长度。

21. 怎样选择车削三角形螺纹的切削用量?

答：车削螺纹的切削用量应根据工件材质、螺纹牙型角和螺距的大小，及所处的加工阶段（粗车还是精车）等因素来决定。高速车削时进给次数具体可参考表 7-12，低速车削时可参考表 7-13。粗车一两刀时，因车刀刚切入工件，总的切削面积并不大，所以切削深度可以大些。以后每次进给切削深度应逐步减小。精车时，切削深度更小，排出的切屑很薄（像锡箔一样）。因车刀两刃夹角小、散热条件差，故切削速度应比车外圆时低。粗车时 $v_c = 10 \sim 15\text{m/min}$；精车时 $v_c = 6\text{m/min}$。

表 7-12　　　　　　　　　高速车削三角螺纹的进给次数

螺距 P（mm）		1.5~2	3	4	5	6
进给次数	粗　车	2~3	3~4	4~5	5~6	6~7
	精　车	1	2	2	2	2

表 7-13　　　　　　　　低速车三角形螺纹进给次数

进刀数	M24　$P=3\text{mm}$			M24　$P=2.5\text{mm}$			M24　$P=2\text{mm}$		
	中滑板进刀格数	小滑板赶刀（借刀）格数		中滑板进刀格数	小滑板赶刀（借刀）格数		中滑板进刀格数	小滑板赶刀（借刀）格数	
		左	右		左	右		左	右
1	11	0	—	11	0	—	10	0	—

续表

进刀数	M24 $P=3$mm 中滑板进刀格数	M24 $P=3$mm 小滑板赶刀(借刀)格数 左	M24 $P=3$mm 右	M24 $P=2.5$mm 中滑板进刀格数	M24 $P=2.5$mm 小滑板赶刀(借刀)格数 左	M24 $P=2.5$mm 右	M24 $P=2$mm 中滑板进刀格数	M24 $P=2$mm 小滑板赶刀(借刀)格数 左	M24 $P=2$mm 右
2	7	3	—	7	3	—	6	3	—
3	5	3	—	5	3	—	4	2	—
4	4	2	—	3	2	—	2	2	—
5	3	2	—	2	1	—	1	1/2	—
6	3	1	—	1	1	—	1	1/2	—
7	2	1	—	1	0	—	1/4	1/2	—
8	1	1/2	—	1/2	1/2	—	1/4	—	$2\frac{1}{2}$
9	1/2	1	—	1/4	1/2	—	1/2	—	1/2
10	1/2	0	—	1/4	—	3	1/2	—	1/2
11	1/4	1/2	—	1/2	—	0	1/4	—	1/2
12	1/4	1/2	—	1/2	—	1/2	1/4	—	0
13	1/2	—	3	1/4	—	1/2	螺纹深度=1.3mm $n=26$ 格		
14	1/2	—	0	1/4	—	0	—		
15	1/4	—	1/2	螺纹深度=1.625mm $n=32\frac{1}{2}$ 格			—		
16	1/4 （螺纹深度=1.95mm $n=39$ 格）	—	0	注: ①小滑板每格为 0.04mm ②中滑板每格为 0.05mm ③粗车选 110~180r/min，精车选 44~72r/min					

22. 怎样用直进刀法低速车削三角形外螺纹？

答：车削时只用中滑板横向进给［如图 7-19（a）所示］，在几次行程后，把螺纹车到所需求的尺寸和表面粗糙度，这种方法叫直进法，适于 $P<3$mm 的三角形螺纹粗、精车。

23. 怎样用左右切削法低速车削三角形外螺纹？

答：车螺纹时，除中滑板作横向进给外，同时用小滑板将车刀向左或向右作微量移动（俗称借刀或赶刀），经几次行程后把螺纹牙型车好，这种方法叫左右进刀法［如图 7-19（b）所示］。

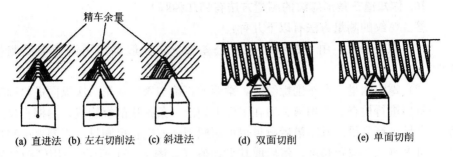

(a) 直进法 (b) 左右切削法 (c) 斜进法　　(d) 双面切削　　　　(e) 单面切削

图 7 - 19　低速车削三角形螺纹的进刀方法

采用左右切削法车螺纹时，车刀只有一个面进行切削，这样刀尖受力小，受热情况均有改善，不易引起"扎刀"，可相对提高切削用量。但操作较复杂，牙型两侧的切削余量应合理分配。车外螺纹时，大部分余量在顺向走刀方向一侧切去；车内螺纹时，为了改善刀柄受力变形，大部分余量应在尾座一侧切去。在精车时，车刀左右进给量一定要小，否则容易造成牙底过宽或不平。此方法适于除车削梯形螺纹以外的各类螺纹的粗、精车。

24. 怎样用斜进法低速车削三角形外螺纹？

答：当螺距较大、螺纹槽较深、切削余量较大时，粗车为了操作方便，除中滑板直进外，小滑板只向一个方向移动，这种方法叫斜进法〔如图 6 - 19（c）所示〕。此法一般只用于粗车，且每边牙侧留约 0.2mm 的精车余量。精车时，则应采用左右切削法车削。具体方法是将一侧车到位后，再移动车刀精车另一侧，当两侧面均车到位后，再将车刀移至中间位置，再用直进法把牙底车到位，以保证牙底清晰。

用左右切削法和斜进法车螺纹时，因车刀是单刃切削，不易产生"扎刀"，还可获得较小的表面粗糙度值。但借刀量不能太大，否则会将螺纹车乱或牙顶车尖。

25. 怎样高速车削三角形外螺纹？

答：高速车削三角形外螺纹，只能采用直进刀法，而不能采用左右进刀法，否则会拉毛牙型的侧面，影响螺纹精度。高速切削时，车刀两侧刃同时参加切削，切削力较大，为防止工件振动及发生扎刀，可使用如图 7 - 20 所示的弹性刀柄螺纹车

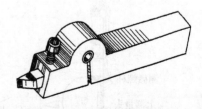

图 7 - 20　弹性刀柄螺纹车刀

刀，这样可以避免扎刀现象。高速车削三角形螺纹时，由于车刀对工件的挤压力，容易使工件胀大，所以车削外螺纹前工件大径一般比公称尺寸小（约 0.13P）。

26. 你知道三角形螺纹的测量方法有哪几种吗?

答: 螺纹的测量方法有以下几种:

(1) 顶径测量:由于螺纹的顶径公差较大,一般只需用游标卡尺测量即可。

(2) 螺距测量:在车削螺纹时,螺距的正确与否,从第一次纵向进给运动开始就要进行检查。可用第一刀在工件上划出一条很浅的螺旋线,用钢直尺或游标卡尺进行测量。螺距最后测量也可用螺距规或钢直尺测量,用钢直尺测量时,可多测几个螺距长度,然后取其平均值(如图 7-21 所示)。用螺距规测量时,应将螺距规沿着通过工件轴线的平面方向嵌入牙槽中,如完全吻合,则说明被测螺距是正确的,如图 7-22 所示。

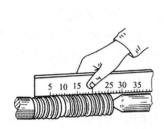

图 7-21　用钢直尺检测螺距

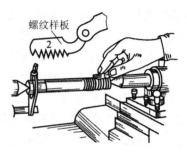

图 7-22　用螺纹样板检测螺距

(3) 中径测量:三角形螺纹的中径可用螺纹千分尺测量,螺纹千分尺的结构和使用方法与一般千分尺相似,其计数原理与一般千分尺相同。只是它有两个可以调整的测量头(上测量头,下测量头),在测量时,两个与螺纹牙型角相同的测量头正好卡在螺纹牙侧,所得到的千分尺计数就是螺纹中径的实际尺寸(如图 7-23 所示)。

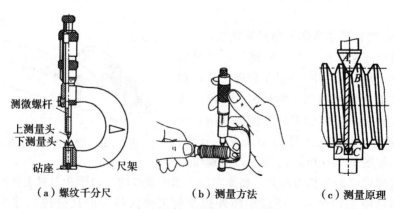

(a) 螺纹千分尺　　　　(b) 测量方法　　　　(c) 测量原理

图 7-23　三角形螺纹中径的测量

螺纹千分尺附有两套（60°和55°牙型角）适用不同螺纹的螺距测量头，可根据需要进行选择。测量头插入千分尺的轴杆和砧座的孔中，更换测量头之后，必须调整砧座的位置，使千分尺对准零位。

（4）综合测量：综合测量是采用螺纹量规对螺纹各部分主要尺寸同时进行综合检验的一种测量方法。这种方法效率高，使用方便，能较好保证互换性，广泛应用于对标准螺纹或大批量生产的螺纹工件的测量。

螺纹量规包括螺纹环规和螺纹塞规两种，而每一种又有通规和止规之分，如图 7-24 所示螺纹环规用来测量外螺纹。测量时，如果通规刚好能旋入，而止规不能旋入，则说明螺纹精度合格。对于精度要求不高的螺纹，也可以用标准螺母和螺杆来检验，以旋入工件时是否顺利和松动的程度来确定是否合格。对于直径较大的螺纹工件，可采用螺纹牙型卡板来进行测量、检查，如图 7-25 所示。

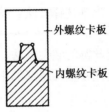

图 7-24　螺纹量规　　　　　　　　图 7-25　螺纹牙形卡板

27. 你知道车削圆锥管螺纹的方法吗？

答：圆柱管螺纹与三角形螺纹的车削方法类似，而圆锥管螺纹的车削，重点要解决车制出带 1：16 锥度的螺纹来。为此，介绍下列 3 种可供选择的车削方法。

（1）手赶法：对于一般配合精度较好，生产批量较小的圆锥管螺纹可采用手赶法车削，即在床鞍由右向左自动纵向走刀的同时，中滑板手动均匀退刀，而车出圆锥管螺纹。这种方法也叫正向车圆锥管螺纹。还有一种反向手赶法车圆锥管螺纹，具体操作是：反向装车刀，并反向走刀，即在床鞍由左向右自动纵向走刀的同时，中滑板手动均匀进刀，从而车出圆锥管螺纹。

（2）靠模法：用靠模刀架或车床靠模装置，控制中滑板的自动退刀车削圆锥管螺纹，这种方法适合批量生产精度较高的螺纹零件的加工。由于圆锥管螺纹的牙型中线和螺纹轴线垂直，所以在装刀时，刀尖角中线仍应与螺纹轴线保持垂直。

（3）丝锥攻螺纹：加工内圆锥管螺纹，还可使用圆锥体丝锥加工。这种方法操作简便，可用于精度要求不高且批量生产的零件，如管接头螺纹等。

28. 你知道怎样用丝锥攻螺纹吗？

答：在车床上用丝锥攻螺纹适用于 M6 以上的螺纹，小于 M6 的螺纹一般是在孔口攻 3～4 牙后，再由手工攻螺纹。规格较大的螺纹，可采用先粗车后再攻螺纹或直接用车内螺纹的方法加工。具体加工方法如下：

（1）准备工作：第一，首先计算螺纹小径尺寸确定钻孔直径。内螺纹孔径 D_1 的计算，可按下列近似公式计算求得：

$$D_1 = d - P$$

式中　d——外螺纹大径（mm）；

　　　P——螺距（mm）。

第二，钻孔及孔口倒角：根据所计算的小径尺寸，选用钻头直径。钻孔时用挡铁挡住钻头前端以减少钻孔时径向跳动，并用 120°锪钻或麻花钻在孔口倒角，倒角直径应略大于 d，角度为 30°～45°，如图 7－26 所示，要求孔与端面在一次装夹中完成，以保证两者垂直。

（2）丝锥的选择和装夹。丝锥的选择和装夹方法如下：

①丝锥选择方法：核对丝锥上所标的规格，并检查丝锥的齿部是否完好和锐利。

②丝锥的装夹方法：用铰杠套在丝锥方榫上锁紧，如图 7－27 所示，用顶尖轻轻顶在丝锥尾部的中心孔内，使丝锥前端圆锥部分进入孔口。

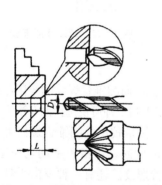

图 7－26　钻螺纹孔和孔口倒角

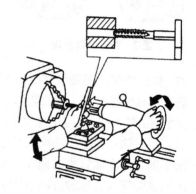

图 7－27　丝锥的装夹方法

③找正尾座中心：参照尾座刻度零线进行找正。

（3）用丝锥攻内螺纹。攻内螺纹的操作步骤和要领如下：

①手用丝锥在车床上攻螺纹时，一般分头攻、二攻，要依次攻入螺纹孔内，操作方法是：将主轴转速调整至最低速，以使卡盘在攻螺纹时不会因受力而转动；攻螺纹时，用左手扳动铰杠带动丝锥作顺时针转动，同时右手摇动尾座手轮，使顶尖始终与丝锥中心孔接触（不可太紧或太松），以保持丝锥轴线与机床轴线基本重合。攻入 1～2 牙后，用手逆时针扳铰杠半周左右以作断屑，然后继续顺时针扳转攻螺纹，顶尖则始终随进随退。随着丝锥攻进的深度增加而应该逐渐增加反转丝锥断屑的次数，直至丝锥攻出孔口 1/2 以上，再用二攻

重复攻螺纹至中径尺寸。攻螺纹时应加注切削液润滑，以减小螺纹的表面粗糙度值。

如果攻不通孔内螺纹，则由于丝锥前端有段不完全牙，因此要将孔钻得深一些，丝锥攻入深度要大于螺纹有效长度 3～4 牙。螺纹攻入深度的控制方法有两种：一种是将螺纹攻入深度预先量出，用线或铁丝扎在丝锥上作记号；另一种方法是测量孔的端面与铰杠之间的距离。

②内螺纹质量的检查方法：用螺纹塞规检查内螺纹。

29. 你知道怎样用板牙套螺纹吗？

答：用板牙套螺纹适用于加工 M12 以下或螺距小于 1.5mm 的细牙螺纹。套螺纹前工件外圆直径要车至螺纹大径的下偏差，并用螺纹车刀倒角，倒角直径应小于螺纹小径，以便于板牙切入。具体车削方法如下：

（1）准备工作：第一，首先车螺纹外圆：按图 7‐28 所示，车螺纹外圆、长度及沟槽，并倒角至尺寸；第二，选择和装夹板牙。具体方法如下：

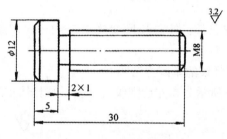

图 7‐28　螺钉尺寸

①板牙的选择：使用前应看清板牙端面所标的规格是否与图样相符，并检查齿部是否有缺损，不完好的板牙一般不宜使用。

②装夹套螺纹工具和板牙的方法：

a. 装夹套螺纹工具的方法：擦干净套螺纹工具的锥柄和尾座套筒锥孔，用较大的推力将套螺纹工具插入尾座套筒内。

b. 装夹板牙的方法：擦干净板牙并放进工具体台阶孔内，注意正面应朝外，反面与孔底靠平，并将板牙外圆上的定位浅孔对准套上的锁紧螺钉孔，然后旋紧螺钉将板牙紧固。

③找正尾座的中心位置：参照尾座刻度零线进行找正。

④调整主轴转速：切削速度 v 小于 5m/min。

（2）套螺纹的操作步骤和动作要领。

①板牙套螺纹的方法：套螺纹时，一手握浮动套，另一手摇动尾座套筒手轮，使板牙轻轻套在工件外圆上，如图 7‐29 所示。然后开动机床，并用力拉动尾座，使板牙在轴向力的作用下切入工件外圆。套螺纹时，应加注充足的切

削液，以减小螺纹表面粗糙度值。当板牙进入至近工件端面 2～3mm 时，将操纵杆放中间，但主轴在惯性作用下仍作慢速转动，当板牙与工件端面即将接触时，迅速倒车使板牙退出，然后用锉刀修去螺纹牙尖处的毛刺。

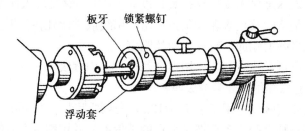

图 7-29　套螺纹示意图

注意：应经常清除板牙及浮动套孔内切屑以防止挤伤、拉毛螺纹表面。

②检查套螺纹质量：螺纹质量用螺纹环规检查，并要求通端螺纹环规端面与螺钉端面旋平。

（3）切断和截取总长：按总长尺寸放 0.5～1mm 切断，包铜片装夹车总长并倒角。

30. 你知道左旋螺纹的车削方法吗？

答：如图 7-30 所示为车左旋螺纹尺寸图，其具体车削方法如下。

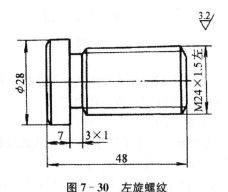

图 7-30　左旋螺纹

（1）准备工作：

①刃磨左旋三角形外螺纹车刀，其角度数值和几何形状与右旋螺纹车刀相同，不同的是，由于螺纹升角方向相反，刃磨车刀时，进刀方向的后角和法向前角应作相应改变。

②装夹左旋螺纹车刀。

③将交换齿轮换向装置手柄调整到左旋螺纹位置上。

④按低速车削螺纹要求调整主轴转速。

（2）左旋螺纹的车削方法和步骤：

①车螺纹外圆：如图 7 - 31 所示，车螺纹外圆、沟槽并在螺纹外圆的两端倒角。

②车左旋螺纹的操作方法：左旋螺纹的车削方法与车右旋螺纹基本相似，但由于螺旋方向不同，车削时主轴作顺向转动，车刀运动方向与车右旋螺纹正好相反，如图 7 - 32 所示。

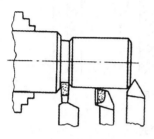

图 7 - 31　车螺纹外圆

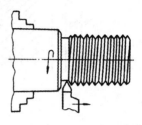

图 7 - 32　车左旋螺纹

车左旋螺纹时，如果进刀槽比较窄，一般应采用倒顺车的方法进行，如采用开合螺母车削，往往因为开合螺母尚未全部扣合，床鞍就开始移动，这样就容易使螺纹产生乱扣。用倒顺车车左旋螺纹的操作方法如下：

a. 开动机床，将开合螺母合上。右手将操作杆向下，此时车刀向卡盘方向移动，当接近沟槽时将操纵杆放中间。如果刀尖未至沟槽主轴已停止转动，距离较大时应再次开动机床对准，如距离较近可用手转动卡盘，使车刀朝着沟槽方向移动而对准。刀尖对准沟槽后就可用中滑板控制背吃刀量车螺纹。粗、精车的方法与车右旋螺纹相同。

b. 检查螺纹精度应用左旋螺纹环规，逆时针方向转动。

③切断和截取总长尺寸：用切断刀将螺钉切断，要求总长放 0.5～1mm 余量；包铜片装夹（如图 7 - 33 所示），车端面取总长、倒角至尺寸，并用旋标卡尺检查各尺寸。

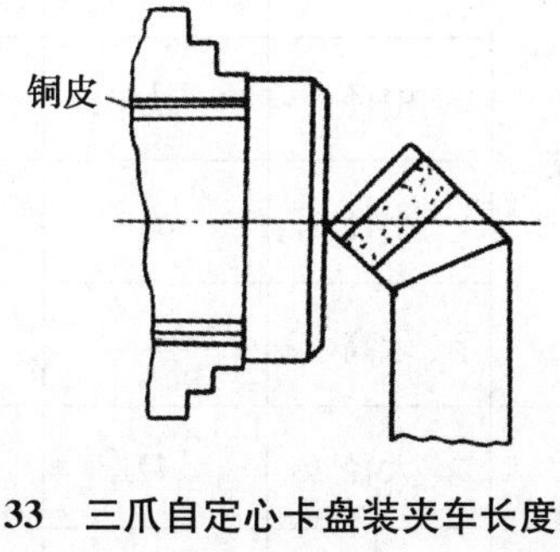

31. 梯形螺纹的牙型角其计算公式有哪些？

答： 梯形螺纹有米制和英制两种。我国采用米制梯形螺纹，牙型角为 30°。梯形螺纹牙型如图 7 - 34 所示，尺寸计算公式见表 7 - 14。

铜皮

图 7 - 33　三爪自定心卡盘装夹车长度和倒角

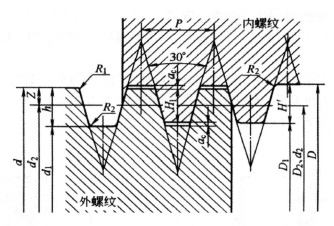

图 7‑34　梯形螺纹牙型

表 7‑14　　　　　　　梯形螺纹的尺寸计算公式

名　称		代　号	计　算　公　式		
牙型角		α	$\alpha = 30°$		
螺　距		P	内螺纹标准决定		
间　隙		a_c	P	1.5～5	6～12	14～44
			a_c	0.25	0.5	1
外螺纹	大径	d	$d =$公称直径		
	中径	d_2	$d_2 = d - 0.5P$		
	小径	d_1	$d_1 = d - 2h$		
	牙高	h	$h = 0.5P + a_c$		
内螺纹	大径	D	$D = d + 2a_c$		
	中径	D_2	$D_2 = d_2$		
	小径	D_1	$D_1 = d - P$		
	牙高	H'	$H' = h = 0.5P + a_c$		

32. 你知道梯形螺纹公差吗?

答：GB/T5796.4－2005 规定了梯形螺纹的公差和标记。梯形螺纹的牙型和直径与螺距系列分别符合 GB/T5796.1－2005 和 GB/T5796.2－2005 的规定。梯形螺纹公差适用于一般用途机械传动和紧固的梯形螺纹连接，不适用于精密传动丝杠等对轴向位移有特殊要求的梯形螺纹。梯形螺纹的公差值是在普通螺纹公差体系（GB/T197）基础上建立起来的。

（1）公差带位置：按下面规定选取梯形螺纹的公差带位置。

内螺纹大径 D_4、中径 D_2 和小径 D_1 的公差带位置为 H，其基本偏差 EI 为零，如图 7-35 所示。

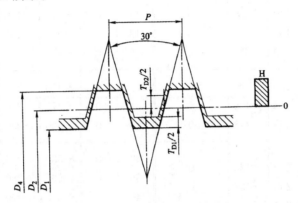

图 7-35　内螺纹的公差带位置

外螺纹中径 d_2 的公差带位置为 e 和 c，其基本偏差 es 为负值；外螺纹大径 d 和小径 d_3 的公差带位置 h，其基本偏差 es 为零，如图 7-36 所示。

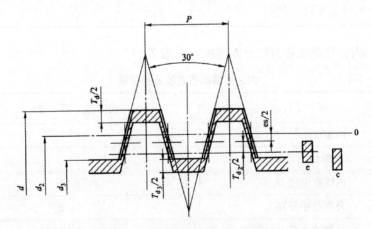

图 7-36　外螺纹的公差带位置

外螺纹大径和小径的公差带基本偏差为零，与中径公差带位置无关。梯形螺纹中径的基本偏差值见表 7－15。

表 7－15　　　　　　　　　梯形螺纹中径的基本偏差

螺距 P (mm)	内螺纹 D_1、D_2、D_4	外　螺　纹（μm）				螺距 P (mm)	内螺纹 D_1、D_2、D_4	外　螺　纹（μm）		
		d_2			d、d_3			d_2		d、d_3
	H EI	C es	e es	h es	h es		H EI	C es	e es	h es
1.5	0	−140	−67		0	16	0	−375	−190	0
2	0	−150	−71		0	18	0	−400	−200	0
3	0	−170	−85		0	20	0	−425	−212	0
4	0	−190	−95		0	22	0	−450	−224	0
5	0	−212	−106		0	24	0	−475	−236	0
6	0	−236	−118		0	28	0	−500	−250	0
7	0	−250	−125		0	32	0	−530	−265	0
8	0	−265	−132		0	36	0	−560	−280	0
9	0	−280	−140		0	40	0	−600	−300	0
						44	0	−630	−315	0
10	0	−300	−150		0					
12	0	−335	−160		0	—	—	—		—
14	0	−355	−180		0					

（2）内、外螺纹各直径公差等级，见表 7－16。

表 7－16　　　　　　　　　内、外螺纹各直径公差等级

直　径	公　差　等　级
内螺纹小径 D_1	4
外螺纹大径 d	4
内螺纹中径 D_2	7，8，9
外螺纹中径 d_2	7，8，9
外螺纹小径 d_3	7，8，9

（3）梯形螺纹公差带的选用：梯形螺纹规定了中等和粗糙两种精度，

选择原则是：中等精度为一般用途；粗糙精度在对精度要求不高时采用。梯形螺纹公差带的选用见表 7-17。

表 7-17　　　　　　　　　　梯形螺纹公差带的选用

精　度	内　螺　纹		外　螺　纹	
	N	L	N	L
中　等	7H	8H	7e	8e
粗　糙	8H	9H	8c	9c

根据使用场合，梯形螺纹的精度等级中"中等"用于一般用途螺纹，"粗糙"用于制造螺纹有困难的场合。如果不能确定螺纹旋合长度的实际值，推荐按"中等旋合长度组 N"选取螺纹公差带。

33. 梯形螺纹车刀有哪些类型特点？怎样安装？

答：车削梯形螺纹时，径向切削力比较大。为了提高螺纹的质量，可分粗车和精车两个工序进行车削。粗车和精车时所用的车刀分别为粗车刀和精车刀。根据车刀刀头材料的不同又可分为高速钢梯形螺纹车刀和硬质合金梯形螺纹车刀。

（1）高速钢梯形螺纹粗车刀：如图 7-37 所示是高速钢梯形螺纹粗车刀的几何形状。为了便于左右切削并留有精车余量，刀头宽度应小于牙槽底宽 w。

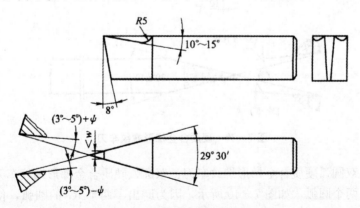

图 7-37　高速钢梯形螺纹粗车刀

（2）高速钢梯形螺纹精车刀：如图 7-38 所示是高速钢梯形螺纹精车刀的几何形状。车刀纵向前角 $\gamma_p = 0°$，两侧切削刃之间的夹角等于牙型角。为了保证两侧切削刃切削顺利，都磨有较大前角（$\gamma_p = 10° \sim 20°$）的卷屑槽。但在使用时必须注意，车刀前端切削刃不能参加切削。高速钢梯形螺纹车刀，能车削出精度较高和表面粗糙度较小的螺纹，但生产率较低。

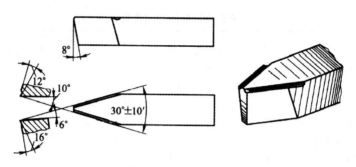

图 7-38 高速钢梯形螺纹精车刀

（3）硬质合金梯形螺纹车刀：为了提高生产率，在车削一般精度的梯形螺纹时，可使用硬质合金车刀进行高速切削。如图 7-39 所示是硬质合金梯形螺纹车刀的几何形状。这种车刀的缺点是，高速车削梯形螺纹时，由于三个切削刃同时切削，切削力较大，易引起振动，并且刀具前刀面为平面时，切屑呈带状流出，操作很不安全。

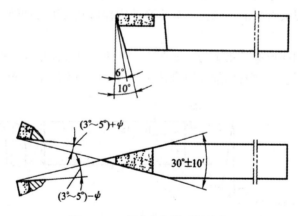

图 7-39 硬质合金梯形螺纹车刀

（4）双圆弧硬质合金梯形螺纹车刀：双圆弧硬质合金梯形螺纹车刀在前刀面上磨出两个圆弧，如图 7-40 所示，因为磨出了两个 R7 的圆弧，使纵向前角增大，切削顺利，不易引起振动，并且切屑呈球状排出，能保证安全，并使清除切屑方便。但这种车刀车出的螺纹，牙型精度较差。

（5）梯形螺纹车刀的安装：在安装梯形螺纹车刀时应保证车刀主切削刃必须与工件旋转中心等高，同时应和轴线平行，刀头的角平分线要垂直于工件的轴线，用对刀样板或游标万能角度尺校正，如图 7-41 所示。

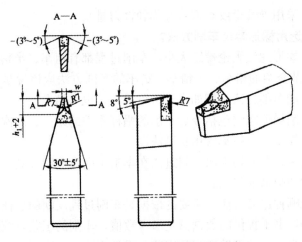

图 7 - 40 双圆弧硬质合金梯形螺纹车刀

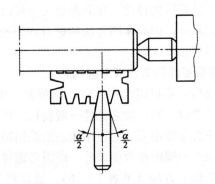

图 7 - 41 梯形螺纹车刀的安装

34. 车梯形螺纹时零件如何装夹?

答: (1) 车削梯形螺纹时,切削力较大,工件一般采用一夹一顶方式装夹。

(2) 粗车螺距差较大的梯形螺纹时,可采用四爪单动卡盘一夹一顶,以保证装夹牢固。

(3) 常用轴向限位台阶或限位支撑固定工件的轴向位置,以防车削中工件轴向窜动或移位而造成乱牙或撞坏车刀。

(4) 一般使用工件的一个台阶靠住卡爪平面或用轴向定位块限制固定工件的轴向位置,以防止切削过大,使工件轴向移位而车坏螺纹。

(5) 精车螺纹时,可以采用两顶尖装夹,以提高定位精度。

35. 低速车削梯形螺纹应选用怎样的刀具?

答: 低速车削梯形螺纹一般选用高速钢车刀,高速车削梯形螺纹应选用硬质合金车刀。由于梯形螺纹的牙型较深,车削时的切削抗力较大,所以粗车梯形螺纹时，常采用弹性螺纹车刀（又称弹性刀排）。

36. 怎样选用梯形螺纹车削方法？

答：（1）梯形螺纹无论螺距大小，车削过程都有粗车、半精车、精车这样3个阶段。前节介绍的粗车、半精车、精车的车削方法应该说是主要的车削方法，不是唯一的车削方法，例如直进法可粗车，也可精车。

（2）在车削梯形螺纹包括今后车削的蜗杆零件的第一、二次进刀，因为刀具切入总面积较小，一般都常用直进法。

（3）直进法、左右切削法、斜进法在车削中间没有明确划分，在各个加工阶段要视具体切削情况采用。

（4）采用哪种进刀方法，主要的依据是车削过程反映的表征现象，切削用量的选用原理，书本提供的数据只是参考数值。车削的工艺系统是变化的、动态的、相生相克的整体系统，刀具安装、零件安装、车床刚性、材料性质、操作熟练程度等都影响工艺系统的特性，在某种意义上可以说，没有同样的加工特征，没有同样的工艺系统。因此车削方法和进刀方法的选用要依据工艺系统反映的表征现象灵活运用。

37. 你知道车削梯形螺纹的方法有哪些吗？

答：车削梯形螺纹与三角形螺纹相比较，螺距大、牙型大、切削余量大、切削抗力大，而且精度要求较高，加之工件一般较长，所以加工难度大。除与车三角形螺纹类似地按所车螺距大小，在车床进给箱铭牌上找出调整变速手柄所需位置，保证车床所车的螺距符合要求外，尚需考虑梯形螺纹的精度高低和螺距大小来选择不同的加工方法（见表 7 - 18）。通常对于精度要求较高的梯形螺纹采用低速车削的方法，同时此法对初学者来说较易掌握一些。

表 7 - 18　　　　　　　　　　车削梯形螺纹的方法

车削方法	方　法　说　明
低速车削螺距小于 4mm 或精度要求不高的梯形螺纹	如图 7 - 42 所示，可用一把梯形螺纹车刀进行粗车和精车。粗车时可采用左右切削法，精车时采用直进法 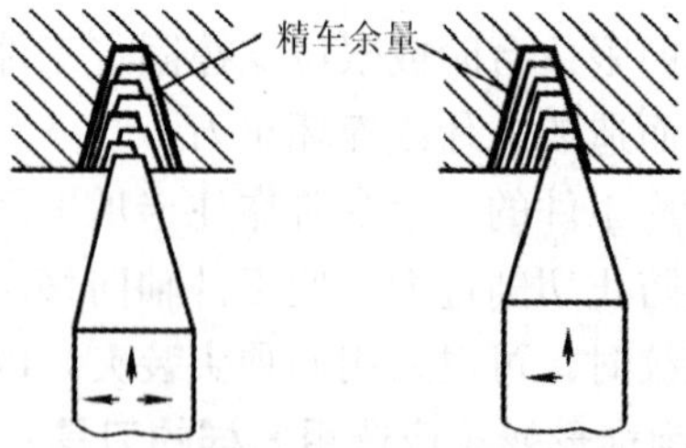 （a）左右切削法　　　（b）斜进法 **图 7 - 42　螺距小于 4mm 的进刀方式**

续表1

车削方法	方　法　说　明
低速车削螺距在 4～8mm 或精度要求较高的梯形外螺纹	如图 7-43 所示，一般采用左右切削法或车直槽法车削，具体车削步骤如下： ①粗车、半精车螺纹大径，留精车余量 0.3mm 左右，倒角（与端面成 15°） ②用左右切削法粗车、半精车螺纹，每边留精车余量 0.1～0.2mm，螺纹小径精车至尺寸。或选用刀头宽度稍小于槽底宽的切槽刀，采用直进法粗车螺纹，槽底直径等于螺纹小径 ③精车螺纹大径至图样要求 ④用两侧切削刃磨有卷屑槽的梯形螺纹精车刀，精车两侧面至图样要求 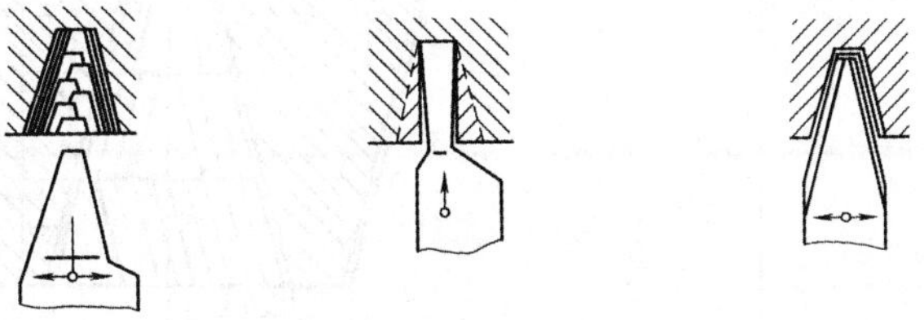 (a) 用左右切削粗、　(b) 车直槽法粗车　(c) 精车梯形螺纹 　半精车梯形螺纹 **图 7-43　螺距在 4～8mm 的进刀方式**
低速车削螺距大于 8mm 的梯形外螺纹	如图 7-44 所示，一般采用切阶梯槽的方法车削，方法如下： ①粗车、半精车螺纹大径，留精车余量 0.3mm 左右，倒角（与端面成 15°） ②用刀头宽度小于 $P/2$ 的切槽刀直进法粗车螺纹至接近中径处，再用刀头宽度略小于槽底宽的切槽刀直进法粗车螺纹槽底直径等于螺纹小径，从而形成阶梯状的螺旋槽 ③用梯形螺纹粗车刀，采用左右切削法半精车螺纹槽两侧面，每面留精车余量 0.1～0.2mm ④精车螺纹大径至图样要求 ⑤用梯形螺纹精车刀，精车两侧面，控制中径，完成螺纹加工 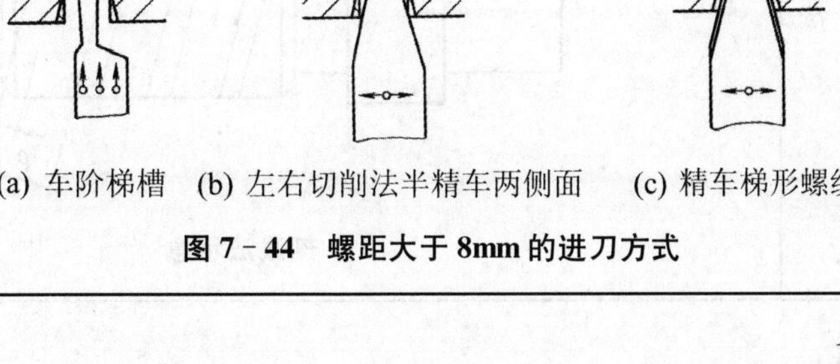 (a) 车阶梯槽　(b) 左右切削法半精车两侧面　(c) 精车梯形螺纹 **图 7-44　螺距大于 8mm 的进刀方式**

续表2

车削方法	方　法　说　明
"分层法" 车削梯形螺纹	"分层法"车削梯形螺纹实际上是直进法和左右切削法的综合应用。在车削较大螺距的梯形螺纹时,"分层法"通常不是一次性就把梯形槽切削出来,而是把牙槽分成若干层,每层大概1～2mm深,转化成若干个较浅的梯形槽来进行切削,从而降低了车削难度。每一层的切削都采用先直进后左右的车削方法,由于左右切削时槽深不变,只需做向左或向右的纵向(沿导轨方向)进给即可,如图7－45所示,因此它比上面提到的左右切削法要简单和容易操作得多 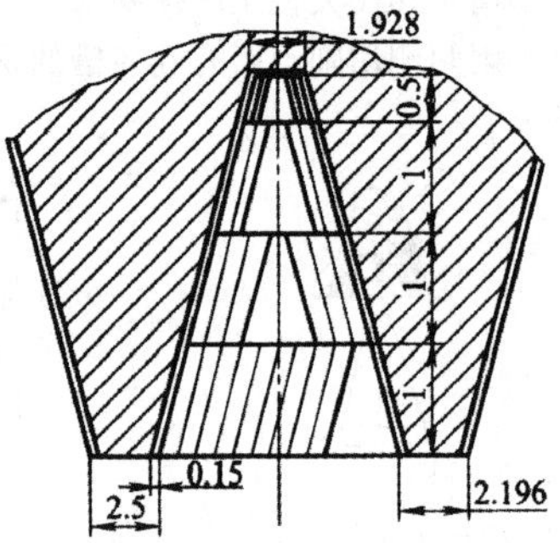 图7－45　分层法车削梯形螺纹图

38. 你知道粗车梯形螺纹的方法有哪些吗?

答: 粗车梯形螺纹的方法见表7－19。

表7－19　　　　　　　　　粗车梯形螺纹的方法

车削方法		方　法　说　明
梯形螺纹粗车余量的控制	刻线法	如下图所示,在梯形螺纹切好退刀槽,倒角完毕,外圆精车完成,开始粗车前,在螺纹外圆刻下细小的线痕,直观地划分粗车余量的步骤如下: 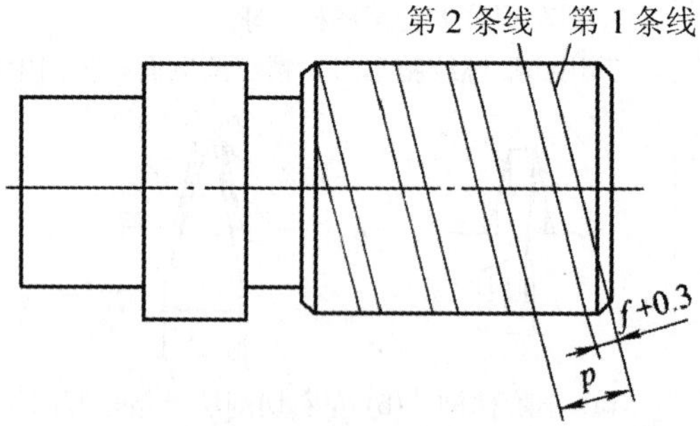 第2条线　第1条线 刻线法示意

续表

车削方法		方 法 说 明
梯形螺纹粗车余量的控制	刻线法	a. 外圆对刀，调整小滑板、中滑板刻度，一般为"0"刻度 b. 中滑板进刀 0.1mm，丝杠传动，刻第 1 条线，检查螺距（导程）是否正确 c. 小滑板移动"$f+0.3$"，中滑板原刻度刻第 2 条线
	测量法	在练习一个阶段，动作比较熟练后，可通过测量螺纹牙顶宽度来控制粗车余量
直进法粗车		一般在刀具刃磨合理的情况下，螺距在 8mm 以下的梯形螺纹可采用以直进法为主的切削法进行粗车。直进法因为操作简单，可提高粗车工效 ①转速选择在 100r/min 左右 ②选用机油进行润滑，便于形成油膜，减少切屑与刀具的摩擦力，利于排屑 ③直进法切削力较大，要注意听切削声音，要平稳 ④要观察排屑状况，判断刀具的切削性能是否下降 ⑤切削深度要随着参与车削刀刃长度的增加而逐步减小，以车削 6mm 螺距梯形螺纹为例：每次进刀 1～3mm；每次进刀 0.5～5mm；每次进刀 0.2～6.5mm，每次进刀 0.1～7.1mm
斜进法粗车		斜进法粗车也是经常采用的粗车方法，排屑情况由于双面切削比直进法较好，要注意进刀量不能太多，否则易导致余量过小。

39. 怎样选用矩形螺纹车刀？如何安装呢？

答：适用于车削矩形螺纹的车刀形式如图 7-46 所示。矩形螺纹粗车刀与精车刀的形式相同。粗车刀主切削刃宽度（通常称刀头宽度）应比矩形螺纹的牙槽宽小 0.3～0.4mm；精车刀主切削刃宽度应为 $b=0.5P+(0.03～0.05)$ mm。粗、精车刀两侧切削刃的长度（通常称刀头长度）应为 $L=0.5P+(2～4)$ mm。两侧后角应考虑螺纹升角 ϕ 的影响，如车削右旋矩形螺纹，左侧后角应为 $\alpha_{fL}=(2°～3°)+\phi$，右侧后角应为

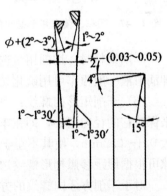

图 7-46 高速钢矩形螺纹车刀

$\alpha_{fR}=1°～2°$；车削左旋矩形螺纹时，右侧后角应为 $\alpha_{fR}=(2°～3°)+\phi$，左侧后角应为 $\alpha_{fL}=1°～2°$。精车刀两侧切削刃有宽 $b'_r=0.3～0.5$mm 的修光刃。车

削前，应用矩形车刀专用样板或游标万能角度尺检查矩形螺纹车刀主、副偏角，主、副后角及前角是否符合要求，检查车刀在方刀架上安装位置是否正确，尤其应注意主切削刃应与工件轴线等高，且与工件轴线平行。

安装矩形螺纹车刀时，车刀前端切削刃必须与工件的中心等高，同时与工件表面平行。

40. 矩形螺纹有哪几种车削方法？

答：（1）直进车削法：

①螺距 $P<4mm$，精度和粗糙度要求不高的矩形螺纹，一般用直进法，由一把车刀切削完成。

②螺距 $P>4mm$，一般采用直进法分粗车、精车两次完成，如图 7-47 所示。先用一把刀头宽度较牙槽宽度窄 0.5～1.0mm 的粗车刀进行粗车，两侧各留 0.2～0.4mm 余量，再用精车刀精车。

（2）多刀分步车削法：车削较大螺距的螺纹，可分别用 3 把车刀进行加工，如图 7-48 所示。先用第一把粗车刀，刀头比牙槽宽度小 0.5～1.0mm，粗车至小径尺寸；然后用第二把和第三把小于 $90°$ 的正、反偏刀分别精车螺纹的左、右侧面。车削过程中，要严格控制牙槽宽度。

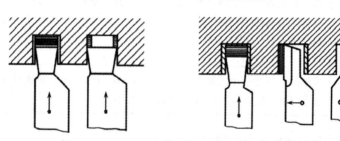

图 7-47 粗车、精车矩形螺纹的方法　　图 7-48 较大螺距矩形螺纹的车削方法

车削钢料时，切削用量选择 $v_c=0.07～0.17m/s$，$a_p=0.02～0.2mm$。冷却润滑液一般粗车可用硫化切削液或机油，精车用乳化液。

（3）车削矩形内螺纹：目前，对于方牙螺纹，一般采用内、外螺纹的外径来保持它的径向定心，即在车削内螺纹时，要使内螺纹的外径比外螺纹的外径大 0.1～0.2mm，使其不至于产生过大的径向窜动，至于内、外螺纹的内径间隙可根据螺距参照梯形螺纹选取。

对于车削方牙内螺纹的方法，除吃刀方向与外螺纹相反外，还要注意内、外螺纹的配合间隙，具体有以下几点。

①内螺纹车刀的宽度应大于外螺纹的牙宽 0.03～0.06mm。

②钻镗螺纹孔径时，必须根据外螺纹的内径尺寸，加上适当的间隙，具体数值可按螺距的大小，参照梯形螺纹间隙标准选用。

③车削内螺纹的外径尺寸，比外螺纹的外径尺寸大 $0.2\sim0.4\mathrm{mm}$，这样可以达到较好的配合要求。

41. 什么叫车螺纹时乱扣？乱扣的原因是什么？

答：车螺纹时，车完第一刀再车第二刀时，往往会出现车刀刀尖不落在（也可能落在）螺旋槽上，而是偏左或偏右的情况，这样就会把螺纹车乱，这种现象称为乱扣。

产生这种现象的原因是车床长丝杠转 $1\mathrm{r}$ 时，工件不是转整数转，如果工件转整数转（包括 $1\mathrm{r}$），那么车刀就不会乱扣。实际上乱扣总是存在的，问题是如何防止，让车刀刀尖始终在一条螺旋槽上行走。这时就需要知道乱扣数的大小了。

42. 怎样计算乱扣？试举例说明？

答：不论是无进给箱车床还是有进给箱车床，只要将计算出来的交换齿轮约为最简，所得分子就是乱扣数。

例1：车床丝杠螺距为 $12\mathrm{mm}$，工件螺距为 $6\mathrm{mm}$，求乱扣数。

解：
$$\frac{z_1}{z_2}\frac{z_3}{z_4}=\frac{6}{12}=\frac{1}{2}$$

即分子为1，车刀刀尖只有一处可行走，不会乱扣。所以说，约简后的分数式，如果分子是1，即乱扣数为1，不会乱扣。

例2：$P_\mathrm{k}=12\mathrm{mm}$，$P_\mathrm{g}=10\mathrm{mm}$，求乱扣数。

解：
$$\frac{z_1}{z_2}\frac{z_3}{z_4}=\frac{10}{12}=\frac{5}{6}$$

即乱扣数为5，就是车刀刀尖有5处可行走。

例3：$P_\mathrm{k}=6\mathrm{mm}$，工件是 $m=2.5\mathrm{mm}$ 蜗杆螺纹，求乱扣数。

解：$P_\mathrm{k}=6$，$P_\mathrm{g}=\pi m=\dfrac{22}{7}\times2.5$

$$\frac{z_1}{z_2}\frac{z_3}{z_4}=\frac{\dfrac{22}{7}\times2.5}{6}=\frac{22}{7}\times\frac{2.5}{6}=\frac{55}{42}$$

即乱扣数 $=55$。

例4：车床丝杠每英寸4牙，工件螺距为 $4\mathrm{mm}$，求乱扣数。

解：$P_\mathrm{k}=\dfrac{1}{4}\times2.54=\dfrac{127}{4\times5}$，$P_\mathrm{g}=4$

$$\frac{z_1}{z_2}=\frac{4}{\dfrac{127}{4\times5}}=\frac{4\times4\times5}{127}=\frac{80}{127}$$

即乱扣数为80。

由上述几个例子可知，英寸制车床车米制螺纹，或米制车床车英寸制螺纹，或车蜗杆螺纹，它们的乱扣数不可能是1，也就是说要乱扣的。

43. 车螺纹时怎样防止乱扣？

答：防止乱扣的方法常见的有以下两种：

（1）用乱扣盘：乱扣盘是安装在纵滑板箱左面或右面的（如图7-49所示），使用时蜗轮1与丝杠2啮合，因此车螺纹时丝杠转动使蜗轮1也转动。蜗轮同轴上有一乱扣盘3，3上有刻线，刻线的格数一般是蜗轮齿数的一半，当然也有例外的情况。使用乱扣盘时，当车刀车完第一刀而车第二刀时，盘面应转过几格才能按下开合螺母手柄如下。

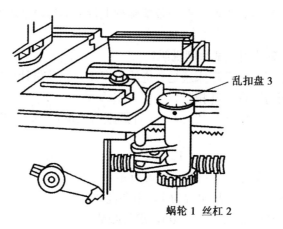

图 7-49 乱扣盘

乱扣盘应转过格数可用下面公式计算，即：

$$n_1 = x\,\frac{n}{z}$$

式中　　n_1——车第二刀时乱扣盘盘面刻线应转过格数；

　　　　x——乱扣数；

　　　　n——乱扣盘盘面刻线总格数；

　　　　z——蜗轮齿数。

例：$x=4$，$z=24$，$n=12$（6条长线，6条短线），求n_1。

解：
$$n_1 = 4 \times \frac{12}{24} = 2 \text{（格）}$$

即车第二刀时，盘面每转过2格就可以按下开合螺母手柄；也就是如果第一次长线对准，以后每逢长线对准就可按下开合螺母手柄。如果第一次是短线对准，则以后每逢短线对准即可按下开合螺母手柄。

（2）开倒顺车。当乱扣数较小时可用乱扣盘防止乱扣，但当乱扣数较大时，如乱扣数为55、80时，就无法利用乱扣盘了。这时可以采用开倒顺车的方法来防止乱扣，即车完第一刀后退出车刀，立即开倒车，让车刀退回原处，调整吃刀量再开顺车进行第二刀车削,这样车刀仍落在螺旋槽中,不会乱扣。

实际上开倒顺车是最方便的方法,可以说是万能的,不论乱扣数有多大都可以。

44. 什么叫多线螺纹? 有何特征?

答: 螺纹按线数分为单线螺纹和多线螺纹。由一条螺旋线形成的螺纹叫单线(单头)螺纹;由两条或两条以上在轴向等距分布的螺旋线所形成的螺纹叫多线(多头)螺纹。

多线螺纹的代号不完全一样。普通多线三角螺纹的代号由螺纹特征代号×导程/线数表示,如 M24×4/2、M10×4/4 等;梯形螺纹的代号由螺纹特征代号×导程(螺距)表示,如 Tr36×12 (P6)、Tr20×6 (P2) 等。

45. 什么叫轴向分线法? 可以利用几种方法进行分线?

答: 当车好一条螺旋线后,把车刀沿工件轴向移动一个螺距再车第二条螺旋线,这种分线方法称为轴向分线法。轴向分线可以利用以下几种方法进行分线:

(1) 利用小溜板分线:小溜板分线的步骤是首先车好一条螺旋线,然后把小溜板沿工件轴向向左或向右根据刻度移动一个螺距(一定要保证小溜板移动对工件轴线的平行度),再车削第二条螺旋线。第二条螺旋线车好后依照上述方法再车第三条、第四条等。分线时小溜板转过的格数可用下面公式求出:

$$K = \frac{P}{a}$$

式中 K——刻度盘转过的格数;

P——工件的螺距(mm);

a——刻度盘转 1 格小溜板移动的距离(mm)。

这种方法不需要其他辅助工具就能进行,比较简单,但是不容易达到较高的分线精度。

(2) 利用床鞍和小溜板移动之和进行分线:车削螺距很大的多线螺纹时,若只用小溜板分线,则小溜板移动的距离太大,使刀架伸出量大,从而降低了刀架的刚性,尤其是分线距离超过 100mm 后,采用小溜板分线就无法实现,而利用床鞍和小溜板移动之和进行分线,多大的移动量都可完成。

这种分线法的步骤是,当车好第一条螺旋线之后,打开和丝杠啮合的开合螺母,摇动床鞍大手轮,使床鞍向左移动一个或几个丝杠螺距(接近工件螺距)后,再把开合螺母合上,床鞍移动不足(或超出)部分用移动小溜板的方法给予补偿,当床鞍移动与小溜板移动之和等于一个工件螺距时,再车第二条螺旋线。

(3) 用百分表和量块分线:车削螺距精度要求较高的多线螺纹时,可利用量块控制小溜板移动的距离。如图 7-50 (a) 所示为车双线蜗杆,先在车床的床鞍和小溜板上各装上挡铁1和触头3，车第一条螺旋槽时，触头与挡铁之间放入厚度等于蜗杆齿距的量块2。在开始车第二条螺旋槽之前，取出量块，移动小溜板，使触头与挡铁接触。经过粗车、精车两个循环后，就可以把双线蜗杆车好。

量块分线法比小溜板分线法精确。但是使用这种方法之前，必须先把小溜板导轨校准，使之与工件轴线平行，否则会造成分线误差。

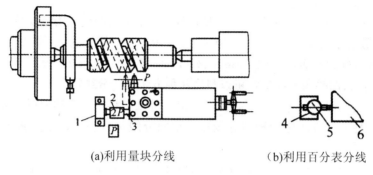

(a)利用量块分线　　　　　　　　(b)利用百分表分线

图7-50　轴向分线法

1. 挡铁；2. 量块；3. 触头；4. 百分表表座；5. 百分表；6. 刀架

（4）百分表分线法：如图7-50（b）所示为百分表分线法，先把百分表表座4固定在床鞍上，百分表5的测量头触及刀架6上，找零位，再把小溜板轴向移动一个螺距，就可以达到分线的目的。这种方法既简单方便又精确，但分线螺距受到百分表量程限制，一般在10mm以内，并且在使用过程中应经常注意百分表的零位是否变动。

46. 圆周分线法是根据什么原理进行分线的?

答：根据多线螺纹螺旋线在端面上的起点是等角度分布的特点，可采用圆周分线法。圆周分线法是根据多线螺纹的各条螺旋线在圆周上等角度分布的原理进行分线的。多线螺纹螺旋线各起点在端面上相隔的角度为：

$$\theta = \frac{360°}{n}$$

式中　θ——多线螺纹各螺旋线起始点在端面相隔的角度（°）；

　　　n——多线螺纹的线数。

这种方法是在车好第一条螺旋槽后，车刀不动，使工件与床鞍之间的传动链分离，并把工件转过θ角度，再接通传动链就可车另一条螺旋槽。这样依次分线就可以把多线螺纹车好。

47. 圆周分线是利用哪几种分线法进行分线的?

答：（1）利用交换齿轮分线：当车床交换齿轮Z_1齿数是螺纹线数的整数倍时，就可以在交换齿轮上进行分线（如图7-51所示）车好第一条螺旋槽后停车，按所加工螺纹的线数等分交换齿轮齿数，做出等分记号，随后把 Z_2 齿轮与车床主轴交换齿轮 Z_1 脱开，用手转动卡盘，使下一个记号与 Z_2 齿轮上的记号对准，并使交换齿轮啮合，即可车削下一条螺旋槽。为了减少分线误差，齿轮应朝一个方向转动。

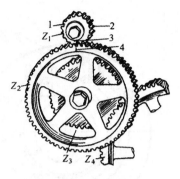

1，2，3，4—记号

图 7-51　交换齿轮齿数分线法

交换齿轮分线法的分线精度高，不需要增添其他装置，但受交换齿轮齿数的限制，操作也比较麻烦，只在单件、小批量生产且零件加工精度较高的多线螺纹时使用。

（2）用主轴箱齿轮分线：这种分线精度高，而且也比较简单。如 CA6140 车床主轴箱，内外齿轮啮合器是 50 个齿，若车削线数是 5 的多线螺纹，可把卡盘外圆粗略分 5 等分，扳动主轴箱操纵手柄，使主轴能够空转（即脱开主轴与丝杆传动），然后转动主轴使主轴转卡盘的 1/5，再把 M_2 结合，即可车削第二条螺旋线。

（3）利用卡盘分线：用三爪自定心卡盘可分三线螺纹，用四爪单动卡盘可分双线和四线螺纹。在两顶尖间车削多线螺纹时，车好一条螺旋线后，松开后顶尖，将工件取下转一个卡爪位置重新安装，用另一个卡爪拨动就可车削另一条螺旋线。这种分线方法很简单，但由于卡爪本身等分精度不高，所以分线精度也不高。

（4）分度插盘分线法：如图 7-52 所示是装在主轴上车多线螺纹用的分度插盘。分度插盘上有等分精度很高的定位孔 4（一般为 12 个孔，可分 2、3、4、5、6 及 12 线螺纹）。这种方法分线方便，分线精度高，是较理想的分线方法之一。分度盘可以与三爪自定心卡盘相连，也可以装上拨板 7 拨动夹头，进行两顶尖装夹车削。

分度盘分线操作步骤：分线时停车，拉出定位销 3，并松开螺钉 5，把分度盘 6 旋转一个所需要的分度角度，再把定位销插入另一个定位孔，紧固螺钉 5，然后车削第二条螺纹线，这样依次分线。如果分度盘为 12 孔，车削三线螺纹时，每转过 4 个孔分一条螺旋线。

48. 车削多线螺纹和多线蜗杆时，如何计算交换齿轮？

答：车削多线螺纹和多线蜗杆的交换齿轮计算和单线螺纹一样，只是把工件的螺距换成导程。多线螺纹交换齿轮计算公式为：

$$i = \frac{nP_{工}}{P_{丝}} = \frac{z_1}{z_2} \times \frac{z_3}{z_4}$$

式中　　i——传动比；

　　　　n——多线螺纹的线数；

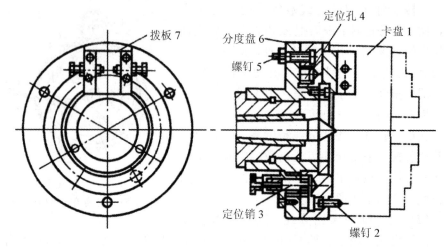

图 7‐52　车多线螺纹用的分度插盘

$P_\text{工}$——工件螺距（mm）；

$P_\text{丝}$——丝杠螺距（mm）；

z_1、z_3——主动轮齿数；

z_2、z_4——从动轮齿数。

49. 多线螺纹车削时，有哪些车削步骤？

答：车多线螺纹时必须注意，绝不能把一条螺旋线全部车好后，再车另外的螺旋线。车削时应按以下步骤进行：

（1）粗车第一条螺旋线，记住中溜板和小溜板的刻度。

（2）进行分线，粗车第二条、第三条……螺旋线。如果用圆周分线法，切入深度（中溜板和小溜板的刻度）应与车削第一条螺旋线时相同；如用轴向分线法，中溜板刻度与车第一条螺旋线相同，小溜板精确移动一个螺距。

（3）按上述方法精车各条螺旋线。

50. 蜗杆、蜗轮传动的优点及缺点有哪些？

答：蜗杆、蜗轮传动又称蜗轮副传动，它常用于传递空间两轴交错 90°的传动，即直角交错传动。

蜗轮副传动应用得很广泛，这是因为：

（1）能获得很大的降速比，传动比一般为几十分之一和几百分之一。在传递小功率时，传动比甚至可达 1/1000。

（2）在相同的传动比条件下，结构比齿轮传动紧凑，重量大为减轻。

（3）传动比较平稳。

（4）当蜗杆的螺旋升角 $\tau < 6°$时，蜗轮副传动具有自锁性。吊车利用这种特性，可使重物吊起后不致下坠。

蜗杆、蜗轮传动的缺点：一是蜗杆与蜗轮齿面滑动摩擦损失较大，传动效率较低，一般为 $70\%\sim90\%$，最低时小于 50%；二是由于齿面滑动摩擦较大，容易发热，齿面易磨损。因此，为了提高传动效率，减少齿面磨损，蜗轮材料常采用青铜（锡青铜、铅青铜、铝青铜）制造，蜗杆材料常采用中碳钢或中碳合金钢制造，齿面淬硬至 HRC46～48。

蜗轮副一般用在分度传动和动力降速传动中。在分度传动中速比 $i=1/5\sim1/300$；在动力降速传动中，速比 i 一般在 $1/100$ 范围内，常用 $i=1/20\sim1/60$。

51. 米制蜗杆尺寸的计算有哪些？

答： 如图 7-53 所示为阿基米得蜗杆。蜗杆直径系数 q 是蜗杆的一个特征参数，它等于蜗杆的分度圆直径 d_1 与轴向模数 m_x 的比值，即 $q=d_1/m_x$。

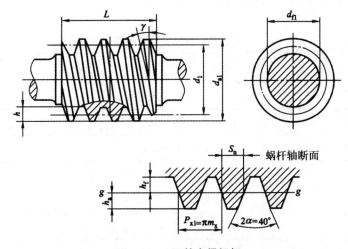

图 7-53　阿基米得蜗杆

为了减少蜗轮加工刀具的数目，降低生产成本，国家标准在规定了蜗杆模数的同时还规定了相应的直径系数（表 7-20）。根据蜗杆头数 z_1、模数 m_x、直径系数 q，即可计算蜗杆各部分尺寸（表 7-21）。

表 7-20　　　蜗杆基本参数（$\Sigma=90°$）（摘自 GB 10085-88）

模数 m_x(mm)	分度圆直径 d_1(mm)	蜗杆头数 z_1	直径系数 q	模数 m_x(mm)	分度圆直径 d_1(mm)	蜗杆头数 z_1	直径系数 q
1	18	1	18.000	6.3	36.3	1、2、4、6	10.000
1.25	20	1	16.000	8	80	1、2、4、6	10.000
1.6	20	1、2、4	12.500	10	90	1、2、4、6	9.000

模数 m_x(mm)	分度圆直径 d_1(mm)	蜗杆头数 z_1	直径系数 q	模数 m_x(mm)	分度圆直径 d_1(mm)	蜗杆头数 z_1	直径系数 q
2	22.4	1、2、4、6	11.200	12.5	112	1、2、4	8.960
2.5	28	1、2、4、6	11.200	16	140	1、2、4	8.750
3.15	35.5	1、2、4、6	11.270	20	160	1、2、4	8.000
4	40	1、2、4、6	10.000	25	200	1、2、4	8.000
5	50	1、2、4、6	10.000	—	—	—	—

注：本表中的 d_1 数值为国际规定的优先使用值。

表 7－21 蜗杆各部分尺寸计算公式

名　称	符　号	计算公式
分度圆直径	d_1	$d_1 = qm_x$（标准值）
齿顶圆直径	d_{a1}	$d_{a1} = d_1 + 2m_x$
齿根圆直径	d_{f1}	$d_{f1} = d_1 - 2.4m_x$
全齿高	h	$h = 2.2m_x$
齿顶高	h_a	$h_a = m_x$
齿根高	h_f	$h_f = 1.2\ m_x$
分度圆柱上螺旋导程角	γ	$\tan\gamma = m\ z_1/d_1$
轴向齿距	P	$P = P_{x1} = \pi m_x$
分度圆上齿厚	S_n	$S_n = 0.45\pi m_x$
螺旋部分长度	L	$z_1 = 1$、2 时，$L = (13\sim16)\ m_x$ $z_1 = 3$、4 时，$L = (15\sim20)\ m_x$ 磨削蜗杆加长量：当 $m_x < 10$ 时加长 25； 当 $m_x = 10\sim16$ 时加长 35；当 $m_x > 16$ 时加长 45

52. 你知道车削蜗杆的挂轮计算所用的 π 值的近似分式吗？

答：车削蜗杆的挂轮计算与车削一般螺纹基本相同，但是，因为蜗杆的轴向模数 m_x 和 π 的乘积不是一个整数值，给挂轮计算带来了许多的麻烦，为了计算方便，π 值可以用表 7－22 的近似分式代替。在选用时，应尽量选用计算误差较小的近似分式，同时应尽可能不采用齿数特殊的挂轮。在近似分式代入计算公式后，可将挂轮分配式约简为简单分式，以简化挂轮的计算和搭配。

表 7-22　　　　　　　　　π值的近似分式

$\pi=3.141593$			$\pi\times25.4=79.7964.55$			$\dfrac{\pi}{25.4}=0.123685$		
近似分式	误差（%）	需特殊挂轮齿数	近似分式	误差（%）	需特殊挂轮齿数	近似分式	误差（%）	需特殊挂轮齿数
$\approx\dfrac{19\times21}{127}$	0.004	127	$\approx\dfrac{21\times19}{5}$	0.005	—	$\approx\dfrac{5\times19}{32\times24}$	−0.011	—
$\approx\dfrac{32\times27}{25\times11}$	0.007	—	$\approx\dfrac{10\times17\times23}{7\times7}$	−0.001	—	$\approx\dfrac{7\times13}{23\times32}$	−0.04	—
$\approx\dfrac{7\times35}{6\times13}$	−0.017	—	$\approx\dfrac{128\times48}{7\times11}$	−0.005	—	$\approx\dfrac{5\times9}{26\times14}$	−0.04	—
$\approx\dfrac{19\times125}{6\times126}$	−0.002	—	$\approx\dfrac{22\times65}{2\times11}$	−0.03	—	$\approx\dfrac{47}{4\times95}$	0.0005	47
$\approx\dfrac{22}{7}$	0.04	—	$\approx\dfrac{22\times127}{7\times5}$	0.04	127	$\approx\dfrac{12}{97}$	−0.021	97
$\approx\dfrac{5\times71}{113}$	0.0006	71、113	$\approx\dfrac{30\times125}{47}$	−0.011	47	$\approx\dfrac{22\times5}{7\times127}$	−0.04	127
$\approx\dfrac{13\times29}{4\times30}$	0.002	29或58	$\approx\dfrac{22\times330}{7\times13}$	−0.02	—			
$\approx\dfrac{8\times97}{13\times19}$	0.003	97						
$\approx\dfrac{25\times47}{22\times17}$	0.004	47						

注：第二栏近似分式用于公制车床车英制蜗杆；第三栏近似分式用于英制车床车公制蜗杆。

53. 你知道在无进给箱的车床上车蜗杆的挂轮计算吗？

答：挂轮计算公式为：

$$i=\frac{P_\text{工}}{P_\text{丝}}=\frac{\pi m_\text{x}}{P_\text{丝}}=\frac{z_1}{z_2}\times\frac{z_3}{z_4}$$

式中　i——挂轮比值；

m_x——蜗杆轴向模数；

$P_工$——蜗杆的齿距；

$P_丝$——车床丝杠螺距；

π——圆周率，用近似分式表示，见表 7 - 22；

z_1、z_2、z_3、z_4——搭配挂轮齿数。

根据上述公式，就可以计算出需要的配换齿轮。为了适应车削各种螺距的螺纹需要，无进给箱的车床一般配备有下列齿数的配换齿轮：20、25、30、35、40、45、50、55、60、65、70、75、80、85、90、95、100、105、110、115、120、127。计算出的配换齿轮，应符合上述齿数范围。特殊情况时，也可制造专用齿数的挂轮。

根据挂轮公式计算挂轮时，有时用一对齿轮就可以得到要求的传动比，称为单式轮系，如图 7 - 54（a）所示。有时单式轮系传动往往不能满足要求，需要采用复式轮系，即用两对主动轮和被动轮来进行搭配，如图 7 - 54（b）所示。

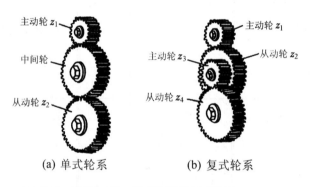

(a) 单式轮系　　　　　　　(b) 复式轮系

图 7 - 54　单式轮系和复式轮系

然而对于复式轮系，采用这种方法计算的挂轮，不一定都能进行搭配。有时其中一个挂轮会顶住另一个挂轮的轮轴，使另一对齿轮不能啮合，而无法实现传动，如图 7 - 55 所示。因此挂轮大小必须符合下列两条搭配规则，即：

$$\begin{cases} z_1 + z_2 > z_3 + 15 \\ z_3 + z_4 > z_2 + 15 \end{cases}$$

54. 你知道在有进给箱的车床上车蜗杆的挂轮计算吗？

答：在有进给箱的车床上车蜗杆的挂轮计算与车螺纹时的原理相同。因为蜗杆的齿距是模数的 π 倍，如果在车床铭牌中取螺距 $P_铭$ 等于模数值，挂轮的传动比就应扩大 π 倍。其计算公式为：

$$i_新 = \frac{P_工}{P_铭} \times i_原 = \frac{m_x}{P_铭} \times \pi \times i_原 = \frac{z_1}{z_2} \times \frac{z_3}{z_4}$$

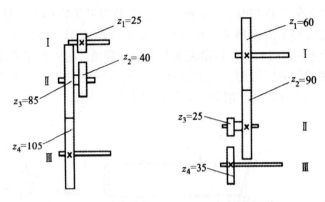

(a) z_3 与轴 I 相碰，z_1、z_2 无法啮合　　(b) z_2 与轴III相碰，z_3、z_4 无法啮合

图 7‑55　挂轮不符合搭配规则示例

式中　$i_{新}$——新的挂轮传动比；

　　　$i_{原}$——铭牌上原挂轮传动比；

　　　$P_{工}$——蜗杆的齿距；

　　　$P_{铭}$——在铭牌上选取的螺距（为了计算方便，一般取与 m_x 同值）。

55. 蜗杆车刀的几何形状有哪几种？

答：车削蜗杆时一般采用先粗车、后精车工艺，分别用到蜗杆粗车刀和精车刀，蜗杆车刀一般选高速钢材料的车刀（如图 7‑56 所示）。粗车刀应磨出较大的前角，一般为 $20°\sim25°$，使刀具既锋利又坚固，车刀刀尖角等于 2 倍齿形角，刀头宽度小于齿根槽宽 $0.2\sim0.3$mm，车刀前刀面应磨出等于螺旋角的斜角，倾斜方向如图 7‑41 中所示，车刀进刀方向的工作后角应加上一个导程角，另一侧后角应减去一个导程角，两个侧刀刃的后刀面上应磨出 $1\sim1.5$mm 宽的切削刃带。

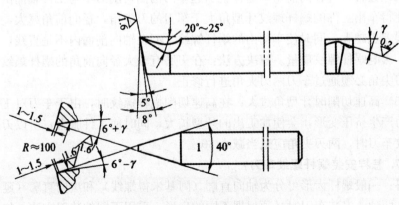

图 7‑56　蜗杆螺纹粗车刀

209

精车刀的几何形状如图 7-57 所示，车刀的刀尖角略小于 2 倍齿形角 10′
左右，刀头宽度等于齿根槽宽，车刀前刀面磨成圆弧形，圆弧半径 $R = 40 \sim$
80mm，车刀进刀方向的工作后角应加上 1 个导程角，另一侧后角应减去 1 个
导程角，两侧刀刃的后刀面上应磨出 0.5～1mm 的切削刃带，车刀主切削刃
要平直光滑、无裂纹，两切削刃应对称，刀头不能歪斜。

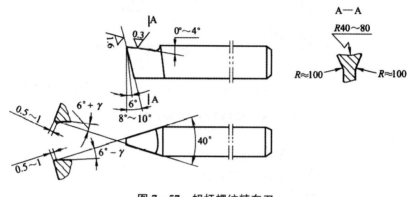

图 7-57　蜗杆螺纹精车刀

56. 蜗杆车刀的刃磨要求有哪些?

答: 在刃磨蜗杆车刀时，要严格按要求进行，否则在刃磨时易犯如下
错误。

（1）刃磨车刀时刀尖角不正确：车刀两切削刃在基面上投影之间的夹角与
加工蜗杆的牙型角不一致，导致加工出的蜗杆螺纹角度不正确。解决方法：刃
磨车刀时必须使用角度尺或样板来检测，得到正确的牙型角，其方法为将样板
或角度尺与车刀前面平行，再用透光法检查。

（2）径向前角未修正：为了使车刀排屑顺利，减小表面粗糙度，减少积屑
瘤现象，经常磨有径向前角，这样就引起车刀两侧切削刃不与工件轴向剖面重
合，使得车出工件的蜗杆螺纹牙型角大于车刀的刀尖角，径向前角越大，牙型
角的误差也越大。同时使车削出的蜗杆螺纹牙型在轴向剖面内不是直线，而是
曲线，影响蜗杆螺纹质量。解决方法：在刃磨有较大径向前角的蜗杆螺纹车刀
时，刀尖角必须通过车刀两刃夹角进行修正。

（3）高速切削时牙型角过大：在高速切削蜗杆螺纹时，由于车刀对工件的
挤压力产生挤压变形，会使加工出的牙型扩大，同时使工件胀大，所以刃磨蜗
杆螺纹车刀时，两刃夹角应适当减小 30′。

57. 怎样安装蜗杆螺纹车刀?

答: 一般蜗杆齿形可分为轴向直廓（阿基米得螺线）和法向直廓（延长渐
开线）两种。安装车刀时必须根据不同的齿形，采用不同的装刀方法。如果工

件是轴向直廓蜗杆，装刀时，车刀的两侧刀刃组成的平面放在水平位置上，并与蜗杆的轴线在同一水平面内，如图 7‐58（a）所示，这种装刀方法称为水平装刀法。如果工件为法向直廓蜗杆，装刀时，车刀两侧刀刃组成的平面应垂直于齿面，并且刀尖与工件中心等高，如图 7‐58（b）所示，这种装刀方法称为垂直装刀法。

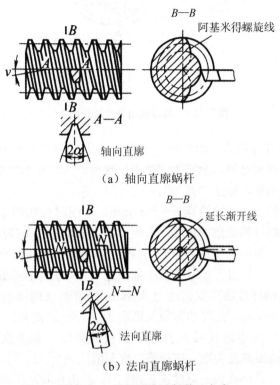

图 7‐58 蜗杆的齿形与装刀方式

在安装蜗杆螺纹车刀时，车刀安装不正确，会造成加工出的牙型角倾斜（俗称倒牙）。因此要注意如下事项：

（1）精度要求不高的蜗杆或蜗杆的粗车可以采用角度样板来装正车刀。

（2）装夹精度要求较高或模数较大的蜗杆车刀，通常采用万能角度尺来找正车刀刀尖位置。如图 7‐59 所示，将万能角度尺的一边靠住工件外圆，观察万能角度尺的另一边与车刀刃口的间隙。如有偏差时，可转动刀架或重新装夹车刀来调整刀尖角的位置。

58. 蜗杆的车削方法是什么？

答：车削蜗杆螺纹时采用开倒、顺车切削，其车削方法与梯形螺纹相似，车削蜗杆的过程分粗车、精车两个步骤。粗车后，单面留精车余量 0.2～

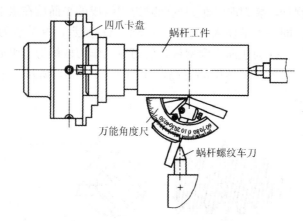

图 7-59 用万能角度尺装正车刀

0.4mm。由于蜗杆螺距大、齿形深、切削面积大，因此精车时，均采用单面车削，如果切削深度过深，会发生"啃刀"现象。所以在车削中，应观察车削情况，控制车削用量，防止"扎刀"。

（1）蜗杆的粗车：主轴转速 $n = 80r/min$，车削时使用粗车刀，并需将刀体转过一个等于蜗杆螺旋角的角度。车削方法主要是左右车削法。先把小拖板刻度定在 0 线上，由中拖板进刀，吃刀深度为 1mm，然后由小拖板沿固定方向（向右或向左）"赶刀"（即移动小拖板进刀），每次小拖板"赶刀量"为 2mm，当车削到蜗杆齿顶宽双面还有 0.8mm 余量时（例如模数 $m_x = 6$ 的蜗杆，齿顶宽为 5.86mm，此时的齿顶宽即应为 5.06mm 左右），记下此时小拖板的刻度值，然后使小拖板回 0°再以小拖板的刻度 0 和上次车到齿顶宽为 5.86mm 时的小拖板刻度为准，进行第二次车削。

第二次车削时，小拖板的刻度应先回到 0，并由 0 向左移动 0.2mm，目的是要使第二次车削时形成的齿形右侧面与第一次车削的齿形右侧面恰好接平。中拖板进刀还是 1mm，接着由小拖板作与上次方向一致的"赶刀"，每次小拖板的"赶刀量"仍为 2mm，这时一定要注意小拖板的刻度，当与第一次车削的小拖板刻度还差 0.2mm，刚好与第一刀车削的齿形左侧面恰好接平时，小拖板回 0。再以小拖板的刻度 0 和上次车到齿顶宽为 5.86mm 时的小拖板刻度为准，进行第三次车削。

如此反复进行车削，当齿形车削得较深后，小拖板的"赶刀量"也就相应减小，但中拖板的进刀量始终保持 1mm。当蜗杆齿顶宽双面留有 0.8mm 余量，根径留 0.2mm 余量时，粗车即可停止。

（2）蜗杆的精车：主轴转速 $n = 16r/min$，车削时使用精车刀，刀体不能转动（否则要影响蜗杆齿形的精度）。所用的车削方法为分别精车齿形两侧面，直至车到要求尺寸为止。

59. 蜗杆有哪些测量方法？

答：（1）分度圆直径的测量：分度圆直径的测量方法与梯形螺纹中径的测量方法相同，采用三针或单针测量法，计算公式也一样。但蜗杆的齿距和导程比较大，一般无法用三针测量，大多数用单针测量。使用单针测量法，测量值A的计算公式为：

$$A = \frac{M + d_0}{2}$$

式中　d_0——蜗杆的实际测量外径尺寸值（mm）；

　　　M——蜗杆分度圆直径尺寸（mm）。

（2）齿厚的测量：齿厚的测量方法，一般是用齿轮游标卡尺测量蜗杆分度圆直径处的法向齿厚。齿轮游标卡尺由互相垂直的齿高卡尺和齿厚卡尺组成，如图7-60所示，测量时将齿高卡尺读数调整到齿顶高（蜗杆齿顶高等于模数m_x）法向卡入齿廓，亦使齿轮卡尺和蜗杆轴线相交成一个导程角的角度，作少量转动，使卡角与蜗杆两侧面接触（利用微调调整），此时的最小读数即是蜗杆分度圆直径处的法向齿厚s_n。

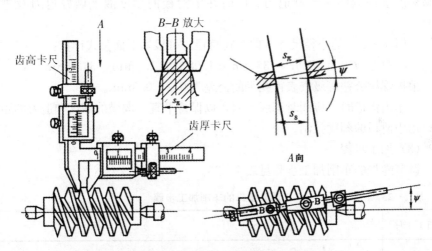

图7-60　用齿厚卡尺测量法向齿厚

60. 试举例说明螺纹的车削方法和步骤？

答：实例一：调节螺母的加工

（1）加工要求

调节螺母的加工尺寸如图7-61所示。每次加工数量为5～8件。毛坯为热轧圆钢，毛坯尺寸为ϕ75mm×38mm。

（2）加工方法

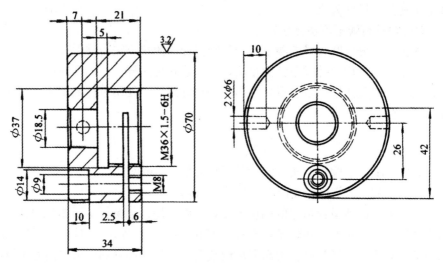

图 7 - 61　调节螺母的加工尺寸

①车削 M36×1.5 内螺纹，由于螺孔直径较小，目测退刀较困难，可以用床鞍刻度盘的刻线来控制退刀。同时在中滑板的刻度圈上做好退刀及进刀记号。

②M36×1.5 的小径尺寸（即车孔直径）可根据下面公式计算：

$$D_1 = d - 1.0825P = 36\text{mm} - 1.0825 \times 1.5\text{mm} = 34.4\text{mm}$$

根据螺纹公差等级查表得孔径的公差为 0～+0.3mm。

③车内沟槽时，应同时车底平面，以保持平直。沟槽的深度和退刀的距离可以用中滑板的刻度控制。

（3）加工步骤

调节螺母的车削加工步骤见表 7 - 23。

表 7 - 23　　　　　　　　　调节螺母的车削加工步骤

加工工序	图　示	说　明
1		三爪自定心卡盘，夹住毛坯外圆，钻孔φ18.5mm（如左图所示）

加工工序	图　示	说　明
2	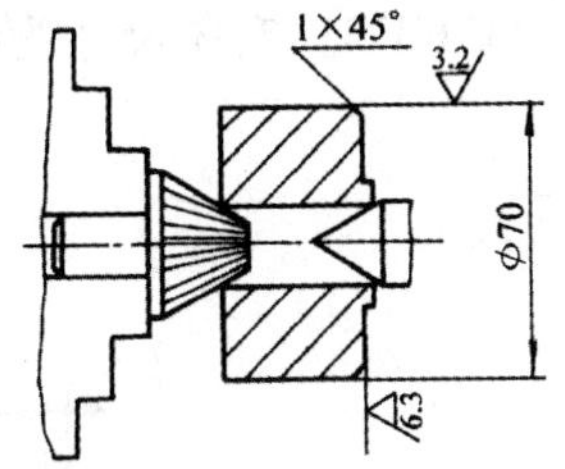	一端用梅花顶尖，一端用活顶尖顶住（如左图所示） ①车端面至活顶尖刹根处 ②车外圆∅70mm 至尺寸 ③倒角
3	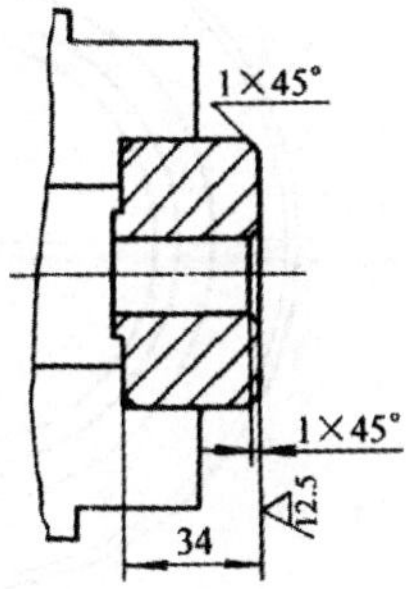	软卡爪，夹住∅ 70mm 外圆（如左图所示） ①车端面，尺寸34mm ②倒角
4	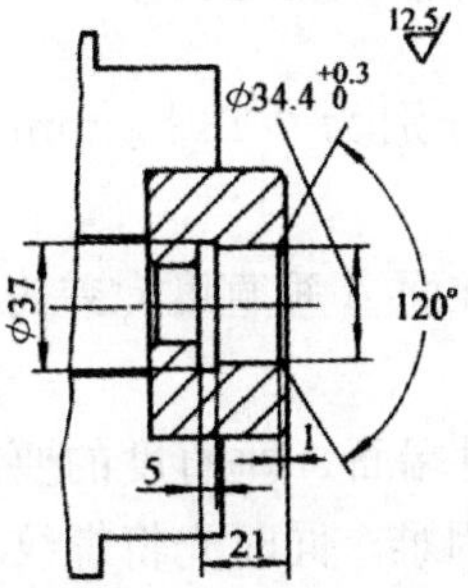	调头，按序号 3 装夹方法（如左图所示） ①车 M36×1.5mm 螺纹孔径至∅34.4$^{+0.3}_{0}$ mm、长度21mm ②车内沟槽∅ 37mm×5mm 至尺寸 ③孔口倒角 1×120°
5	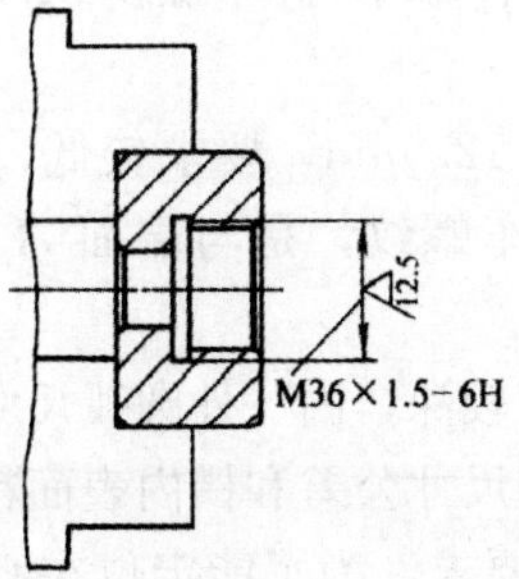	按序号 4 装夹方法（如左图所示） 车 M36×1.5-6H 内螺纹至尺寸

实例二：锁紧螺母的加工

（1）加工要求

锁紧螺母的加工尺寸如图 7-62 所示。每次加工数量为 8～10 件。毛坯为热轧圆钢，材料为 45，热处理调质 235HBS。毛坯尺寸为 ϕ 80mm×17mm。对图样分析如下：

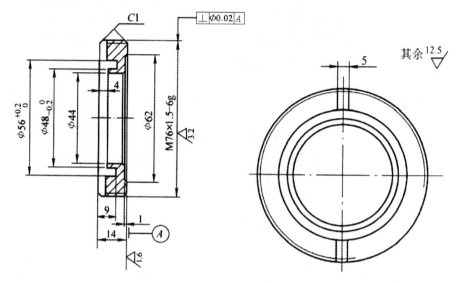

图 7-62 锁紧螺母的加工尺寸

①平面直槽的内、外圆弧尺寸分别为 $\phi 48_{-0.2}^{0}$ mm 和 $\phi 56_{0}^{+0.2}$ mm，槽深 9mm。

②螺纹 M76×1.5-6g 轴线对基准面 A 垂直度允差为 0.02mm。

（2）加工工艺方法

①根据螺纹 M76×1.5-6g 轴线对端面 A 垂直度的要求，加工时螺纹与端面应在一次装夹中加工，但装夹比较困难。同时先将螺纹车好后，再加工其他表面时，容易把螺纹夹坏。如果将工件以孔定位在心轴上，采用多件装夹，然后在两顶尖间精车螺纹大径至 $\phi 76_{-0.15}^{-0.10}$ mm，并车螺纹 M76×1.5-6g 至尺寸，这样就方便多了。

②左端面的表面粗糙度值为 Ra 12.5μm，要求较低，磨削该面的目的是保证工件定位在心轴上，多件装夹车螺纹，是与端面 A 达到垂直度的工艺措施。

③端面上的直槽宽度较窄，深度较深，内、外圆弧尺寸有精度要求，可用高速钢直槽车刀车槽，这样容易控制尺寸公差和槽内表面粗糙度。

④内孔 ϕ 44mm，图样上无精度要求，为了能定位在心轴上车螺纹，所以工艺要求将孔车到 $\phi 44_{0}^{+0.05}$ mm。

216

⑤两端倒角 $C1.5$，在心轴上多件装夹后无法再车，所以在粗车外圆时，将倒角车到 $C2.5$，这样在心轴上精车螺纹大径后，保持倒角 $C1$。

⑥锁紧螺母的机械加工顺序安排如下：热处理调质235HBS→车端面、粗车螺纹大径→调头、车端面至长度、钻、扩孔→车端面直槽及凹面→车孔→平磨两端面→装夹于心轴、车外螺纹→铣平面槽→修毛→清洗入库。

（3）工件的定位与夹紧

①车端面及粗车螺纹大径时，工件以毛坯外圆为粗基准，用三爪自定心卡盘夹住。装夹时，由于工件直径大、长度短，所以夹住 3mm 左右长度的毛坯外圆即可。如果用软卡爪装夹，车一台阶夹住工件外圆，这样车削时就不必再找正工件。

②用软卡爪装夹已加工外圆、端面，车端面直槽及其他加工表面。

③车螺纹时，工件以孔 $\phi 44^{+0.05}_{0}$ mm 为定位基准使用心轴装夹于两顶尖间。

（4）刀具选择

①内孔 $\phi 44$mm 选用 $\phi 30$mm、$\phi 42$mm 麻花钻为钻孔与扩孔。

②高速钢直槽刀，刀头宽度为 $4.1 \sim 4.2$mm，刀头的几何形状可以按切断刀几何形状刃磨，由于在端面上车直槽时，直槽刀的左刃刀尖相当于车削内孔 $\phi 56$mm，因此应将左刀尖处的左副后面刃磨成圆弧，它的大小略小于 $R28$mm 圆弧。

③车外螺纹时，可选用 YT15 硬质合金螺纹车刀进行高速切削。

（5）加工步骤

锁紧螺母的机械加工步骤见表 7-24。

表 7-24　　　　　　　　　　锁紧螺母的车削加工步骤

加工工序	图　示	说　明
1	—	热处理。调质235HBS
2	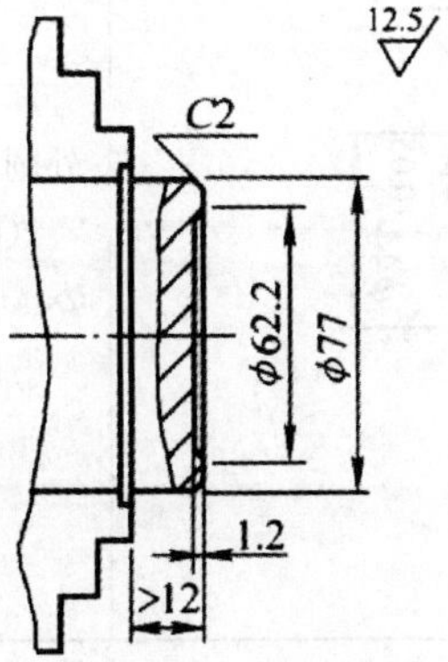	车。用三爪自定心卡盘夹住毛坯外圆，长度 3mm 左右（如左图所示） ①车端面，毛坯车出即可 ②车螺纹 M76×1.5 大径至 $\phi 77$mm ③车凹面 $\phi 2.2$mm×1.2mm 至尺寸 ④倒角 $C2$

加工工序	图　示	说　明
3	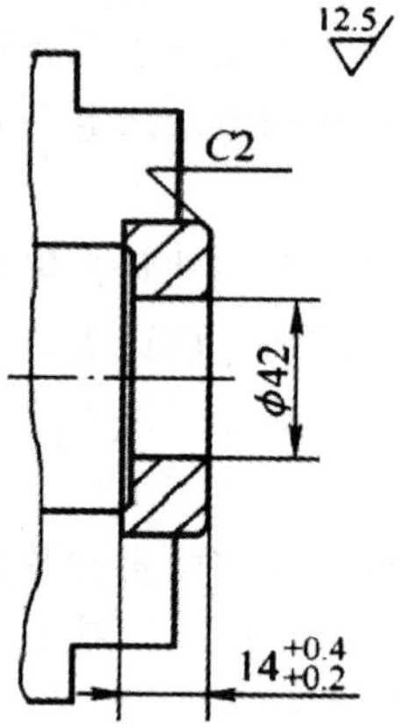	车。用软卡爪夹住ϕ77mm 外圆（如左图所示） ①车端面，尺寸 14mm 至 $\phi14^{+0.4}_{+0.2}$ mm ②倒角 C2 ③ 钻孔 ϕ 44mm 至 ϕ30mm ④扩孔至ϕ 42mm
4	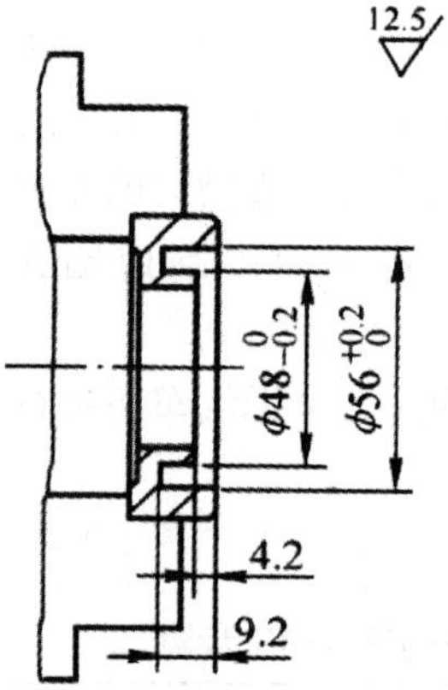	车。按工序 3 装夹方法（如左图所示） ① 车内端面，尺寸 4～4.2mm ②车直槽 $\phi48^{0}_{-0.2}$ mm×$\phi56^{+0.2}_{0}$ mm 至尺寸，深度 9～9.2mm ③锐角倒钝
5	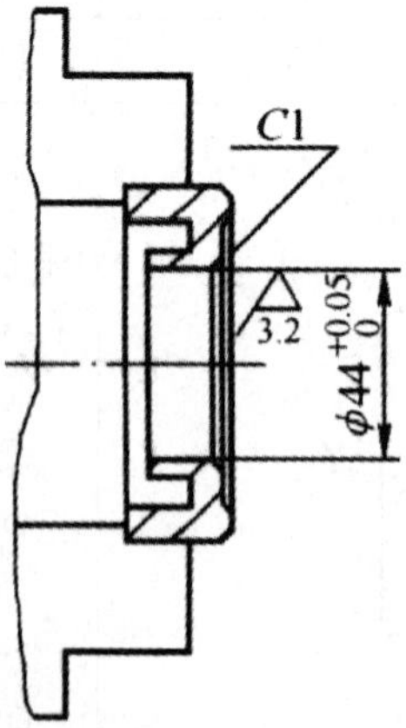	车。调头，夹住ϕ 77mm 外圆（如左图所示） ① 车孔 ϕ 44mm 至 $\phi44^{+0.05}_{0}$ mm ②倒角 C1

加工工序	图 示	说 明
6	—	平面磨。工件装于电磁吸盘,两次装夹磨两端面,尺寸 14mm;两平面平行度误差不大于 0.01mm
7		车。工件以孔定位于心轴(多件装夹),装夹于两顶尖间(如左图所示) ① 车 M76×1.5 大径至 $\phi 76_{-0.15}^{-0.10}$ mm ②车 M76×1.5 - 6g 螺纹至尺寸 ③用锉刀修去螺纹表面毛刺
8	—	铣。工件装夹工作台面,压牢铣槽 5mm × 4mm 至尺寸
9	—	钳。修毛刺
10	—	普。清洗、涂防锈油,入库

(6)检验与误差分析

①尺寸 $\phi 48_{-0.2}^{0}$ mm× $\phi 56_{0}^{+0.2}$ mm 的检验。可用计数值 0.02mm Ⅰ型游标卡尺测量。

②螺纹轴线对端面 A 垂直度的检验。由于外圆表面是螺纹,若将工件端面 A 置于测量平板上,无法用百分表测量工件外表面。在实际工作中,一般由工艺保证其垂直度要求。如果要检验,就自制一螺纹套,作为测量工具。

实例三:车梯形丝杠

如图 7 - 63 所示为梯形丝杠尺寸示意,具体车削要求如下:

(1)车螺纹外圆

车螺纹外圆如图 7 - 64 所示。

①在工件一端车端面、钻中心孔。调头截取总长,并车外圆 ϕ 26×15 长。

②三爪自定心卡盘夹住 ϕ 26×15 处,另一端用顶尖支承,车外圆及沟槽和倒角。

219

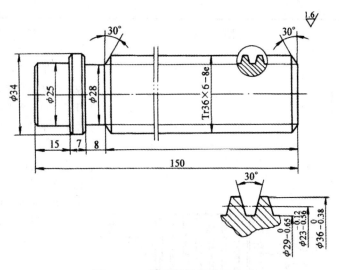

图 7 - 63 梯形丝杠尺寸示意

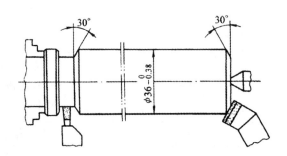

图 7 - 64 车螺纹外圆

（2）车梯形螺纹

①用直槽刀将螺纹车至小径尺寸，使螺纹成为矩形。切削速度一般为 10～15m/min。当车刀主切削刃与工件外圆轻微接触时，中滑板刻度调整至零位。按螺距 P 计算牙型高度确定总背吃刀量，并换算成刻度值，在中滑板刻度上用粉笔划线作总背吃刀量记号。用"直进法"背吃刀量以递减形式进给，开始背吃刀量为 0.3mm，车几刀后减至 0.2mm，最后几刀可减至 0.1mm，车到螺纹小径尺寸的上偏差时为止。

②粗车梯形螺纹两侧斜面，用"动态对刀法"将梯形螺纹车刀对准矩形槽的中间，当切削刃与槽接触时记下中滑板刻度值，然后退出车刀返回起始位置以外。用"直进法"与"左右切削法"相结合粗车螺纹。开始时，采用直进法车削，随着切削面积的增大，为防止振动和"扎刀"，改用"左右切削法"车斜面。螺纹粗车成形后，观察牙顶宽度（f），要求牙顶宽比牙槽底宽 0.5mm，并不可有明显的扎刀痕迹。

220

③车梯形螺纹时，车刀必须锐利，切削速度 $v<5m/min$。精车的步骤如下：

a. 精车槽底时，车刀对准螺旋槽后，中滑板作微量进给精车槽底，并将刻度调至零位。

b. 精车螺纹一侧斜面时，中滑板每刀都进至零位，小滑板微量进给精车螺纹一侧斜面。要尽量减少车削量，表面粗糙度值符合要求即可。

c. 精车螺纹另一侧斜面时，将小滑板朝着另一侧斜面移动，分几刀精车，当牙顶宽接近牙槽宽时，应采用梯形螺纹环规进行检查。环规的使用方法与三角形螺纹环规相同。粗车、精车梯形螺纹都必须加注切削液。

④去毛刺的方法，如图 7-65 所示。机床开动后，用细锉刀靠在牙尖上修去螺纹尖角处毛刺。

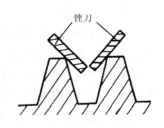

图 7-65　用锉刀去毛刺

实例四：蜗杆的加工

如图 7-66 所示为一蜗杆零件图，具体技术要求及加工方法如下：

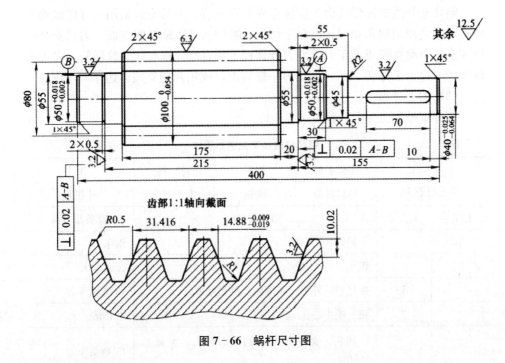

图 7-66　蜗杆尺寸图

（1）技术要求

①上图中以 $2\times\phi50^{+0.018}_{+0.002}$ 两轴颈的公共轴线为基准、$2\times\phi55$ 端面对基准的垂直度为 0.02mm。

221

②齿顶圆直径为 $\phi 100_{-0.054}^{0}$ ，输入端直径为 $\phi 40_{-0.064}^{-0.025}$ ，零件总长度为 400mm。

③材料为 45 钢。

④调质处理为 28～32HRC。

⑤模数 $m=10$，头数 $Z=1$，压力角 $\alpha=20°$，导角 $\gamma=7°07'30''$，方向右旋，渐开线蜗杆。

2. 工艺分析

该蜗杆的结构比较典型，代表了一般蜗杆的结构形式，其加工工艺过程具有代表性。因两端直径较小，可先进行粗车毛坯，留余量进行调质处理，调质处理后再进行零件加工。在单件或小批量生产时，采用普通车床加工，粗车、精车可在一台车床上完成，批量较大时，粗车、精车应在不同的车床上完成。

$\phi 40_{-0.064}^{-0.025}$、$\phi 50_{+0.002}^{+0.018}$、$\phi 100_{-0.054}^{0}$ 外圆精度要求较高，除精车外，也可留磨量，最后用外圆磨床来磨削。为了保证两端中心孔同心，该轴中心孔在开始时仅作为临时中心孔。最后在精加工时，修研中心孔，再以精加工过的中心孔定位。

粗切渐开线蜗杆螺纹面，应注意成形刀安装，刀具安装采用垂直螺纹面方向，目的是使切削角相同，以利于切削。精切渐开线蜗杆螺纹面，刀具安装时应注意用单面直线成形车刀，刀刃分别置于垂直蜗杆螺旋面螺纹两侧，先加工螺纹的一边，工件转 180°，加工另一螺旋面，或用两把直线刃边车刀车削。

（3）加工过程

蜗杆机械加工工艺过程见表 7-25。

表 7-25　　　　　　　　　蜗杆机械加工工艺过程卡

机械加工 工艺过程卡		零件名称	蜗杆	材　料	45
		坯料种类	圆钢	生产类型	小批量
工序号	工步号	工序内容			设备及刀具
10		下料 $\phi 105 \times 406$			锯床
20		粗车			普通车床
	1	夹坯料的外圆，车端面，见光即可			45°弯头车刀
	2	钻一端中心孔 A3.15/7			中心钻
	3	调头，夹坯料的外圆，车端面，保证总长 402			45°弯头车刀
	4	钻另一端中心孔 A3.15/7			中心钻

机械加工 工艺过程卡		零件名称	蜗杆	材　料	45
		坯料种类	圆钢	生产类型	小批量
工序号	工步号	工序内容			设备及刀具
	5	夹坯料的一端外圆，另一端顶住中心孔，粗车 $\phi100_{-0.054}^{\ 0}$ 外圆至 $\phi102$，长 354			90°外圆车刀
	6	车 $\phi55$ 外圆至 $\phi57$，长至 $\phi100_{-0.054}^{\ 0}$ 端面			90°外圆车刀
	7	车 $\phi50_{+0.002}^{+0.018}$ 外圆至 $\phi52$，长 155			90°外圆车刀
	8	车 $\phi100_{-0.054}^{\ 0}$ 端面，保证尺寸 20			90°外圆车刀
	9	车 $\phi45$ 外圆至 $\phi47$，保证尺寸 30			90°外圆车刀
	10	车 $\phi40_{-0.064}^{-0.025}$ 外圆 $\phi42$，保证尺寸 55			90°外圆车刀
	11	调头。三爪夹 $\phi40_{-0.064}^{-0.025}$ 外圆处，另一端用顶尖顶住中心孔，夹紧，车 $\phi55$ 外圆至 $\phi57$，长至 $\phi100_{-0.054}^{\ 0}$ 端面			90°外圆车刀
	12	车 $\phi100_{-0.054}^{\ 0}$ 端面，保证齿部尺寸 175 至 177			90°外圆车刀
	13	粗车蜗杆螺纹，各面留余量 1			40°直刃成形车刀
30		整体调质处理 28～32HRC			
40		精车			普通车床
	1	三爪夹 $\phi55$ 外圆处，另一端用顶尖顶住中心孔，夹紧，在 $\phi40_{-0.064}^{-0.025}$ 外圆处和靠近卡爪端 $\phi100_{-0.054}^{\ 0}$ 外圆处各车一段架位，表面粗糙度 $Ra\,6.3\mu m$			90°外圆车刀
	2	在 $\phi40_{-0.064}^{-0.025}$ 架位上装上中心架，找正，移去顶尖。车端面，保证总长 401			45°弯头车刀
	3	修中心孔至 A4/8.5			中心钻
	4	调头。三爪夹 $\phi40_{-0.064}^{-0.025}$ 外圆处，另一端用顶尖顶住中心孔，夹紧，在 $\phi100_{-0.054}^{\ 0}$ 架位上装上中心架，找正，移去顶尖。车端面，保证总长 400			45°弯头车刀
	5	修中心孔至 A4/8.5			中心钻

续表 2

机械加工 工艺过程卡		零件名称	蜗杆	材　料	45
		坯料种类	圆钢	生产类型	小批量
工序号	工步号	工序内容			设备及刀具
	6	顶住中心孔，夹紧，移去中心架，车 ϕ 55 外圆至要求，长至 $\phi100_{-0.054}^{0}$ 端面			90°外圆车刀
	7	车 $\phi100_{-0.054}^{0}$ 端面至要求，保证齿部尺寸 175～176			90°外圆车刀
	8	切 2×0.5 的退刀槽至要求，保证尺寸 215～216			切槽刀
	9	精车 $\phi50_{+0.002}^{+0.018}$ 外圆至要求，表面粗糙度 Ra 3.2μm，长至 ϕ 55 端面，靠平端面			90°外圆车刀
	10	倒角 1×45°			45°弯头车刀
	11	调头。三爪夹 $\phi50_{+0.002}^{+0.018}$ 外圆处，另一端用顶尖顶住中心孔，夹紧，车 $\phi100_{-0.054}^{0}$ 外圆至要求，表面粗糙度 Ra 6.3μm			45°弯头车刀
	12	车 ϕ 55 外圆至要求，长至 $\phi100_{-0.054}^{0}$ 端面			90°外圆车刀
	13	车 $\phi100_{-0.054}^{0}$ 端面至要求，保证齿部尺寸 175			90°外圆车刀
	14	切 2×0.5 的退刀槽至要求，保证尺寸 155			切槽刀
	15	精车 $\phi50_{+0.002}^{+0.018}$ 外圆至要求，表面粗糙度 Ra 3.2μm，长至 ϕ 55 端面，靠平端面			90°外圆车刀
	16	车 ϕ 45 外圆至要求，保证尺寸 30			90°外圆车刀
	17	车 $\phi40_{-0.064}^{-0.025}$ 外圆至要求，保证尺寸 55，表面粗糙度 Ra 3.2μm			90°外圆车刀
	18	倒角 1×45°、2×45°			45°弯头车刀
	19	用两把直线刃边车刀粗精车螺纹面至要求，保证分度圆 ϕ 80，表面粗糙度 Ra 3.2μm			单边 20°直线刃边车刀
50		划键槽线			
60		铣键槽			立式铣床
70		检验			

第八章　特殊零件的车削

1. 什么是偏心工件？偏心工件有哪些车削方法？

答：工件的外圆与外圆或内孔与外圆之间的轴线平行而不相重合，这类工件称为偏心工件。常见偏心工件的车削方法如下：

（1）在三爪自定心卡盘上车偏心工件。

（2）在四爪单动卡盘上车偏心工件。

（3）在两顶尖间车偏心工件。

（4）在双卡盘上车偏心工件。

（5）在偏心卡盘上车偏心工件。

（6）在专用偏心夹具上车偏心工件。

在车床上车削偏心工件的方法较多，主要采用在三爪自定心卡盘、四爪单动卡盘和两顶尖装夹进行车削。用四爪单动卡盘或两顶尖装夹工件时，应先在工件端面上划出偏心轴线的位置。

2. 在三爪卡盘上车削偏心零件的原理是什么？

答：对偏心工件的车削通常是根据偏心工件的心距的大小在三爪卡盘的一爪上垫上一定厚度的垫片，使工件的轴线产生偏移来进行的。如图 8-1 所示可知，由于三爪卡盘的卡爪间隔 120°分布，因此工件的偏心距 e 不等于垫片的厚度 x，但通过计算可得到垫片的厚度 x 和偏心距 e 的关系。

3. 在三爪卡盘上车削偏心零件的车削步骤有哪些？

答：偏心工件的车削方法一般分如下几步：

（1）先把偏心工件中不是偏心的部分外圆车好。

（2）根据外圆 D 和偏心距 e 计算预垫片厚度。

（3）将试车后的工件缓慢转动，用百分表在工件上测量其径向跳动量，跳动量的一半就是偏心距，也可试车偏心，注意在试车偏心时，只要车削到能在工件上测出偏心距误差即可。

（4）修正垫片厚度，直至合格。

4. 在三爪卡盘上车削偏心零件时，怎样计算较小和较大工件垫片的厚度？

答：（1）偏心距较小工件的垫片厚度计算：工件的偏心距较小时，即 $e<$ 5～6mm 时，采用三爪卡盘的一个卡爪垫上垫片的方法使工件产生偏心，如图 8-1（a）所示，垫片的厚度 x 与偏心距 e 间的关系为：

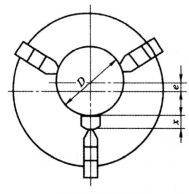
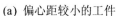
(a) 偏心距较小的工件

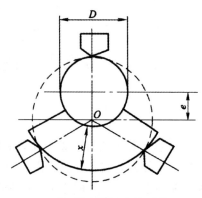
(b) 偏心距较大的工件

图 8-1　在三爪卡盘上车削偏心工件

$$x = 1.5e\left(1 - \frac{e}{2D}\right)$$

式中　e——偏心工件的偏心距（mm）；

　　　D——夹持部位的工件直径（mm）。

D 相对于 e 较大时可简化为：

$$x \approx 1.5e \pm k$$

$$k \approx 1.5\Delta e$$

式中　k——偏心距修正值，其正负值按实测结果确定（mm）；

　　　Δe——试切后实测偏心距误差（mm）。

（2）偏心距较大工件的垫片厚度计算：切削偏心距较大工件时，垫片使用扇形垫片，如图 8-1（b）所示，扇形垫片厚度 x 与偏心距 e 间的关系为：

$$x = 1.5e\left(1 + \frac{e}{2D + 7e}\right)$$

在车削偏心精度要求较高的工件时，先按以上公式计算出垫片厚度 x，试车削后，实测偏心距误差 Δe，再对厚度进行修正，修正公式为：

$$x_{实} = x \pm 1.5\Delta e$$

5. 举例说明在三爪卡盘上车削偏心零件的方法。

答： 如图 8-2 所示为一偏心轴的零件图，材料为 45 钢，数量为 50 只。其图样分析及加工步骤如下：

（1）图样分析

①由图 8-2 所示，这是一个普通轴类偏心零件，小端直径为 $\phi 20^{-0.02}_{-0.04}$ mm，大端直径为 $\phi 30^{-0.025}_{-0.050}$ mm，偏心距为（4 ± 0.15）mm。

②零件外圆表面粗糙度为 $Ra\,1.6\mu$m，数量为 50 只。

226

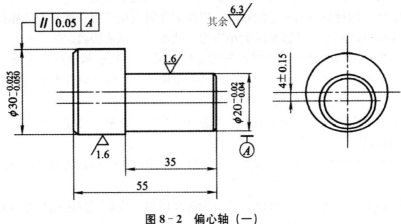

图 8-2 偏心轴（一）

③工件的偏心距<5～6mm 时，可采用三爪卡盘的一个卡爪垫上垫片的方法使工件产生偏心，通过计算可以得到垫片厚度 x，即：

$$x = 1.5e\left(1 - \frac{e}{2D}\right) = 1.5 \times 4\left(1 - \frac{4}{2 \times 30}\right)$$
$$= 6 \times \frac{14}{15}$$
$$= 5.6 \ (\text{mm})$$

（2）加工步骤

①下零件料 ϕ 35mm×58mm，备垫片料 ϕ 15mm 圆钢，长 50mm 左右或以上。

②车 ϕ 15mm 圆钢，成 ϕ 10mm×18mm，铣扁一侧（或线切割），厚度为（5.6±0.05）mm，作为车削偏心垫片。

③夹一端，伸出长 30mm 左右，车端面，车大端外圆至 $\phi 30^{-0.025}_{-0.050}$ mm，倒角 1×45°。

④调头，车端面，定总长 55mm。

⑤松开零件，在一个卡爪上垫上 5.6mm 厚的垫片，装夹、校正、夹紧。

⑥试车削或用百分表测量偏心距，得 Δe，调整垫片厚度，安装、校正、夹紧。

⑦粗车、精车小端外圆尺寸至 $\phi 20^{-0.02}_{-0.04}$ mm，保证长度 35mm，倒角 1×45°。

⑧检验。

（3）容易产生的问题及注意事项：在三爪卡盘上车削偏心工件时，由于各种原因会产生多种问题，因此应注意以下几个方面：

①开始装夹或修正 x 后重新装夹时，均应用百分表校正工件外圆，使外

227

圆侧母线与车床主轴线平行，保证偏心轴两轴线的平行度。

②垫片的材料应有一定的硬度，以防装夹时发生变形。垫片与圆弧接触的一面应做成圆弧形，其圆弧的大小应等于或小于卡爪的圆弧。

③当外圆精度要求较高时，为防止压坏外圆，其他两卡爪也应垫一薄垫片，但应考虑对偏心距 e 的影响，如果使用软卡爪，则不应考虑对偏心距 e 的影响。

④由于工件偏心，开车前车刀不能靠近工件，以防工件碰坏车刀，切削速度也不宜高。

⑤为防止硬质合金刀头破裂，车刀要有一定的刃倾角，切刀量大时进给量要小。

⑥由于车削偏心工件可能一开始为断续切削，故采用高速钢车刀较好。但要注意避免飞溅碎屑伤人。

⑦测量后如果不能满足工件质量要求，需修正垫片厚度后重新加工，重新安装工件时，应注意其他垫片的夹持位置。

6. 怎样在四爪卡盘上车削偏心零件？

答：对于数量较少、精度要求不高、长度较短而大或者形状比较复杂的偏心工件，通常采用四爪卡盘装夹来进行加工，如图 8-3 所示。在四爪卡盘上车偏心工件时，应先在工件端面上划出以偏心圆中心为圆心的圆周线，作为辅助基线进行偏心校正，同时需校正已加工部位的外圆直线度，然后即可进行车削。车削时要注意：工件的回转是不圆整的，车刀必须从最高处开始进刀车削，否则会把车刀敲坏，使工件移动。

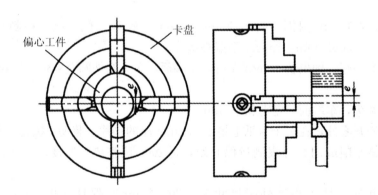

偏心工件　卡盘

图 8-3　用四爪卡盘夹车削偏心零件

7. 在四爪卡盘上车削偏心零件时，零件的划线方法有哪些？

答：偏心零件的划线方法可按如下步骤进行：

（1）划偏心

①找出工件的轴线后，在工件的端面和四周划圈线。

②将工件转动90°，用90°角尺对齐已划好的端面线，然后用调整好的光标高度尺再划一道圈线，工件上就得到两道互相垂直的圈线。

③将光标高度尺的光标上移一个偏心距 e，在光轴端面和四周再划一道圈线。

④在光轴两端面上，分别打出偏心中心的样冲眼，样冲眼的中心位置要准确，眼坑直浅，且小而圆。

a. 若采用两顶尖装夹车削偏心轴，则以此样冲眼先钻出中心孔。

b. 若采用四爪单动卡盘装夹车削偏心轴，则要以样冲眼为中心先划出一个偏心圆（在端面允许的情形下，偏心圆直径宜取大值），并在此偏心圆上均匀、准确地打上几个样冲眼，以便于找正，如图8-4所示。

（2）按划线校正

①卡爪位置的调整：调整卡盘卡爪的位置，使其中两爪呈对称位置，另两爪呈不对称位置，其偏离主轴中心距离大致等于工件的偏心距。各对卡爪之间张开的距离稍大于工件装夹部位的直径，使工件偏心圆柱的轴线与车床主轴轴线基本重合，然后装上工件，如图8-5所示。

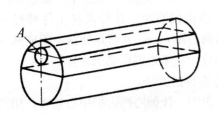

图8-4　偏心圆直径划线

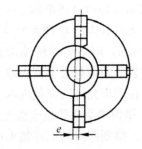

图8-5　调整卡爪位置图

②校正侧素线：将划线盘置于中滑板（或床鞍）上面的适当位置，使划针尖端对准工件外圆侧素线（如图8-6所示），移动床鞍，检查侧素线是否水平，若侧素线不水平，可用木锤轻轻敲击进行校正。然后，将卡盘（工件）转动90°，用同样的方法对侧素线进行检查和校正。

③校正偏心圆：第一点，将划针尖端对准工件端面的偏心圆。转动卡盘，校正偏心圆（如图8-7所示）；第二点，重复以上操作，直至使两条侧素线匀呈水平（基准圆轴线与偏心圆轴线平行），使偏心圆轴线与车床主轴轴线重合为止；第三点，将4个卡盘成对均匀地拧紧一遍，并检查确认侧素线和偏心圆在紧固卡爪时没有位移。由于存在划线误差和校正误差，按划线校正偏心工件位置的方法仅适用于加工精度要求不高的偏心工件。

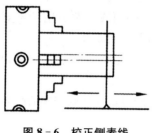

图 8-6　校正侧素线

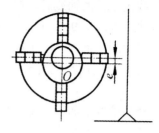

图 8-7　校正偏心圆

（3）用百分表校正

①先按划线初步校正工件。

②用百分表校正，使偏心圆轴线与车床主轴轴线重合，如图 8-8 所示，校正 a 点处（用卡爪调整），校正 b 点处（用木槌轻敲）。

③移动床鞍，用百分表在 a、b 两点处交替测量，校正工件侧素线，使偏心工件两轴线平行，百分表在两端的读数差值，一般应控制在 0.02mm 以内（或根据零件精度要求）。

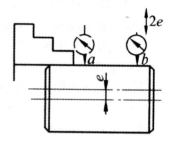

图 8-8　用百分表校正偏心圆

④将百分表测量杆垂直于基准轴（光轴），使触头接触外圆表面并压缩 0.5～1mm，用手缓慢转动卡盘一周，校正偏心距。百分表在工件转过一周中，读数最大值与最小值之差一半即为偏心距 e。a、b 两点处偏心距应基本一致，并在图样允许误差范围内。反复调整，直至达图样要求为止。

8. 举例说明在四爪卡盘上车削偏心零件的方法。

答：将划好线的工件装夹在四爪卡盘中，让偏心圆占据中心位置，用划针盘校正；然后将划针盘移到侧面，校正外圆上的划线，对该划线校水平；拨动卡盘，使工件转过 90°，用同样的方法校平外圆上的划线，接着回到端面再复校偏心圆；工件校正后，把 4 个爪拧紧一遍就可以车削了。

要注意的是，切削偏心工件时切削速度不能太高。初切削时，吃刀量要少，进给量要小，等工件车圆后，再增加切削用量。

如图 8-9 所示，为一偏心轴的零件图，材料为 45 钢，数量为 1 只。其图样分析及加工步骤如下。

（1）图样分析

①由图 8-9 可知，这是一个普通轴类偏心零件，小端直径为 ϕ60mm，大端直径为 ϕ100mm，偏心距为 15mm。

②工件外圆没有公差要求，零件外圆表面粗糙度为 Ra 1.6μm，数量为 1 只，可用车削的方法进行加工。

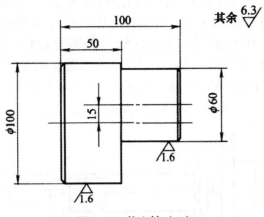

图 8-9　偏心轴（二）

由于工件直径较大，偏心距不大，零件长度也较短，因此可以采用四爪卡盘夹偏心的装夹方法进行车削。

（2）加工步骤

①下料 ϕ 105mm×106mm。

②夹一端，伸出长 102mm 左右，车端面，钻中心孔 A6.3，车外圆至 ϕ 100mm，保证表面粗糙度 Ra 1.6μm，端面倒角 2×45°。

③调头，车端面，定总长 100mm，去锋口。

④卸下零件，在零件上划线，并在线上打样冲眼。

⑤按划线要求，在四爪卡盘上进行校正。

⑥车小端外圆至 ϕ 60mm，定长度 50mm，保证表面粗糙度 Ra 1.6μm，端面倒角 2×45°，未倒角端面去锋口。

⑦检验。

（3）容易产生的问题及注意事项

①平板要平整、清洁，高度尺要校零，保证划线准确。

②划出的线条要清晰、准确，在划线上打样冲眼时，样冲要尖，须打在线上或交点上，一般打 4 个样冲眼即可。

③装夹工件时要认真仔细，不要夹伤工件表面，注意校正工件，校准后四爪须再拧紧一遍。

④安装工件后，为了检查划线误差，可用百分表在外圆上测量，缓慢转动工件，观察其跳动量，并进行调整。

⑤刚开始切削时，切削用量要小些，等工件车圆后，再增加切削用量。

9. 怎样用两顶尖装夹车偏心工件？

答：较长的偏心轴，只要两端能钻中心孔，有装夹鸡心夹头的位置，一般

231

应该采用两顶尖装夹进行车削。用两偏心的中心孔定位车削偏心圆柱，与在两顶尖间车削一般外圆柱方法相同（如图 8-10 所示），主要的差别是车削偏心圆柱时，在工件一转中加工余量变化很大，且是断续切削，因此会产生较大的冲击和振动；用两顶尖装夹车偏心工件，不需要用很多的时间去校正工件的偏心距 e；用两顶尖装夹车偏心工件，关键是要保证基准圆柱中心孔和偏心圆柱中心孔的位置精度，否则偏心距精度将无法保证。

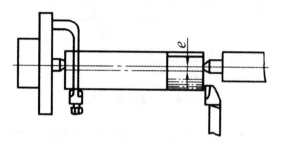

图 8-10　在两顶尖车削偏心零件

10. 怎样用两顶尖装夹车削偏心中心孔加工？

答: 单件、小批量生产时，精度要求不高的偏心轴，其偏心中心孔可经划线后钻床上钻出；偏心距精度较高时，其偏心中心孔可在坐标镗床上钻出。成批生产时，偏心中心孔可在专门的中心孔钻床或偏心夹具上钻出（如图 8-11 所示）。

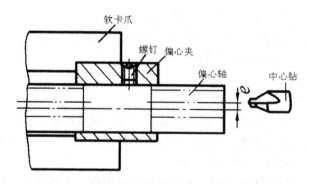

图 8-11　在专门钻床或偏心夹具上钻中心孔

偏心距较小的偏心轴，偏心中心孔与基准中心可能部分重叠，此时可按图 8-12 所示方法，将工件长度加长两个中心孔深度，车削时先用两基准中心孔装夹车成光轴，然后切去基准中心孔至工件长度再划线，钻偏心中心孔，车削偏心圆柱。即:

$$L = l + 2h$$

式中　　L——偏心轴毛坯长度（mm）；

　　　　l——偏心轴实际长度（mm）；

　　　　h——中心孔深度（mm）。

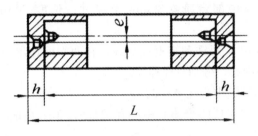

图 8 - 12　钻偏心中心孔

11. 举例说明在两顶尖上车削偏心零件的车削方法。

答：如图 8 - 13 所示为一偏心轴，材料为 45 钢，数量为 1 只。其图样分析及加工步骤如下。

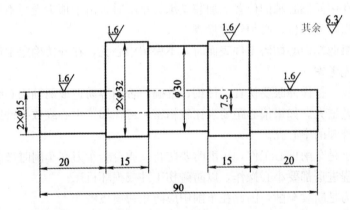

图 8 - 13　偏心轴（三）

（1）图样分析

①由图 8 - 13 可知，这是一个中部台阶外圆与两端轴颈有较小偏心的轴类零件，两端外圆直径为 $2 \times \phi 15$mm，中部台阶外圆直径分别为 $2 \times \phi 32$mm 和 $\phi 30$mm，偏心距为 7.5mm。

②工件外圆没有公差要求，零件外圆表面粗糙度为 $Ra\ 1.6\mu$m 和 $Ra\ 6.3\mu$m，数量为 1 只，可用车削的方法进行加工。

由于工件直径不大，偏心距也较小，轴的两端有鸡心夹头的装夹位置，因此可以在两顶尖间装卡加工。

（2）加工步骤

①下料 $\phi 35$mm×96mm。

233

②夹一端，伸出长度 30mm，车端面，光出即可，钻中心孔 A2.5，车外圆至 φ 32mm，长度 15mm。

③调头，车端面，定总长 90mm，钻中心孔 A2.5，车整个外圆至 φ 32mm；分中，车中部台阶 φ 30mm 至尺寸，长度 20mm，保证右端长度 35mm。

④在平板上利用 V 形铁和高度尺划线，在两端面作出十字垂直线，并作出 φ 15mm 偏心圆中心，分别打样冲眼。

⑤用立钻在两端钻中心孔 A1.6。

⑥在前后顶针间支顶两个偏心中心孔 A1.6，车一端偏心外圆 φ 15mm×20mm，去锋口。

⑦调头，车另一端偏心外圆 φ 15mm×20mm，去锋口。

⑧检验。

（3）容易产生的问题及注意事项

①在车削两头偏心轴时，支顶不要过紧，防止中间偏心轴受轴向力而变形，最好在中间偏心轴的位置上加装支承。车削时，由于顶尖受力不均匀，前顶尖容易损坏或移位，必须经常检查。

②如果两端中心妨碍工件表面时，不保留中心孔，在开始确定工件总长度时必须预先考虑。

③划线、打样冲眼要认真、仔细、准确，否则容易造成两轴轴心线歪斜和偏心距误差增大。如果偏心距要求比较精密，可在加工中心或数控铣床上编程钻出偏心外圆的中心孔。

④由于是车削偏心工件，车削时要防止硬质合金车刀在车削时被碰坏。车刀在空行程进退都要小心操作，以防碰伤工件或损坏机床。

⑤因为是断续车削，因此在车削中应防止切屑飞溅伤人。

12. 怎样在偏心卡盘上车偏心工件?

答： 偏心卡盘的结构如图 8－14 所示，分为两层，底盘 2 用螺钉固定在车床主轴的连接盘上。偏心体 3 下部与底盘燕尾槽相互配合，其上部通过螺钉 6 与三爪自定心卡盘 5 连接，利用丝杠 1 调整卡盘的中心距。偏心距 e 的大小可在两个测量头 7、8 之间测得，当 e＝0 时，两测量头正好相碰，转动丝杠 1 时，测量头 8 逐渐离开 7，其离开的距离正好就是偏心距。若偏心距调整好后，锁紧螺钉 4，防止偏心体移动，然后工件安装在三爪自定心卡盘上就可以车削了。

由于偏心卡盘的偏心距可用量块或百分表控制，因此可以获得很高的精度，另外偏心卡盘调整方便，通用性强，是一种较理想的车偏心夹具。

13. 怎样用偏心卡盘装夹曲轴?

答： 偏心卡盘的结构如图 8－15 所示。花盘 1 通过过渡盘与机床主轴连

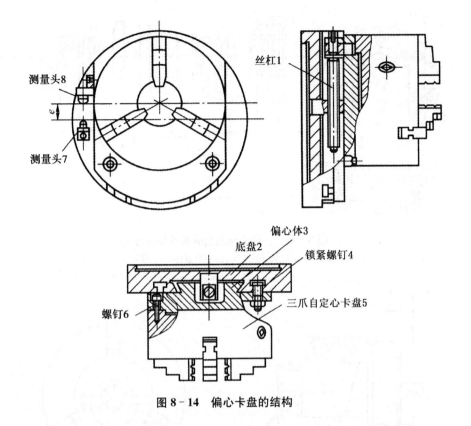

图 8-14　偏心卡盘的结构

接，偏心卡盘体 4 通过燕尾槽与花盘连接，偏心卡盘体在丝杆 2 的带动下，可作偏心移动，满足不同曲拐偏心距调整的要求。偏心距大小和精度可用触头 6 和 7 之间的块规测量。调整好后，用螺钉紧固。偏心卡盘体上有一对开轴承座 3，曲轴的主轴颈就装夹在轴承座中。

　　偏心卡盘装夹曲轴与用偏心卡盘车削偏心工件不同的只是在偏心卡盘上有一个对开轴承座 3。用偏心卡盘装夹曲轴进行车削时，在车床尾座的一端也要装上偏心夹具，且尾座必须改装成如同车床主轴一样可以转动。用这种方法装夹曲轴比两顶针装夹刚性要好，并且偏心可以调整，适用性较强。

　　14. 怎样在专用夹具上车偏心工件?

　　答: (1) 用偏心夹具车偏心工件。加工数量较多、偏心距精度要求较高的工件时，可以制造专用偏心夹具来装夹和车削。如图 8-16 (a) 所示是一种简单的专用偏心夹具。夹具中预先加工一个偏心孔，其偏心距等于工件的偏心距，工件就插在夹具的偏心孔中，用铜头螺钉紧固。也可以把偏心夹具的较薄处铣开一条狭槽 [如图 8-16 (b) 所示]，依靠夹具变形来夹紧工件。

　　(2) 用偏心夹具钻偏心中心孔。当加工数量较多的偏心轴时，用划线的方

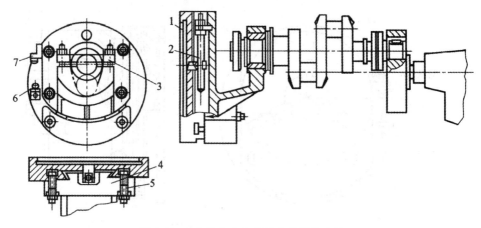

图 8 - 15　在偏心卡盘上装夹曲轴的方法

1. 花盘；2. 丝杆；3. 轴承座；4. 偏心卡盘体；5. 螺钉；6、7. 触头

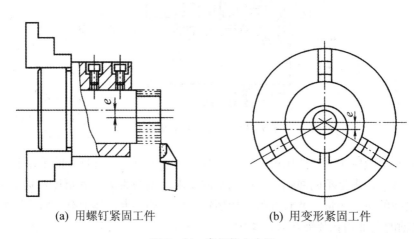

(a) 用螺钉紧固工件　　　　　　(b) 用变形紧固工件

图 8 - 16　专用偏心夹具

法钻中心孔，生产率低，偏心距精度不易保证。这时可将偏心轴装夹在偏心夹具中钻中心孔（如图 8 - 12 所示）。工件调头钻偏心中心孔时，用夹具调头，工件不能卸下。偏心中心孔钻好后，再在两顶尖间车偏心轴。

15. 怎样在 V 形架上间接测量偏心距?

答: 将 V 形架置于测量平板上，工件放在 V 形架中，转动工件，用百分表找出偏心圆柱的最高点，将工件固定，然后把可调量规平面调整到与偏心圆柱最高点等高（如图 8 - 17 所示），再按下式计算出偏心圆柱面到基准圆柱面之间的最小距离 a。

$$a = \frac{D}{2} - \frac{d}{2} - e$$

236

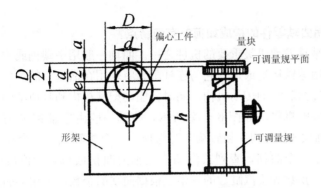

图 8-17　在 V 形架上间接测量偏心距

式中　　e——工件偏心距（mm）；

　　　　D——基准轴直径（mm）；

　　　　d——偏心轴直径（mm）；

　　　　a——基准轴外圆到偏心轴外圆之间的最小距离（mm）。

　　用上述方法，必须把基准轴直径 D 和偏心轴直径 d 用千分尺测量出准确的实际值，否则计算时会产生误差。选择一组量块，组成尺寸 a，将量块组置于可调量规平面上，水平移动百分表，分别测量基准圆柱面最高点（读数 A）和量块组上表面（读数 B），比较读数差值是否在偏心距误差允许范围内，以判定此偏心工件的偏心距是否满足同样要求。

　　16. 两顶尖间测量偏心距的方法是什么？

　　答：两端有中心孔的偏心轴，如果偏心距较小，可在两顶尖间测量偏心距。如图 8-18 所示，测量时把工件装夹在两顶尖之间，百分表的测头与偏心轴接触，用手转动偏心轴，百分表上指示出的最大值和最小值之差的一半就等于偏心距。

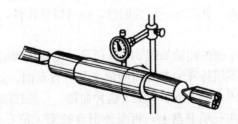

图 8-18　两顶尖间检测偏心距

　　偏心套的偏心距也可用与上述类似的方法来测量，但必须将偏心套套在心轴上，再在两顶尖之间测量。

17. 两拐曲轴零件的构成如何？有何特点？

答：曲轴是发动机最重要的机件之一。曲轴一般用中碳钢或中碳合金钢模锻而成，或用球铁铸造成形。它与连杆配合将作用在活塞上的气体压力变为旋转的动力，传给底盘的传动机构。同时，驱动配气机构和其他辅助装置，如风扇、水泵、发电机等。如图 8-19 所示，曲轴一般由主轴颈 1、连杆轴颈 2、前端 3、平衡块 4、曲柄 5 和后端 6 等组成。一个主轴颈、一个连杆轴颈和一个曲柄组成了一个曲拐，直列式发动机曲轴的曲拐数目等于汽缸数；V 形发动机曲轴的曲拐数等于汽缸数的一半。根据曲拐的个数，常用的曲轴有单拐曲轴、两拐曲轴、三拐曲轴、四拐曲轴和六拐曲轴等。

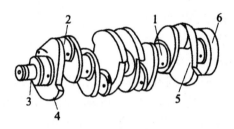

图 8-19　曲轴的构成

1. 主轴颈；2. 连杆轴颈；3. 前端；4. 平衡块；5. 曲柄；6. 后端

　　曲轴属于比较复杂的一种偏心零件，和一般的偏心工件（如偏心轮、偏心轴）相比较，无论在结构上还是在加工方法上都有一定的特殊性。两拐曲轴的两曲柄颈互成 180°。根据形状来分类大致有两种，一种偏心距较大，另一种偏心距较小，在加工时，要采用不同的装夹和车削方法。

18. 如何车削偏心距较小的曲轴？

答：偏心距较小的曲轴，如批量较小，或为单件生产，可采用棒料直接车削出来；如批量较大，其毛坯一般为锻件，也可以是铸件，如是铸件时，其材料为球铁。

　　采用棒料直接车削的曲轴如图 8-20 所示，能够在两端面上钻出加工需要的全部中心，一般不用特殊的夹具即能装夹和进行车削。这种曲轴的变形小，车削比较容易。如图 8-21 所示，加工这种曲轴，一般按以下步骤操作。

　　①把毛坯装夹在三爪卡盘上，粗车外圆直径 D，留 0.5~1.0mm 的余量作精车用，精车端面，两端面钻中心孔 A。

　　②把车好的圆棒放在平板上的 V 形铁中，两个端面涂色，并用高度尺找出偏心中心孔 B_1 和 B_2。

　　③在划好线的工件两端钻出偏心中心孔 B_1 和 B_2。

　　④用两顶针顶住偏心中心孔 B_1 和 B_2，车削右面偏心轴颈 d_2 和两侧面。

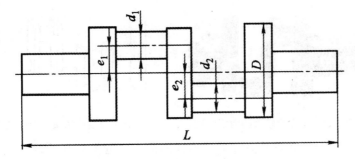

图 8‑20 采用棒料直接车削的两拐曲轴

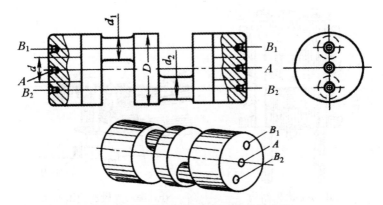

图 8‑21 棒料直接车削两拐曲轴方法

⑤调头，用两顶针顶住另一个偏心中心孔，车削左面的偏心轴颈 d_1 和两侧面。如果曲轴空挡处距离较大，必须在中间撑好支承，以防止曲轴变形。

⑥用两顶针顶住中心孔 A，车削两端主轴颈，并精车外圆。

19. 如何车削偏心距较大的曲轴?

答: 对于绝大多数的曲轴，特别是偏心距较大的曲轴，为节省材料，曲轴毛坯两端一般没有夹头。如图 8‑22 所示，为一偏心距较大的两拐曲轴零件。

车削此类曲轴时，由于没有夹头，不能直接在毛坯上打中心孔，所以必须设计加工一套偏心夹板。由于两拐曲轴的两曲轴颈成 180° 分布，偏心夹板也必须设计成如图 8‑23 所示的结构形式。

如图 8‑24 (a) 所示，为一种偏心距可调节式夹板，此种偏心夹板通常做成长方形，在 V 形铁 1 和压板 2 之间，可以安装曲轴主轴颈;调节螺钉 3 即可改变 1 和 2 之间的距离，以适应不同直径的曲轴主轴颈，5 是带有可调节中心孔高度的滑块，用螺钉 6 可以使滑块 5 沿主体导轨 4 上下移动。滑块 5 可根据偏心距的大小进行调换。安装夹板前，需将曲轴两端主轴颈按工艺尺寸进行粗加工，并在两端钻出主轴颈中心孔，再将偏心夹板套在曲轴的两端主轴颈

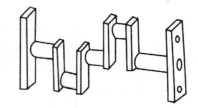

图 8-22　偏心距较大的两拐曲轴　　图 8-23　两拐曲轴车削偏心夹板的示意

上，拧紧调节螺钉 3 将其夹住，然后连同曲轴一起安装在两顶针中间，如图 8-24 （b）所示。

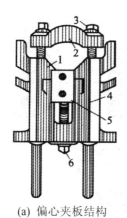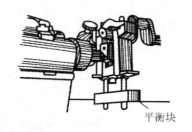

平衡块

(a) 偏心夹板结构　　　　(b) 偏心夹板的使用方法

图 8-24　偏心距可调节的偏心夹板

1. V 形铁；2. 压板；3. 调节螺钉；4. 导轨；5. 滑块；6. 螺钉

　　偏心夹板安装之后，为保证各曲柄颈均有足够的加工余量，必须在平板上用一对 V 形铁、高度游标卡尺、百分表等工具对曲轴进行校正。其目的是保证曲柄中心与夹板顶尖孔相对应。找正方法如图 8-25 所示，工件 4 安放在一对等高的 V 形铁 2 上，首先用百分表 6 调整两端主轴颈，使其轴线对平板 7 平行；再用高度尺 5 找正左端偏心夹板 1 上各偏心中心孔与各曲柄颈中心的位置，将夹板上螺钉紧固；最后再用高度尺找正右端偏心夹板与左端偏心夹板的位置，使两端曲轴颈中心孔保证一定的同轴度要求，用螺钉将右偏心夹板紧固。两只偏心夹板上的偏心中心孔有制造误差，因此找正安装时，应注意两夹板相互位置。

　　偏心夹板仅靠螺钉的摩擦力支紧在工件上是不够牢固的，如果两端主轴颈上还留有一定的加工余量，可在支紧螺钉孔中配钻一个凹孔，以保证偏心夹板在加工过程中不致移位。

　　20. 你知道曲轴变形的主要原因及其防止方法吗？

　　答：车削曲轴的时候，由于曲轴的开口部分刚性差，再加上两顶针的挤压

240

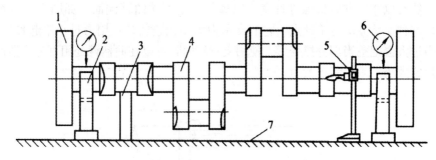

图 8‑25　偏心夹板装夹曲轴与找正

1. 偏心夹板；2. V 形铁；3. 垫块；4. 工件；5. 高度尺；6. 百分表；7. 平板

力，容易使曲轴变形，甚至造成废品。因此，在曲轴车削过程中，要尽量防止这种变形。

（1）曲轴产生变形的主要原因

曲轴产生变形的主要原因如下：

①工件静平衡差异对曲轴变形的影响。在加工时，工件的静平衡差异会产生一个离心力，使工件回转轴线弯曲和使工件圆周上各处的吃刀深度不等，从而使工件外圆产生不圆整度误差（如椭圆度误差等），静平衡差异越大，则工件的不圆整度误差越大。

②顶针及支承螺栓的松紧对曲轴的影响。在加工曲轴时，特别是加工细长类曲轴时，顶针或支承螺栓顶得过紧，会使工件回转轴线弯曲，增大曲拐轴颈轴线对支承轴颈轴线的不平行度和产生工件外圆的不圆整度误差。

③中心孔钻得不正确对曲轴变形的影响。在加工曲轴时，中心钻的歪斜（即两端中心孔不在同一条直线上或两端中心孔的轴线歪斜），使曲轴在回转时产生轻微摇晃，造成轴颈不圆整度误差，增大曲拐轴颈和支承轴颈的不平行度，有时还会损坏中心孔和顶针，甚至发生事故。

④切削力和切削温度对曲轴变形的影响。在加工曲轴时，由于切削力和切削温度的影响，会使工件产生弯曲变形，增大曲拐轴颈对支承轴颈的不平行度。

此外车床精度和车削速度也会影响曲轴变形，车床精度越差则由静平衡差异所造成的离心力对加工质量的影响越大，切削速度越高，离心力就越大，工件的变形也就越严重。

（2）防止曲轴变形的方法

撑住曲轴的开口部分，是防止曲轴变形最简单的方法，支承的方法有以下几种：

①螺栓螺母支承法：把加厚的螺母拧在长螺栓上，并把它装在曲轴空当

处，然后以相反方向将螺母拧紧，以撑住左右两端曲臂侧面，如图 8 - 26 所示。这种支承方法有个缺点，它的支承力大小无法估计，用力过小不起作用，用力过大会把空当部分撑变形。使用支承钉时，可以在曲柄臂处用百分表监测变形的大小，来控制顶紧力。

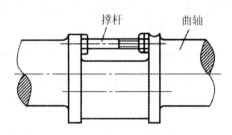

图 8 - 26　螺栓螺母支承法

②压板压紧法：用两块长压板或用带有台阶的压板分别放在上下两面，中间用螺栓螺母紧固，如图 8 - 27 所示。用此种方法压紧稳固可靠，但需有一定尺寸的压板。

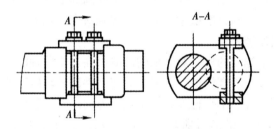

图 8 - 27　压板固定法

③在曲轴中间用偏心中心架：偏心中心架的中间为空心，可套在曲轴主轴颈上，并用盖板 1 和两支螺钉 2 夹紧，如图 8 - 28 所示。外缘用大型中心架 3 支承。图中曲柄颈处于加工位置，主轴颈处于偏心位置（不与机床主轴同轴）。

④特殊支承工具支承法：形状比较复杂的曲轴，无法使用上述几种方法支承时，可应用如图 8 - 29 所示的方法进行支承。图中 1 为支承工具主体；2 是螺钉，一端旋在主体上，使主体 1 固定在曲轴上；3 为撑杆，一端旋在主体上，另一端撑住曲臂侧面。

21. 偏心曲轴零件的检验方法有哪些?

答：两拐曲轴除检查各轴颈的尺寸精度、圆度、表面粗糙度以及主轴颈之间的同轴度外，还需检查两曲柄轴颈的偏心距和各轴颈之间的平行度。

（1）偏心距的检验：如图 8 - 30 所示为检验曲轴偏心距的方法。先将曲轴安装在专用两顶针的检验工具上，然后用百分表或高度尺测量出 H、h、r 和

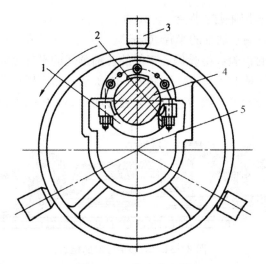

图 8 - 28　偏心中心架

1. 盖板；2. 螺钉；3. 大型中心架；4. 主轴颈位置；5. 曲柄颈位置

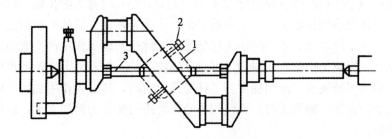

图 8 - 29　工具支承法

1. 主体；2. 螺钉；3. 撑杆

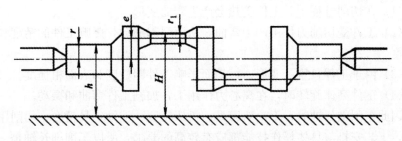

图 8 - 30　偏心距检验

r_1，再用下式进行计算：

$$e = H - r_1 - h + r$$

　　式中　e——偏心距（mm）；

　　　　　H——偏心轴颈表面最高点与平板表面之间的距离（mm）；

　　　　　h——主轴颈表面最高点与平板表面之间的距离（mm）；

r ——主轴颈的半径（mm）；

r_1 ——偏心轴颈的半径（mm）。

（2）平行度的检验：检验偏心工件的各轴颈间的平行度时，可把工件两端的主轴颈放在专用检验工具上，如图 8 - 31 所示。然后用百分表在轴颈两端检查，看其高度是否相等，然后再将百分表移动到偏心轴颈上进行检查。

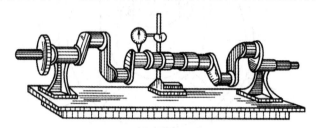

图 8 - 31　轴颈平行度的检验

22. 什么是细长轴？有何影响？在加工细长轴时使用什么支承？

答：当工件长度跟直径之比大于 25（$L/d > 25$）时称为细长轴。在切削过程中，工件受热伸长量大，产生弯曲变形，影响工件加工后的形状精度。变形严重时会使工件卡死在顶尖间而无法加工。工件受切削力作用产生弯曲，从而引起振动，影响工件的加工精度和表面粗糙度。工件自重引起弯曲变形和振动，影响加工精度和表面粗糙度。工件高速旋转时，离心力作用加剧工件的弯曲和振动。在细长轴加工时，要使用中心架和跟刀架作为附加支承，以增强工件的刚性。

23. 细长轴车削时容易出现什么问题？

答：由于细长轴刚性差，在车削过程中会出现以下问题：

（1）在切削过程中，工件受热会产生弯曲变形。

（2）工件受切削力作用产生弯曲，从而引起振动，影响工件的精度和表面粗糙度。

（3）由于工件自重、变形、振动而影响工件圆柱度和表面粗糙度。

（4）工件高速旋转时，在离心力作用下，加剧工件弯曲和振动。

因此车削细长轴时，不论对刀具、机床精度、辅助工具精度、切削用量的选择，工艺安排与具体操作技能都应有较高的要求，所以车削细长轴是一项难度较高的车削技术。

24. 车细长轴必须要解决哪些关键技术问题？

答：虽然车细长轴的难度较大，但它也有一定的规律性，主要抓住中心架和跟刀架的使用，解决工件热变形伸长以及合理选择下刀几何形状等几个关键技术，问题就迎刃而解了。

（1）使用中心架支撑车细长轴。

①中心架直接支撑在工件中间。

②用过渡套筒支撑车细长轴。用中心架直接支撑在工件中间的方法车削沟槽是比较困难的。为了解决这个问题，可加过渡套筒，使支撑爪与过渡套筒的外表面接触。过渡套筒的两端各装有 4 个螺钉，用这些螺钉夹住毛坯工件，并调整套筒外圆的轴线与主轴旋转轴线相重合，即可车削。

（2）使用跟刀架支撑车细长轴。

（3）解决工件热变形伸长。

（4）合理选择车刀几何形状。

25. 中心架的结构是怎样的？如何使用中心架？

答： 如图 8－32（a）所示为普通中心架。其支承爪镶配在支承套筒中，工作时与工件相互摩擦，磨损后可以调换。支承爪一般选用耐磨性好，又不容易研伤工件的材料。通常用球墨铸铁、胶木、尼龙等材料。如图 8－32（b）所示为滚动轴承中心架。其支承爪的前端装有滚动轴承，工作时与工件一起转动，可作高速切削，但同轴度误差较大，适于粗车或车削精度一般的工件。

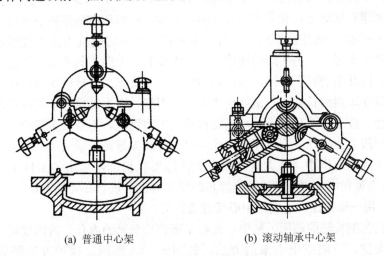

(a) 普通中心架　　　　　　(b) 滚动轴承中心架

图 8－32　中心架的形式

中心架多用于车削台阶轴、长轴的端面和轴端内孔。

当工件可以分段车削时，可采用中心架支撑以提高工件刚性，中心架安装在床身导轨上。当中心架支撑工件中间（如图 8－33 所示）时，工件长度相当于减少了一半，而工件的刚性却提高了好几倍。

安装中心架之前，应先在工件中间车一段安装中心架支撑爪的沟槽，沟槽直径略大于工件的尺寸要求，沟槽的宽度大于支撑爪的直径。沟槽表面粗糙度及圆柱度误差要小，否则会影响工件的精度。安装中心架后，要使 3 个支撑爪松紧适当，在沟槽上加注润滑油。在车削过程中，要经常检查支撑爪的松紧程

245

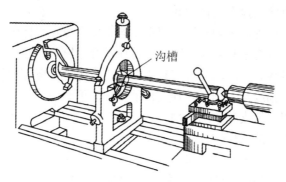

沟槽

图 8‑33　用中心架车削细长轴

度，发现松动及时调整。

26. 跟刀架的构造是怎样的？如何使用跟刀架？

答：使用中心架能提高工件车削过程中的刚性，但由于工件分两段车削，因此工件中间有接刀痕迹。对于不允许有接刀的工件，应采用跟刀架的方法。跟刀架固定在床鞍上，和车刀一起作纵向运动。跟刀架有两爪和三爪之分（如图 8‑34 所示）。采用两爪跟刀架时，车刀给工件的切削抗力使工件紧贴在跟刀架的两个支撑上。但实际使用时，工件本身有一个向下的重力，会使工件自然弯曲，因此车削时工件往往因离心力瞬时离开支撑爪、接触支撑爪而产生振动。所以在车削细长轴时，最好使用 3 爪跟刀架，因为使用 3 个支撑爪的跟刀架，能使工件上、下、前、后均不能移动，车削稳定，不易产生振动。

使用跟刀架时，一定要注意支撑爪对工件的支撑要松紧适当，若太松，起不到提高刚性的作用，若太紧则影响工件的形状精度，车出的工件呈"竹节形"。车削过程中，要经常检查支撑爪的松紧程度，进行必要的调整。

27. 用一端夹住、一端搭中心架方法如何？

答：车削长轴的端面、钻中心孔和车削较长套筒的内孔、内螺纹时，都可用一端夹住、一端搭中心架的方法，如图 8‑35 所示。这种方法使用范围广泛。

28. 用辅助套筒支撑车削细长轴的方法如何？

答：车削支撑中心沟槽比较困难或车削一些中间不需要加工的细长轴，可采用辅助套筒的方法安装中心架［如图 8‑36（a）所示］。把套筒套在轴的外圆上，调整并拧紧两端 4 个螺钉［如图 8‑36（b）所示］，使套的轴线和工件轴线重合。中心架的支撑爪支撑在辅助套筒外圆上。注意事项与支撑在工件沟槽中相同。

29. 车削长轴调整中心架时应注意哪些事项？

答：（1）工件轴线必须与主轴轴线同轴，否则，在端面上钻中心孔时，会

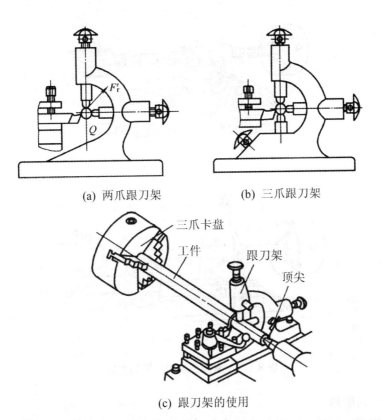

(a) 两爪跟刀架　　　　　(b) 三爪跟刀架

(c) 跟刀架的使用

图 8-34　跟刀架的使用

把中心钻折断；车内圆时，会产生锥度。如果中心偏斜严重，工件旋转产生扭动，工件很快会从卡盘上掉下来而发生事故。

（2）整个加工过程中要经常加油，保持润滑，防止磨损或"咬死"。

（3）要随时用手感来掌握工件与中心架三爪摩擦发热的情况，如温度过高，须及时调整中心架的三爪，绝不能等出现"吱吱"声或冒烟时再去调整。

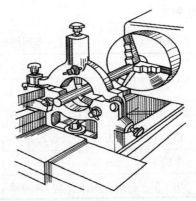

图 8-35　一端夹住、一端搭中心架

（4）如果所加工的轴很长，可以同时使用两只或更多的中心架。

（5）用过渡套筒装夹细长轴时应注意套筒外表面要光洁，圆柱度在 ±0.01mm 之内；套筒的孔径要比被加工零件的外圆大 20～30mm。

30. 如何选用加工细长轴的切削用量？

答：粗车和半精车细长轴切削用量的选择原则是：尽可能减小径向切削分

247

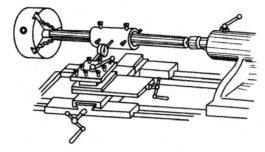

(a) 辅助套筒的调整

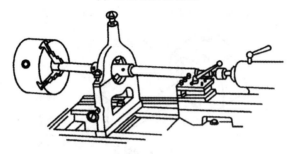

(b) 辅助套筒的使用

图 8‑36　套筒安装中心架的形式

力，减少切削热。

　　车削细长轴时，一般在长径比及材料韧性大时，选用较小的切削用量，即增加走刀次数，减小背吃刀量，以减少振动和弯曲变形，通常选用的切削用量见表 8‑1。

表 8‑1　　　　　　　　　车削细长轴时常用的切削用量

工　件	直径（mm）	长度（mm）	直径（mm）	长度（mm）
	10～30	1200～1500	30～50	1500～2500
切削用量	a_p（mm）　r（mm/r）　n（r/min）		a_p（mm　r（mm/r）　n（r/min）	
粗　车	1～3　　0.3～0.4　　600		2～3　　0.3～0.4　　400～600	
半精车	1～0.5　0.3～0.4　600～1200		1～1.5　0.3～0.4　600～750	
精　车	0.4～0.6　0.15～0.2　750～1200		0.1～0.6　0.15～0.2　600～750	

　　注：表内所列的数据，适用于一般情况下车削（30～45）碳素结构和不锈钢类的细长轴。至于不同的材料有不同的特点，因此切削用量的选择不是一成不变的，应根据被加工材料的不同，选择合适的切削用量。用 75°车刀粗车时，进给量还可以加大 1/3 左右。

　　实践证明：进给量 f＞0.5mm/r 时，防振效果显著。而稍微加大背吃刀量，就很易引起振动。当切削速度为中速时，细长轴常会发生共振。采用高速时，由于离心力作用，振动也较大，一般采用不太高的切削速度来加工细长轴。

31. 车削细长轴时，如何选择合理的车刀几何形状？

答：车削细长轴时，由于工件刚性差、易变形的特点，要求车削细长轴的车刀必须具有在车削时径向力小、车刀锋利和车出工件表面粗糙度值小的特点。选择时应注意以下几点：

(1) 车刀的主偏角是影响径向力的主要因素，在不影响刀具强度的情况下，应尽量加大车刀主偏角，一般取 $k_r = 80° \sim 93°$。

(2) 为了保证车刀锋利，减小切削力和切削热，应选择较大的前角，取 $\gamma_0 = 15° \sim 30°$。

(3) 选择正的刃倾角，一般取 $\lambda_s = 3° \sim 10°$，使切屑流向待加工面。

(4) 车刀前刀面应磨有 $R = (1.5 \sim 3)$ mm 的断屑槽，使切屑卷曲折断。

(5) 为了减小径向力，刀尖圆弧半径应磨得较小一些（$\gamma_\varepsilon < 0.3$mm）。倒棱的宽度 $b_{r1} = 0.5f$ 比较合适。

选择合理的车刀几何形状的目的是为了减少切削力、切削热、热变形及振动等。比较合理的车刀几何形状如图 8-37 所示。

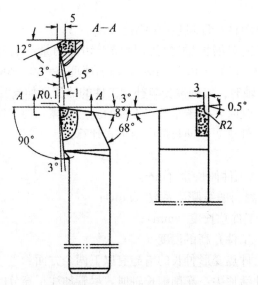

图 8-37　大主偏角精车刀

车削细长轴时，应分粗车和精车。若选用材料为 YT15、形状如图 8-37 所示的车刀，粗车时切削用量应选 $a_p = 1.5 \sim 2$mm、$f = 0.3 \sim 0.4$mm/r、$v = 50 \sim 60$m/min 比较合适，精车时以 $a_p = 0.5 \sim 1$mm、$f = 0.08 \sim 0.12$mm/r、

$v = 60 \sim 100\text{m/min}$ 比较合适。

32. 精车削细长轴时，如何使用 93°车刀？

答：93°车刀如图 8-38 所示，适用于精车 $L/D < 50$ 的细长轴。在加工时，不需要中心架及跟刀架辅助支承，工件车削的表面粗糙度可达 $Ra\ 1.6\mu\text{m}$，长度 1000mm 内的鼓形度不超过 $0.03 \sim 0.05\text{mm}$，弯曲度不超过 $0.02 \sim 0.04\text{mm}$。93°车刀具有以下特点：

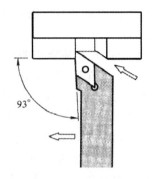

图 8-38　93°车刀

(1) 主偏角 $k_r = 93°$，并辅助以前面开横向卷屑槽，可使径向力下降，减少切削振动和工件产生的弯曲变形，并可迫使切屑卷出后向待加工表面方向排出，保证已加工表面不被切屑碰伤，这是 93°车刀不用中心架能车好细长轴的关键。但应注意，切削的吃刀深度不应大于卷屑槽宽度的一半，且应比走刀量小，否则径向力方向与挤压力方向一致，这时 93°车刀的特点将无法体现。

(2) 研磨出刀尖小圆弧，可加强刀尖强度。

(3) 选用耐磨性好的 YT30 硬质合金刀片，可防止修光刃过多磨损，影响加工精度。

(4) 仅适合于单件小批量生产使用。

采用 93°车刀精车细长轴时可选用以下切削用量：吃刀深度 $a_p = 0.1 \sim 0.2\text{mm}$，进给量 $f = 0.17 \sim 0.23\text{mm/r}$，切削速度 $v = 50 \sim 80\text{m/min}$。

33. 车削细长轴时，如何减少与补偿工件的热变形伸长？

答：车削细长轴时，由于车刀和工件的剧烈摩擦，使工件的温度升高而产生热变形伸长。工件热变形伸长量可由下式计算：

$$\Delta L = \alpha L \Delta t$$

式中　ΔL——工件伸长量（mm）；

　　　α——材料的线膨胀系数（mm）；

　　　L——工件总长度（mm）；

　　　Δt——工件升高的温度（℃）。

减少与补偿工件热变形伸长的措施有以下两个方面：

(1) 使用弹性活顶尖：车削细长轴时，尽管加注了充分的切削液，但工件的温度总要升高，仍能引起工件的热变形伸长。如果采用通常用的死顶尖或活顶尖，会限制工件伸长，造成工件弯曲变形，影响正常车削；若使用弹性活顶尖（如图 8-39 所示），当工件伸长时顶尖自动后退，起到补偿工件热变形伸长作用，不会因工件伸长而产生弯曲变形。

(2) 加注充分的切削液：车削细长轴时，不论是低速切削还是高速切削，

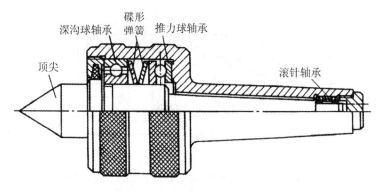

图 8-39 弹性回转顶尖

必须加注切削液充分冷却，这样不仅可以减少工件因升温而引起的热变形，还可以防止跟刀架支撑爪拉毛工件，提高刀具使用寿命和工件加工质量。

34. 如何用轴向拉夹法车削细长轴？

答：采用跟刀架和中心架，虽然能够增加工件的刚度，基本消除径向切削力对工件的影响。但还不能完全解决轴向切削力把工件压弯的问题，特别是对于长径比较大的细长轴，这种弯曲变形更为明显。因此可以采用轴向拉夹法车削细长轴。

轴向拉夹车削是指在车削细长轴过程中，细长轴的一端由卡盘夹紧，另一端由专门设计的夹头夹紧，夹头给细长轴施加轴向拉力（如图 8-40 所示）。

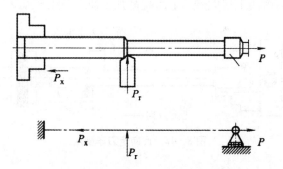

图 8-40 轴向拉夹车削及受力情况

夹头的结构如图 8-41 所示，适合加工长径比很大的细长轴（$L/d >$ 60～100）。使用时，将夹头紧固在机床尾座套筒 9 上，工件一端车成直径和长度与夹头拉紧套 2 的内孔可以动配合，然后用带钩卡爪连接，将套 2 拧紧在轴 7 上，起拉紧作用。轴的另一端夹紧在三爪卡盘上。调整尾座时，可稍松尾座顶针套筒的锁紧手柄，将手轮反摇，使手轮手柄位置处于偏上后，固定尾座，在手轮上挂 10kg 左右的重物，可在车削中起自行拉紧作用。

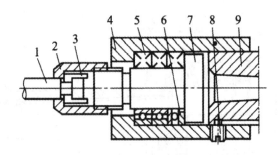

图 8 - 41 夹头的结构

1. 工件；2. 拉紧套；3. 带钩卡爪；4. 固定套；5. 向心球轴套；
6. 推力球轴承；7. 轴；8. 紧固螺钉；9. 尾座套筒

在车削过程中，细长轴始终受到轴向拉力，解决了轴向切削力把细长轴压弯的问题。同时在轴向拉力的作用下，会使细长轴由于径向切削力引起的弯曲变形程度减小，补偿了因切削热而产生的轴向伸长量，提高了细长轴的刚性和加工精度。

35. 你知道怎样用反向走刀车削法车削细长轴吗?

答：用一般方法车削细长轴，主轴和尾座两端是固定装夹，两端接触面大，无伸缩性，由于切削力、切削热产生的线膨胀和径向分力迫使零件弯曲和产生内应力。当零件从卡盘上卸下后，内应力又使零件变形，故不易保证零件的尺寸精度和形状精度要求。目前，许多工厂采用如图 8 - 42 所示的反向走刀车削细长轴，可解决上述问题，显著提高加工质量与生产率。

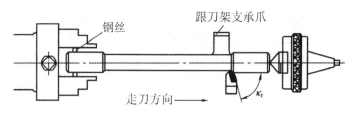

图 8 - 42 反向走刀车削法

(1) 工件装夹：用四爪卡盘装紧工件一端，卡爪与工件之间垫入钢丝。将工件轴端深入四爪卡盘内 15～20mm，每只卡爪与工件之间垫入 ϕ 4～5mm 的钢丝圈，起方向调节作用，使工件与卡爪之间为线接触，以避免长爪卡死工件引起工件弯曲变形。另一端用弹性顶尖支持。当工件受切削热产生膨胀伸长时，顶尖能轴向产生伸缩，使毛料两端都形成线接触，消除旋转时的"别劲"现象，避免由于长度方向不能伸缩而产生的弯曲变形。

弹性顶尖的弹性大小由顶尖的顶紧程度决定。如果没有弹性顶尖，也可用一般的固定顶尖，但要根据切削过程中工件受热变形情况，及时调整尾座顶尖的顶紧程度。

（2）采用三爪跟刀架：采用三爪跟刀架，支承爪的宽度应为工件直径的1～1.5倍，使支承面与零件吻合。采用三爪跟刀架，工件外圆被夹持在刀具和3个支承爪之间，在切削过程中，使工件只能绕轴线旋转，跟刀架3个支承爪与车刀组成两对径向压力，平衡切削时产生的径向力，这样可有效地减少切削振动，减少工件变形误差。

（3）刀具选用：

①采用75°主偏角车刀进行粗车，使轴向分力较大，径向分力较小，有利于防止工件弯曲变形和振动。采用大前角、小后角，可减少切削力又加强刃口强度，使刀具适应强力切削。车刀上磨出卷屑槽及正刃倾角以利切屑排出，并使切屑流向待加工表面。刀片材料采用强度与耐磨性较好的 YW1、YA6。

②精车采用宽刃高速钢车片，装在弹性可调节刀排内进行车削。由于宽刃车刀采用大走刀低速精车，刃口的平直度及粗糙度直接影响着加工精度。因此，刀片前面要通过机械刃磨后再研磨，粗糙度要求 $Ra\, 0.4\mu m$ 以上。

（4）切削方法：一般走刀方向是从尾架向车头方向走刀。车细长轴时，为了有效地减少工件径向跳动，消除大幅度振动，获得加工精度较高和粗糙度较低的工件，采用反向大走刀量粗车。反向大走刀量粗车时，应先车出一段外圆与跟刀架研磨配合，然后从研磨过的轴颈端开始车削，将细长轴余量一刀车掉。粗车时可取其切削用量为：吃刀深度 $a_p=2\sim3mm$，进给量 $f=0.3\sim0.4mm/r$，切削速度 $v=1\sim2m/s$。切削时用乳化液充分冷却润滑，以减少刀具和支承爪的磨损。

精车时，用锋利的宽刃车刀车削，并加硫化油或菜油润滑。其切削用量可取：吃刀深度 $a_p=0.2\sim0.5mm$，进给量 $f=0.1\sim0.2mm/r$，切削速度 $v=1\sim2m/s$。由于宽刃车刀精车速度低，吃刀少，切屑薄，车两三刀后可达到 $Ra\, 1.6\sim0.8\mu m$ 的粗糙度，因此其切削效率可大大提高。精车时宽刃车刀可以正向进给走刀，也可反方向车削。

通过以上所述方法进行车削，使加工细长轴的质量与生产效率大大提高。加工表面粗糙度在 $Ra\, 0.8\mu m$ 以上，锥度误差和椭圆度误差均较小，工件弯曲度也得到很好的控制，生产率比一般方法提高 10 倍左右。

（5）注意事项：采用反向走刀车削法车削细长轴时，应注意以下几点：

①粗车时要装好跟刀架，它是决定加工精度的关键所在。如果切削过程工件外圆出现不规则的棱角形或竹节形或出现不规律形状，应立即停车，安装固定架，重新研磨将轴与跟刀架配合，再进行切削。

②精车刀的刃口要刃磨锋利，并安装调整适当。切削时，切削速度要低，不宜采用丝杠传递进给，以免产生周期性的螺旋形状，这是降低工件加工粗糙度的关键。

③车刀安装时应略比中心高一些。这样可使修光刀刃后面压住工件，以抵消跟刀架支承块的反作用力。

④宽刃精车刀安装时应使刀刃与中心平行，并比中心略低 0.1～0.15mm，这样可使弹性刀杆在跳动时刀刃不会啃入工件，以免影响表面粗糙度。

36. 车削细长轴的操作要点有哪些？

答：车削细长轴的操作要点见表 8-2。

表 8-2   车削细长轴的操作要点

操作要点	说 明
加工前应对车床进行调整	调整车床包括：主轴中心与尾座中心连线应与导轨全长平行；主轴中心和尾座顶尖中心应同轴；床鞍、中溜板、小溜板间隙合适，防止过松或过紧，因过松会扎刀，过紧将导致进给不均匀
工件的校直	工件的校直（包括加工前、加工中和成品 3 种情况的校直），加工前棒料不直，不能通过切削消除弯曲，应用热校直法校直，不宜用冷校直法校直，切忌锤击。在加工中，常用拉钩校直法进行校直（如下图所示） 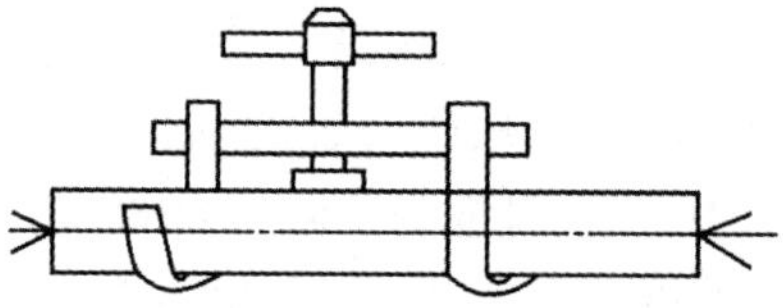 用拉钩校直法校直
控制应力	装夹时应防止预加应力，使工件产生变形
跟刀架的修磨	跟刀架的支撑爪与支柱应配合紧密，不得松动，支撑爪材料为普通铸铁或尼龙 1010。支撑爪与工件表面接触应良好，加工过程中工件直径变化或更换不同工件时，支撑爪应加以修磨。修磨方法以两支柱呈 90°能作相对垂直移动的跟刀架为例说明如下： 使用跟刀架前，在近卡盘或近顶尖处将工件表面粗车一段（长 45～60mm），表面粗糙度为 Ra 10～20μm，不能车削得太光。让工件以 400r/min 左右的转速转动，将支撑爪与工件已加工表面研磨，其顺序是先外侧爪，后上侧爪，不加冷却润滑液，使支撑爪与工件已加工表面这一段反复进行研磨，直至弧面全面接触为止，然后再用冷却液冲掉研磨下来的粉末，再研磨 2～3 分钟即可使用
车刀的装夹	采用 90°细长轴车刀粗车，装夹车刀时刀尖应略高于工件轴线，使车刀后面与工件直径有轻微接触，以增强切削的平稳性。由于 90°偏刀在纵向进给量过大时易"扎刀"，可将刀尖向右移 2°左右，以克服"扎刀"现象

续表

操作要点	说　　　明
跟刀架调整	修好跟刀架支撑爪，选择好切削用量后开始粗车。车刀切入工件后，随即调整跟刀架的螺钉，在进给过程中纵向切入 20～30mm 时，迅速地先将跟刀架外侧支撑爪与工件已加工表面接触，再将上侧支撑爪接触，最后顶上紧固螺钉
消除内应力，找正中心孔	在第一刀车过后，为使内应力反映出来，需重新找正中心孔。为此，松动顶尖，左手轻扶工件右端，防止下垂过多，以最低转速（12r/min）使工件旋转，检查中心孔是否摆动。如果中心孔不正，可用手轻轻拍动工件摆动位置，直至找正到不再摆动为止，然后再顶上活顶尖。顶尖与工件接触压力的大小，以顶尖跟随工件旋转再稍加一点力即可。压力过大容易使工件弯曲变形，过小则在开始吃刀时容易引起振动
随时注意跟刀架上支撑爪	在加工过程中要特别注意对跟刀架上支撑爪的调整。这是由于车床导轨磨损不均，容易造成主轴中心与尾座顶尖中心连线同床身导轨面之间的局部不平行，引起跟刀架上支撑爪在不同位置上的压力变化，影响工件的精度和切削的正常进行。所以在切削加工的过程中，要及时在不同阶段调整上支撑爪，但不得任意调整外侧支撑爪
注意切削液的使用	在切削过程中要保证切削液不间断，否则会引起刀片碎裂或跟刀架支撑损坏。对于长径比大于 80 的工件，应采用三支撑跟刀架。车削方法有两种：一是高速切削法，操作要点与上述相同，只是跟刀架增加了一个支撑爪；二是反向低速大走刀切削法，采用弹性活顶尖，反向切削。粗车、半精车仍用高速切削法，精车为低速大走刀。操作方法除上述要点外，还应注意以下几点： 　　①在靠卡盘处车出跟刀架的支撑部分，修磨好支撑爪后，在轴的尾端作 45°倒角，防止车完时刀具崩刃 　　②调整支撑爪的顺序是先下侧（因轴的重量方向向下），后上侧，最后外侧 　　③在轴颈接刀处要有 1：10 左右的锥度，使刀刃逐步增加切削力，不至于因切削力的突然增加而造成让刀或扎刀，产生轴颈误差而引起振动，出现多变形或"竹节形" 　　④为防止工件振动，跟刀架支撑爪的轴向长度取 40～50mm，径向宽度取 10～15mm，为便于散热和排泄粉末，在爪的轴向和径向中间各钻 8mm 孔或 T 形通孔 　　⑤宽刀精车的安装，刀尖应略低于工件轴线，刀片装入刀杆后旋转 1°～1°30′，不得大于 2°，这样就形成了 1°～1°30′ 的刃倾角，使实际后角增大，减小车刀后面的磨损，提高工件表面质量 　　⑥宽刀精车刀切削时采用硫化切削液冷却润滑，如有条件最好用植物油或两者混合，粗车时要用乳化液，切忌用油类（因为油类散热性差）
注意	细长轴车削完后，必须垂直吊放，以防弯曲变形

255

37. 试举例说明细长轴零件的车削方法和步骤。

实例一： 用中心架支承车细长轴。

（1）图样分析

如图 8-43 所示为用中心架支承车细长轴的加工零件尺寸，分析如下：

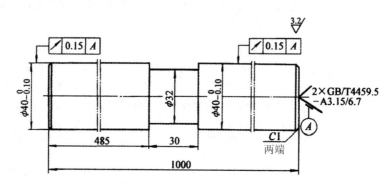

图 8-43　加工零件尺寸

①该零件长度为 1000mm，直径 $\phi 40_{-0.1}^{0}$ mm 中间有一 ϕ 32mm×30mm 直槽，可用中心架支承车该细长轴。

②零件外圆为 $\phi 40_{-0.1}^{0}$ mm，外圆表面对基准 A 的径向圆跳动公差为 0.15mm。

③表面粗糙度值全部为 $Ra\ 3.2\mu m$。

④长轴所用材料为 45。

（2）加工步骤

①车两端面至总长 1000mm，并钻中心孔。

②车自制前顶尖。

③使前、后顶尖大致对准在同一轴线上。

④用两顶尖装夹工件。

⑤在工件的两端各车两级直径相同的外圆（留精车余量 2～3mm）。

⑥如图 8-44 所示，用两块百分表找正尾座中心，其中一块百分表测头接触刀架端面，起控制中滑板径向定位的作用；另一块百分表测头接触工件外圆，以调整尾座中心之用。当中滑板在同一径向位置而工件两端的百分表数值一致时，说明尾座中心基本找正。

⑦车直槽至 ϕ 34mm×29mm，控制一端长 485.5mm。

⑧按图 8-35 所示方法安装中心架。安装前，揩清导轨，压紧压板和上盖，在沟槽处加润滑油，先慢慢旋进下面两个支承爪并轻轻接触工件，然后再旋进上面一只支承爪并接触工件，最后拧紧支承爪旁边的螺钉。

⑨先粗车一端外圆至 ϕ 41～ϕ 42mm，再调头粗车另一端外圆至同样尺寸。

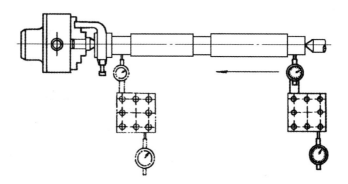

图 8‑44　用两块百分表找正尾座中心

⑩检查沟槽处外圆的径向圆跳动误差，如径向圆跳动误差过大，需重新找正，直至符合要求才可继续车削。

⑪精车两端外圆至 $\phi 40_{-0.1}^{0}$ mm，倒角 C1。

⑫调整中心架位置，如图 8‑45 所示，使支承爪接触靠近沟槽附近的外圆处，车沟槽至尺寸。

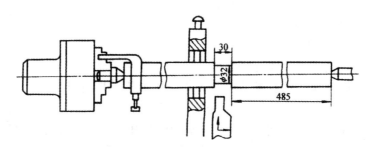

图 8‑45　调整中心架位置车沟槽至尺寸

（3）注意事项

①在车削沟槽时，如产生振动，使车削困难，应减小切削用量或采用分段车削的方法，即在靠近卡盘处先车一段外圆，然后在此处安装中心架，再分段向外车削。

②在调节支承爪与工件的接触松紧时，应用力适当（凭手感），如接触太松，车削时易振动；接触太紧易"咬死"，并损坏支承爪与工件表面。

③应选用精度较高的回转顶尖支承工件。

④在切削中应充分冷却，在中心孔和支承处应经常加润滑油，防止工件过热而产生变形。

⑤车刀必须始终保持锋利，主偏角应大于或等于 90°。

实例二：用跟刀架支承车光杠。

（1）图样分析

如图 8-46 所示为用跟刀架支承车光杠的零件加工尺寸，分析如下：

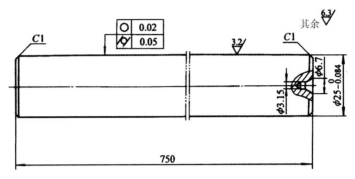

图 8-46　用跟刀架支承车光杠的零件加工尺寸

①光杠总长为 750mm，外圆为 $\phi 25_{-0.084}^{0}$ mm，长径比 30：1，适于用跟刀架车削。

②$\phi 25_{-0.084}^{0}$ mm 外圆的圆度公差为 0.02mm，圆柱度公差为 0.05mm。

③$\phi 25_{-0.084}^{0}$ mm 外圆的表面粗糙度值为 Ra 3.2μm。

④光杠所用材料为 45。

（2）加工步骤

①找正尾座，装夹工件。

a. 找正尾座中心：选用一根较长的试棒，将其安装在前、后顶尖之间（前顶尖锥面须车一刀）；将百分表装在刀架上，使其测头对准试棒侧素线；移动床鞍，调节尾座，使百分表在两端的读数基本一致［如图 8-47（a）所示］。在卡盘上夹一段坯料，车外圆使其与尾座套筒直径一致，如图 8-47（b）所示。移动尾座，使两者之间距与工件长度基本一致。用百分表测头对准并接触坯料的测素线，移动床鞍，使测头接触尾座套筒测素线，观察百分表的读数，如前后不一致，就应调节尾座横向位置，直至百分表两端读数一致。压紧尾座后再找正一次。

b. 装夹工件：用一夹一顶方式装夹工件。为改善工件装夹时的弯曲变形，工件夹持部分不宜过长，一般取 10～15mm。也可用如图 8-48 所示方式夹持。

（a）用 ϕ 5mm×20mm 的圆柱销垫在卡爪的凹槽中并夹紧工件，如图 8-48（a）所示。

（b）用细钢丝在工件上绕一圈或制作一个孔径比工件外圆略大的开口套环夹紧工件，如图 8-48（b）所示。

②加工步骤

258

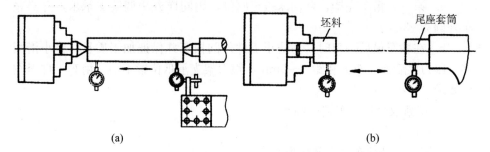

(a)   (b)

图 8‑47　找正尾座中心方法示意

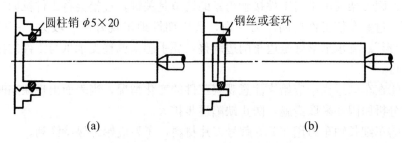

(a)   (b)

图 8‑48　卡盘上夹一段坯料车外圆

a. 取坯料尺寸为 ϕ 30mm×800mm。

b. 一端车平面、钻中心孔。

c. 用一夹一顶方式装夹工件（先顶后夹），并移动床鞍，将跟刀架随床鞍摇离工件端面。车刀、跟刀架支承爪与工件的相互位置如图 8‑49 所示。

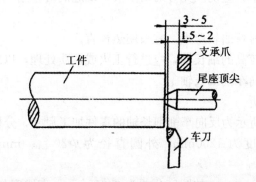

图 8‑49　车刀、跟刀架支承爪与工件的相互位置

d. 先在工件上车一段外圆，要求车好后的外圆圆度误差小于 0.01mm，表面粗糙度值小于 Ra 1.6μm，长度比跟刀架支承爪长 3～5mm。

e. 在车好的外圆上调节跟刀架支承爪，使之松紧适当。

f. 粗车外圆，车削长度大于 750mm。

g. 第一刀粗车完毕，移动床鞍至原位，用同样方法调整支承爪，并半精车外圆 2～3 次。

h. 在精车最后一刀时，为防止工件外圆损坏并保证加工质量，将小滑板移至跟刀架后面，双方相距 3～5mm，跟刀架支承爪位置不动，精车工件至图样要求。

j. 切断取总长，车端面倒角。

（3）注意事项

①第一刀必须车去全部坯痕。

②尾座顶尖的顶紧力应适当。过松会引起振动，过紧会将工件顶弯。

③跟刀架支承爪与工件接触松紧的调节是关键，过松会将工件推向支承爪一面；过紧会使工件压向车刀一面，会周期性地出现外圆一段大、一段小的"竹节形"。支承爪最好是边车削边调整，凭手感来调整支承爪与工件的接触松紧即可。

④在车削过程中应始终注意观察工件的变化情况，当表面出现缺陷时，应及时分析原因并采取措施，防止缺陷逐步扩大。

⑤车细长轴车刀用 YT15 牌号刀片材料，车刀应始终保持锋利。

⑥选用合理的切削用量

a. 粗车时，切削速度 $v=50～60m/min$，进给量 $f=0.3～0.4mm/r$，背吃刀量 $a_p=1.5～2mm$。

b. 精车时，切削速度 $v=60～100m/min$，进给量 $f=0.08～0.12mm/r$，背吃刀量 $a_p=0.5～1mm$。

⑦车削过程中，应浇注充分的切削液，既起润滑作用，又可防止工件因热变形伸长而弯曲。

⑧如毛坯材料弯曲较严重，宜采用热校直。

⑨对要求比较高的细长轴，应进行正火或调质处理，以减少变形。

实例三：反向车削细长轴。

（1）图样分析

如图 8 - 50 所示为反向车削细长轴的零件加工尺寸，分析如下：

①该零件长度为 1200mm，外圆直径为 $\phi 30_{-0.084}^{0}$ mm，长度与直径比为 40∶1。

②外圆 $\phi 30_{-0.084}^{0}$ mm 的圆度公差为 0.015mm，直线度公差为 0.2mm。

③$\phi 25_{-0.084}^{0}$ mm 表面粗糙度值为 $Ra\ 3.2\mu m$。

④所用材料为 45。

（2）加工步骤

①准备工作：

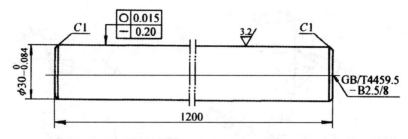

图 8‑50　反向车削细长轴的零件加工尺寸

　　a. 修研跟刀架支承爪。把跟刀架固定在床鞍上，并在近卡盘处夹一段铸铁坯料，车外圆至略小于工件坯料直径；使铸铁坯料转速为 400r/min 左右，将支承爪逐步压向工件表面研磨，直至跟刀架弧面全部研出为止，如图 8‑51 所示。

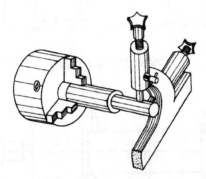

图 8‑51　示意图

　　b. 选择车刀。粗车刀如图 8‑52（a）所示，精车刀如图 8‑52（b）所示。

　　c. 选用顶尖。在车削过程中，由于工件受热变形伸长的影响，使用一般顶尖会使工件弯曲变形，而使用图 8‑39 所示弹性回转顶尖可有效解决这一问题。

　　d. 工件一端车平面钻中心孔。

　　e. 工件的装夹与车削方法的选择。

工件的装夹与车削方法的选择有如下两点：

（a）用一夹一顶方式装夹工件。

（b）由原来从尾座向主轴方向车削，改为由主轴向尾座方向车削（即反向车削），如图 8‑53 所示。这样可改变切削时的受力方向，工件由受压变为拉伸，可减小车削工件时的振动和变形。

　　②车削步骤：

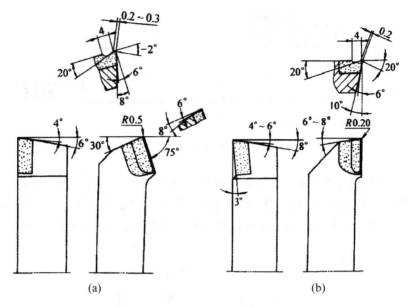

图 8‑52　车刀的选择

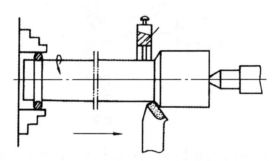

图 8‑53　由主轴向尾座方向反向车削示意

a. 先在靠近卡盘处车一工艺台阶，用于车削时比较快地调整支承爪，如图 8‑54 所示。

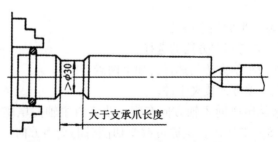

图 8‑54　车削时比较快地调整支承爪示意

b. 粗车时选用切削速度 $v=50\sim60\text{m/min}$，背吃刀量 $a_\text{p}=1.5\sim3\text{mm}$，进

262

给量 $f=0.3\sim0.5$mm/r。

c. 半精车时选用切削速度 $v=80\sim90$m/min，背吃刀量 $a_p=1\sim1.5$mm，进给量 $f=0.2\sim0.4$mm/r。

d. 精车前再按原方法将支承爪的圆弧面研磨成与工件外圆一致。

e. 精车时选用切削速度 $v\approx100$m/min，背吃刀量 $a_p=0.5\sim0.7$mm，进给量 $f=0.15\sim0.20$mm/r，车至图样要求。

f. 调头车端面至总长，倒角 $C1$。

（3）注意事项

①在车削时，应尽量做到边车削边调整支承爪。

②安装车刀时，刀尖应略高于工件中心，使车刀后面与工件表面有微小的面接触，以减小车削时的振动。

③对精度要求比较高的细长轴，在精车前应修整中心孔。方法是：在工件外端安装中心架，用锋利的中心钻修整，选用切削速度 $v=5\sim10$m/min，加切削液。

④为减少工件的弯曲变形，在半精车和精车前应松开顶尖，然后低速开动车床，使顶尖轻轻接触工件中心孔。

⑤由于车床主轴中心与尾座顶尖中心对床鞍导轨之间的各种位置误差，均会引起跟刀架支承爪在不同位置上的压力变化而影响切削，因此要在车削过程中注意这一变化，并采取相应措施，及时调整跟刀架支承爪。

⑥切削液必须充足，不间断。

38. 薄壁零件的加工特点是什么？

答：薄壁工件的刚度很差，在夹紧力作用下工件容易产生变形，常态下工件的弹性复原能力将直接影响工件的尺寸精度和形状精度。在车削过程中，可能产生以下现象：

（1）工件在夹紧后，因受力的作用，略微变形成弧形三角形，如图 8-55（a）、（b）、（c）所示。

（2）车孔后得到的是一个圆柱孔，如图 8-55（d）所示。

（3）当取下工件后，由于工件的弹性恢复，外圆恢复成圆柱形，而内孔则变成弧形三边形，如图 8-55（e）所示。

（4）车削过程中，薄壁工件在切削力（主要是径向切削分力）的作用下，容易产生振动和变形，影响工件的尺寸、形状、位置精度和表面粗糙度。

（5）由于工件较薄，切削热引起工件的热变形较严重，加之加工条件的变化，车削时工件受热变形的规律不易掌握，使工件的尺寸精度很难控制。对于线膨胀系数较大的金属薄壁工件的影响尤为显著。

（6）精密的薄壁工件，由于测量时承受不了千分尺或百分表的测量压力而产生变形，可能出现较大的测量误差，甚至因测量不当而造成废品。

263

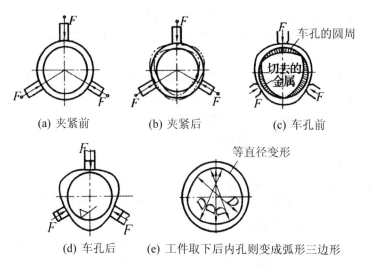

(a) 夹紧前　　　　(b) 夹紧后　　　　(c) 车孔前

(d) 车孔后　　　(e) 工件取下后内孔则变成弧形三边形

图 8-55　薄壁工件的夹紧变形示意

39. 车削薄壁零件时刀具如何选择?

答: 加工薄壁工件的刀具刃口要锋利, 宜采用较大的前角和主偏角, 修光刃不宜过长, 一般取 $0.2\sim0.3\text{mm}$。刀具的几何角度推荐如下:

(1) 外圆精车刀: $k_r=90°\sim93°$, $k_r'=15°$, $\alpha_o=14°\sim16°$, $\alpha_{o1}=15°$, γ_o 适当增大。

(2) 内孔精车刀: $k_r=60°$, $k_r'=30°$, $\gamma_o=35°$, $\alpha_o=14°\sim16°$, $\alpha_o=15°$, $\alpha_{o1}=6°\sim8°$, $\lambda_s=5°\sim6°$。

如图 8-56 所示为加工薄壁盘类钢件的端面车刀。粗车时, 刀片材料选用 YT5、YT15; 精车时, 刀片材料选用 YT15、YT30。

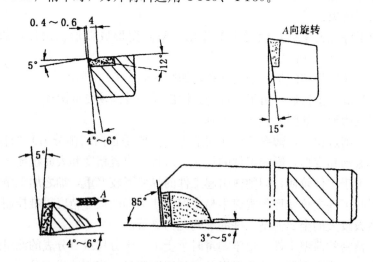

图 8-56　加工薄壁盘类钢件的端面车刀

如图 8-57 所示为加工薄壁盘类铸件的端面车刀。粗车时，刀片材料选用 YG6、YG8；精车时，刀片材料选用 YG3、YG6。

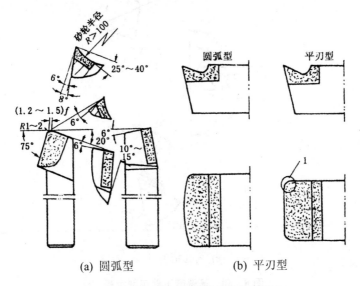

(a) 圆弧型   (b) 平刃型

图 8-57 加工薄壁盘类铸件的端面车刀

精车端面时可采用宽刃刀，它有两种刃口形式：圆弧型和平刃型如图 8-57（b）所示。

如图 8-58 所示是精车薄壁套工件及刀具。工件材料：45 或 Q235。刀片材料：YT15。

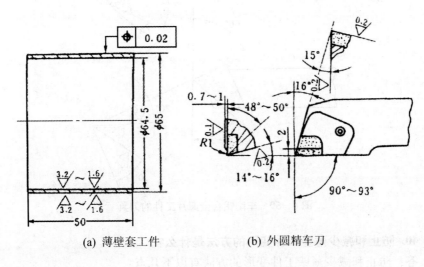

(a) 薄壁套工件   (b) 外圆精车刀

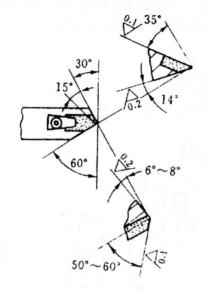

(c) 内孔精车刀

图 8‑58 薄壁套工件车削示意

如图 8‑59 所示是车削铝合金薄片工件的刀具。刀片材料：YA6 或 YG6X。

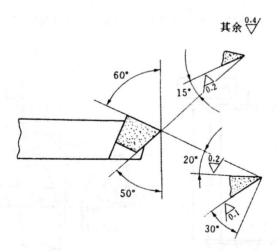

其余 $\sqrt{0.4}$

图 8‑59 车削铝合金薄片工件的刀具

40. 防止和减少薄壁工件变形的方法是什么？

答：防止和减少薄壁工件变形的方法有以下几点：

（1）工件分粗、精车阶段

粗车时，由于切削余量较大，相应的夹紧力也大，产生的切削力和切削热也会较大，因而工件温升加快，变形增大。粗车后工件应有足够的自然冷却时间，不致使精车时热变形加剧。精车时，夹紧力可稍小些，一方面可使夹紧变形小，另一方面精车时还可以消除粗车时因切削力过大而产生的变形。

（2）增加装夹接触面

增加装夹的接触面积，使工件局部受力改变成均匀受力，让夹紧力均布在工件上，所以工件在夹紧时不易发生变形。常用的方法有：开缝套筒，如图8-60（a）所示；特制的软卡爪，如大面软爪、扇形软爪等，如图8-60（b）、（c）所示；弹性胀力心轴，如图8-60（d）所示。

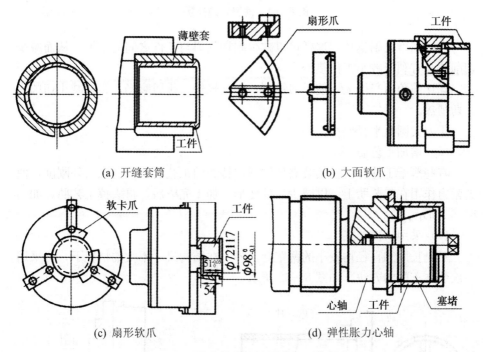

(a) 开缝套筒   (b) 大面软爪

(c) 扇形软爪   (d) 弹性胀力心轴

图8-60 增大装夹接触面减少工件变形

（3）采用轴向夹紧夹具

车削薄套类工件时，由于薄壁套工件轴向刚度高，不容易产生轴向变形，应尽量不使用径向夹紧，而使用轴向夹紧的方法，如图8-61所示。

（4）合理选用刀具的几何参数

精车薄壁工件时，车刀刀柄的刚度要高，车刀的修光刃不能过长（一般取0.2～0.3mm），刃口要锋利。车刀几何参数可参考下列要求：

①选用较大的主偏角，增大主偏角可减少主切削刃参加切削的长度，并有利于减小径向切削分力。

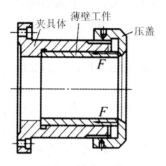

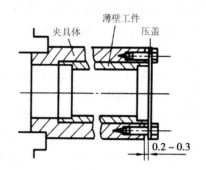

(a) 端螺母轴向压紧   (b) 端盖轴向压紧

图 8－61 薄壁套的夹紧

②适当增大副偏角，这样可以减少副切削刃与工件之间的摩擦，从而减少切削热，有利于减小工件热变形。

③让前角适当增大，使车刀锋利，切削轻快，排屑顺畅，尽量减小切削力和切削热。

④刀尖圆弧半径要小。

（5）增加工艺肋

有些薄壁工件，可在其装夹部位增加特制的工艺肋，以增强引外刚度，使夹紧力作用在工艺肋上，以减少工件变形，加工完毕后，再去掉工艺肋，如图8－62所示。

（6）采用一次装夹

对于长度和直径均较小的薄壁套工件，在结构尺寸不大的情况下，可采用一次装夹车削的方法，如图8－62所示。

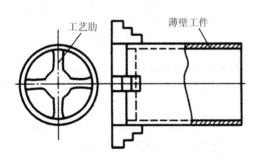
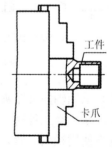

图 8－62 增加工艺肋减少变形   图 8－63 一次装夹车削薄壁工件

（7）采用减振措施

首先，调整好车床各部位的间隙，加强工艺系统的刚度；其次，使用吸振材料，如将软橡胶片卷成筒状塞入工件已加工好的内孔中精车外圆，如图8－

268

64（a）所示；用医用橡胶管均匀缠绕在已加工好的外圆上精加工内孔，如图 8－64（b）所示，都能获得较好的减震效果。

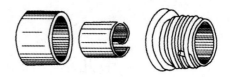

(a) 软橡胶片　　(b) 医用橡胶管

图 8－64　采用减振措施

（8）合理选用切削用量

合理选择切削用量，切削用量中切削深度对切削力的影响最大，切削速度对切削热的影响最为显著，因此车削薄壁工件时应减少切削深度，增加走刀次数，并适当提高进给量。

另外，应充分浇注切削液，以降低切削温度，减少工件热变形。

41．车削薄壁零件时，如何选择切削用量？

答： 为减少工件的振动和变形，应尽量使工件上所受的切削力和切削热减小，所以加工薄壁类工件时一般采用较高的切削速度，但背吃刀量和进给量不宜大。推荐的切削用量见表 8－3。

表 8－3　　　　　　　　　　薄壁工件切削用量（精车）

工件材料	刀具材料	切　削　用　量		
		v_c（m/min）	f（mm/r）	a_p（mm）
45	YT15	100～300	0.08～0.16	0.05～0.5
铝合金	YA6、YG6X	400～700	0.02～0.03	0.05～0.1

第九章　难加工材料的车削

1. 什么是高强度钢?

答: 高强度钢是指那些强度、硬度都很高,同时又具有很好的韧性和塑性的合金结构钢。由于加入不同量的合金元素,在热处理之后,Si、Mn、Ni等使固溶体强化,其金相组织多为马氏体,因此具有很高的强度和硬度。

低合金结构钢调质后 $\sigma_b > 1.2GPa$、$\sigma_s > 1GPa$ 的钢,称为高强度钢;$\sigma_b > 1.5GPa$、$\sigma_s > 1.3GPa$ 的钢,称为超高强度钢。

常用高强度钢的牌号有:40Cr、40CrSi、30MnSi、35CrMnSiA、30CrMnTi、20CrMnMoVA等。

2. 高强度钢的切削困难主要表现在哪些方面?

答: 高强度钢的切削困难主要表现在:剪切强度高,切削变形困难,切削力大,消耗变形功多;导热系数小,同时切屑与刀具前面接触长度短,切削温度高;切削区应力和热量集中,易使刀具崩刃;断屑困难,连续切削时,切屑易缠绕。

3. 车削高强度钢常用怎样的刀具材料?

答: 优先选用涂层硬质合金刀具,断续车削则宜用非涂层硬质合金刀具。精车、半精车优先选用陶瓷刀具。立方氮化硼(CBN)刀片用于精车效果很好,但价格较昂贵。高强度钢在退火状态时可加工性较好,只要有可能,宜在退火状态下进行荒车或粗车,切去大部分余量,这时可采用非涂层硬质合金刀具。

4. 如何选择高强度钢的切削用量?

答: 高强度钢在热处理前加工并不困难,调质处理后,因强度大、硬度高、韧性好而使切削困难。但调质后多系半精加工和精加工,背吃刀量和进给量已无多大的选择余地,因此切削用量的选择主要是切削速度。

一般情况下,高强度钢的车削用量可按表9-1选择;也可按工件强度或硬度选择相应的切削速度,如表9-2和表9-3所示。

表 9－1　　　　　　　　　　　　高强度钢车削用量

刀具材料		切削用量		
		v_c（m/min）	f（mm/r）	a_p（mm）
高速钢		3～11	0.03～0.3	0.3～2
陶瓷		70～210	0.05～1.0	0.1～4
CBN		40～220	0.03～0.3	≤0.8
硬质合金	粗车、荒车	10～90	0.3～1.2	4～20
	半精车	30～140	0.15～0.4	1～4
	精　车	70～220	0.05～0.2	0.05～1.5

表 9－2　　　　　　按工件强度选择硬质合金车刀切削速度

σ_b（MPa）	1000～1470	约 1670	约 1960	约 2150
v_c（m/min）	85～40	58～35	45～30	35～10

表 9－3　　　　　　按工件硬度选择硬质合金车刀切削速度　　　　　　m/min

工件硬度		300～450HB			50～65HRC		
进给量 f（mm/r）		0.2	0.4	1.0	0.2	0.4	1.0
涂　层	YB03	180	130	75	—		
	YB01	165	120	70	—		
	YB02	130	95	45	—		
	YB11	85	65	40	—		
	YB21				35	25	15
非涂层	YD10.2				35	20	10
	YM052	—			35	23	15
	YD20				—	20	10

5. 车削高强度钢如何选择刀具的几何参数?

答：使用机夹式刀具经济效益较好，应尽量选用。刀具几何参数推荐值见表 9－4。

表 9-4　　　　　　　　　　　刀具几何参数

几何参数	工作条件	选取范围	几何参数	工作条件	选取范围
前角 γ_o	$\sigma_b \leqslant 0.8\text{GPa}$	$5°\sim10°$	副偏角 k'_γ	精车	$5°\sim10°$
	$\sigma_b > 0.8\sim1.0\text{GPa}$	$0°\sim5°$		粗车	$10°\sim15°$
	$\sigma_b > 1\text{GPa}$	$-5°\sim0°$		粗镗	$15°\sim20°$
后角 α_o	半精加工	$8°\sim10°$		由中间切入的切削	$30°\sim45°$
	精加工	$10°\sim12°$	刃倾角 λ_s	精车、精镗	$0°\sim4°$
主偏角 k'_γ	系统刚性好	$10°\sim30°$		切槽、切断	$0°$
	系统刚性较好	$30°\sim45°$		粗车、粗镗	$-10°\sim-5°$
	系统刚性较差	$60°\sim75°$		断续切削	$-30°\sim-10°$
	系统刚性差	$90°\sim93°$	刀尖圆弧 γ_ε	半精车	$1\sim2\text{mm}$
副偏角 k'_γ	宽刃或具有修光刃车刀	$0°$		精车	$0.5\sim1\text{mm}$
	切槽、切断	$1°\sim3°$			

6. 什么样的切削液适宜切削高强度钢?

答：适宜的切削液有:

(1) 含 10％乳化液、5％硫化油、0.2％苏打水的水剂切削液 (其余 84.8％是水)。

(2) 含 85％硫化油、10％锭子油、5％轻柴油的油剂切削液。这种切削液用于加工内孔有较好效果。

7. 钻削高强度钢时, 如何选择钻头、钻削速度及钻削进给量?

答：宜选用硬质合金钻头, 直径大于 16mm 的钻头, 可采用可转位式结构。高速钢麻花钻一般采用群钻或修磨成三尖刃形的钻头。为提高钻头刚性, 应增大钻心厚度 $d=0.4d_0$ (d_0 为钻头直径); 钻头工作部分长度应尽量短, 不宜超过直径的 6 倍。为改善排屑条件, 加大顶角 $2\phi=140°\sim150°$。对可转位刀片宜选用带小圆坑 (或小圆台) 的断屑槽型。

钻削速度可参考表 9-5, 钻削进给量参考表 9-6。

表 9-5　　　　　　　　按工件硬度选择钻削速度　　　　　　　m/min

工件硬度 (HRC)		$35\sim40$	$40\sim45$	$45\sim50$	$50\sim55$
刀具材料	高速钢	$9\sim12$	$7.6\sim11$	$4.6\sim7.2$	$2\sim4.6$
	硬质合金	$70\sim100$	$30\sim70$	$22\sim36$	$\leqslant30$

注: 对扁钻, v_c 略减而 f 略增。

表 9‑6 按钻头直径选择钻削进给量 mm/r

钻头直径（mm）	1.6	3.2	5	6.5	8	11	13	18	>18	备注
刀具材料 高速钢	—	0.025~0.07	—	0.05~0.12	—	—	0.10~0.20	0.15~0.30	0.20~0.5	工件硬度≤400HB
刀具材料 硬质合金	0.025	0.025	0.025	—	0.025~0.030	0.025~0.030	—	0.030~0.035	0.030~0.035	工件硬度≥43HRC

注：采用极压乳化油或硫化油。

8. 铰削高强度钢时，如何选择铰刀的几何参数及铰孔用量？

答：铰削高强度钢一般采用硬质合金铰刀，直槽铰刀的几何参数见表 9‑7，铰削用量见表 9‑8。

表 9‑7 直槽铰刀几何参数

刀具材料	γ_o	α_o	λ_s	k'_γ
硬质合金①	$-15°\sim-10°$	$4°\sim6°$	$-6°\sim-2°$	$30°\sim35°$
高速钢	$2°\sim3°$	$2°\sim4°$	$0°\sim10°$	$45°$

注：① 倒棱 $b_{\gamma1}=(0.5\sim1)\,f$，$\gamma_{o1}=-15°$。

表 9‑8 高强度钢常用铰孔用量

工件硬度 HB	v_c (m/min)		f (mm/r)						切削液
	高速钢	硬质合金	铰刀直径（mm）						
			3.2	13	25	50	64	76	
300	9	14	0.10	0.18	0.30	0.50	0.71	0.89	
330	6	10							极压切削油
360	4.5	6.4	0.076	0.127	0.20	0.33	0.46	0.58	
400	2.8①	4							

注：① 硬度大于 360HB 时，很少用高速钢铰刀。

9. 淬硬钢的主要特点是什么？

答：淬硬钢的主要特点是硬度、强度高，脆性大，导热性差，切削加工性差，属于很难切削材料。过去对淬硬钢的传统加工方法是磨削加工，但型面复杂、加工余量过大时是无法进行磨削加工的。在新型硬质合金和超硬刀具材料出现之后，为这种难切削加工材料的切削提供了广阔的前景。

10. 淬硬钢有哪些加工要求？

答：（1）淬硬钢加工要求条件：刀具硬度、强度应高于加工件的硬度、强度；能达到淬硬钢工件加工技术要求、尺寸精度和表面质量。

（2）新刀具材料已能满足淬硬钢加工要求：①已研究和生产出多种能切削淬硬钢的刀具材料。②淬硬钢车削加工时，工件表面的温度比磨削低，不易发生表面烧伤。③淬硬钢性脆，不易粘刀，一般不易产生刀瘤，加工表面粗糙度值低，为以车削代替磨削创造了条件。

11. 淬硬钢的加工特点是什么？

答：（1）淬硬钢硬度高，强度大，切削力大，切削温度高，刀具易磨损。单位面积切削力甚至可达 4GPa 以上。因此，切削温度高，导热性差，易使刀具磨损。

（2）淬硬钢径向切削力大，往往大于主切削力。选择刀具角度应注意此特点，以免工艺系统刚度不足引起振动。

（3）切削淬硬钢，切屑与前刀面接触短，切削力与切削热易集中在主刀刃附近，易使刀具磨损和崩刃。

（4）容易获得较高表面质量，淬硬钢性脆，不粘刀，不产生刀瘤，可获得较小 Ra 值。

12. 怎样选择车削淬硬钢刀具的几何参数与切削用量？

答：车削淬硬钢刀具几何参数与切削用量的选择见表 9-9。

表 9-9　　　　　　　车削淬硬钢刀具角度及切削用量

刀具几何角度	前角	γ_o	$-20°\sim0°$（一般为 $-10°\sim-5°$）
	后角	α_o	$8°\sim15°$（$10°$ 用得最多）
	副后角	α'_o	—
	刃倾角	λ_s	$-15°\sim-5°$（工艺系统刚度差取小值）
	主偏角	k'_γ	$45°\sim60°$
	副偏角	k'_γ	$5°\sim15°$
刀具几何参数	倒棱前角	γ_{o1}	$-20°\sim-10°$
	倒棱宽度	$b_{\gamma1}$	$0.2\sim2mm$
	刀尖圆弧半径	γ_ε	$0.5\sim1.5mm$
切削用量	切削速度	v	硬质合金：$0.42\sim1.0m/s$ 复合陶瓷刀具：$1\sim2.5m/s$ 立方氮化硼：$1.33\sim1.67m/s$
	进给量	f	$0.05\sim0.3mm/r$

切削用量	背吃刀量	a_p	硬质合金：0.05～2m/s 复合陶瓷刀具：0.05～0.5m/s 立方氮化硼：0.05～0.5m/s

13. 典型淬硬钢车削实用工艺参数有哪些？

答： 典型淬硬钢车削实用工艺参数见表 9 - 10。

表 9 - 10   **典型淬硬钢车削实用工艺参数**

被切削典型淬硬钢材		Y18Cr4V 高速钢 （58～62HRC）	Y18Cr4V 高速钢 （58～62HRC）	GCr5 轴承钢 （61～62HRC）
刀具牌号		超细晶粒硬质合金 YM051（YH1）	超细晶粒硬质合金 YG610；钨钛钽 （铌）硬质合金 YT726	超细晶粒硬质合金 YG643；钨钛钽 （铌）硬质合金 YT726、YT05
刀具 几何 角度	γ_o	$-20°\sim-10°$	$-20°\sim-10°$	$-5°$
	α_o	$10°\sim12°$	$8°\sim12°$	$10°$
	α'_o	$8°\sim10°$	$8°\sim10°$	
	λ_s	$-20°\sim-10°$	$-10°\sim-5°$	$-10°$
	k_γ	$30°\sim60°$	$30°\sim40°$	$45°$
	k'_γ	$10°$	$10°\sim45°$	$45°$
主刃倒 棱与刀 尖圆弧	γ_{o1}	$-20°\sim-10°$	—	—
	$b_{\gamma1}$	1.5～2mm		
	γ_ε	0.15	0.15	0.2
切削用量	v	0.667m/s	0.1～0.3m/s	0.52m/s
	f	0.1～0.2mm/r	0.15～0.25mm/r	0.4mm/r
	a_p	0.1～1.0mm	1～1.5mm	0.75mm
表面粗糙度 Ra		1～1.5μm	—	—
比 较		比磨削效率 提高 10 倍	切削正常、 效果良好	3 种刀片连续车 削都较好；断续切 削并有冲击时 YT726 好
应用厂家		重庆通用机器厂	昆明机床厂	洛阳矿山机器厂

被切削典型淬硬钢材		30CrMnSiNiMoA（50HRC）	20CrMnMo（58~63HRC）	CrWMo（55HRC）
刀具牌号		超细晶粒硬质合金 YMo51（YH1）	SG4（金属复合陶瓷刀片）	AT6、AG2（金属复合陶瓷刀片）
刀具几何角度	γ_o	12°~15°	-10°~-5°	-6°
	α_o	6°	10°	6°
	α'_o	8°	—	—
	λ_s	6°	-10°~-5°	-5°
	k_γ	90°	75°~90°	45°
	k'_γ	8°	—	45°
主刃倒棱与刀尖圆弧	γ_{o1}	—	—	—
	$b_{\gamma 1}$	—	—	—
	γ_ε	—	—	—
切削用量	v	0.85m/s	1.65~3.33m/s	0.54~0.58m/s
	f	0.30mm/r	0.08~0.13mm/r	0.1mm/r
	a_p	1mm	0.05~0.03mm	0.5mm
表面粗糙度 Ra		—	1.2~0.8μm	—
比　　较		切削顺利	比磨削提高2~3倍	比超细晶粒硬质合金 YMo53（YH3）耐磨性提高3倍
应用厂家		上海水泵厂	沈阳矿山机器厂	山东工业大学、无锡气动技术研究所
被切削典型淬硬钢材		50SiMn（50~55HRC）	T10A 优质碳素工具钢（55~62HRC）	T10A 优质碳素工具钢（59~60HRC）
刀具牌号		LBN-Y（立方氮化硼与硬质合金复合体）	SG4（金属复合陶瓷刀片）	AT6（金属复合陶瓷刀片）

续表2

被切削典型淬硬钢材		50SiMn （50～55HRC）	T10A 优质碳 素工具钢 （55～62HRC）	T10A 优质碳 素工具钢 （59～60HRC）
刀具几何角度	γ_o	0°～2°	−10°	−8°
	α_o	5°～6°	10°	8°
	α'_o	—	—	—
	λ_s	—	—	—
	k'_γ	75°	45°	45°
	k'_γ	10°	15°	15°
主刃倒棱与刀尖圆弧	γ_{o1}	—	−30°	−20°
	$b_{\gamma1}$	—	0.2～0.5mm	0.3mm
	γ_ε	—	—	0.5
切削用量	v	1.19m/s	0.92m/s	1.83m/s
	f	0.1mm/r	0.082mm/r	0.1mm/r
	a_p	0.2mm	0.5mm	0.25mm
表面粗糙度 Ra		—	—	—
比　较		—	SG4 优于 YT05	比 SG4 提高 2 倍

14. 如何钻削不锈钢？

答：不锈钢的钻削一般采用高速钢麻花钻，少数淬硬的可用硬质合金钻头。由于标准麻花钻钻削不锈钢时轴向力大，且不易卷屑而造成堵塞，故必须经过修磨。修磨的要点是：在钻头上作分屑槽；修磨横刃以减小轴向力；修磨成双顶角以改善散热条件。钻削不锈钢的典型钻头形状如图 9-1 所示，其几何参数见表 9-11。

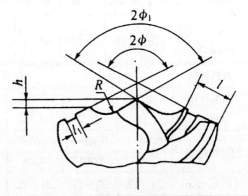

图 9-1　加工不锈钢的"群钻"型钻头

表 9-11　　　　　　　　　　　　钻头几何参数

外顶角 2ϕ (°)	内顶角 $2\phi_1$ (°)	圆弧半径 R (mm)	钻头高 h (mm)	外刃长度 l (mm)	分屑槽宽度 l_1 (mm)	横刃长度 b (mm)	修磨后横刃前角 (°)	修磨后外刃前角 (°)
110~125	100~135	(0.15~0.2) d_0	(0.04~0.1) d_0	(0.18~0.2) d_0	(0.5~0.34) l（适用于 $d_0>15$mm）	(0.04~0.1) d_0	≈-15	8~16

注：①d_0 为钻头直径。

②大直径钻头取括号中较小的值，小直径钻头取较大的值。

③对于直径小于 35mm 的钻头，h 不超过 1.2mm，b 不超过 1.4mm。

④钻削强度、韧性均大的沉淀硬化不锈钢时，外刃可稍大，$l=(1/4~1/3)\ d_0$。

⑤分屑槽槽深应大于进给量。

在不锈钢上钻小孔，采用四刃带麻花钻，可以提高刀具寿命，钻后扩张量比一般两刃带钻头小。钻孔径 3~7mm 的工件，可采用整体硬质合金钻头。钻孔的切削用量可参考表 9-12。

表 9-12　　　　　　　　　　　　不锈钢钻削用量

刀具材料	高速钢（W6Mo5Cr4V2Co5）								
钻头直径 (mm)	3	5	8	10	12	15	18	20	24
f (mm/r)	0.02~0.07	0.03~0.08	0.05~0.12	0.06~0.14	0.07~0.15	0.08~0.18	0.10~0.20	0.10~0.20	0.12~0.22
v_c (m/min)	24~12	22~11	21~9	20~9	20~9	20~9	20~9	20~9	20~8

刀具材料	硬质合金（YG8）						
钻头直径 (mm)	3	5	8	10	12	15	18
f (mm/r)	0.01~0.018	0.02~0.04	0.04~0.06	0.05~0.08	0.07~0.09	0.09~0.12	0.12~0.15
v_c (m/min)	24~12	22~11	24~12	22~11	24~12	22~11	24~12

注：①乳化液冷却。

②硬质合金钻削用量适用于不锈钢强度 $\sigma_b>1200$MPa。

③钻削耐高温、耐酸不锈钢或不锈钢强度 $\sigma_b>1200$MPa 时，取较低的切削速度和进给量。

④钻深孔时 v_c 和 f 应取较小值，并增加退刀次数或附加低频轴向振动以利排屑。

钻削不锈钢时，经常发现钻头容易磨损、折断；孔表面粗糙，有时会出现深沟；孔径扩大，孔形不圆或向一边倾斜等现象。这些问题应在操作时加以注意：

（1）钻头的几何形状必须刃磨正确，两切削刃要保持对称。钻头后角过大，会产生"扎刀"现象，引起颤振，使钻出孔呈多角形。

（2）钻头必须装正。

（3）保持钻头锋利，用钝应及时修磨。

（4）按钻孔深度，尽量缩短钻头长度，加大钻心厚度以增加刚性。在钻头切入或切出时调整进给的大小。

（5）充分冷却润滑。切削液一般以硫化油为宜，其流量不得少于 5～8L/min，不可中途停止冷却。

（6）认真注意切削过程，特别应观察切屑排出情况，若发现切屑杂乱卷绕，立即退刀检查。

15. 如何铰削不锈钢？

答：不锈钢材料韧性大、导热性差、加工硬化趋势强、切屑容易黏附，故不锈钢铰削时经常遇到的问题是：孔表面容易划出沟槽，粗糙度值大，孔径超差，呈喇叭口，铰刀易磨损等。对于 2Cr13，主要是铰孔的粗糙度问题；对于 1Cr18Ni9Ti 等奥氏体不锈钢和耐浓硝酸不锈钢等材料，则主要是铰刀磨损问题。为了避免这些问题，应注意以下几点：

首先应提高预加工工序（前道工序）的质量，防止加工孔出现划沟、椭圆或多边形、锥度或喇叭口、腰鼓形、轴心线弯曲或偏斜等现象。使用润滑性能良好的切削液，可以减轻不锈钢切屑黏附问题，并使之顺利排屑，从而降低孔表面粗糙度值和提高铰刀的耐用度。一般以使用硫化油（或 85%～90% 的硫化油和 10%～15% 煤油的混合油）为宜，也可用乳化液。

另外，应注意铰削过程中切屑的形状，由于铰削余量较小，切屑一般呈箔卷状，或呈很短的螺卷状。若切屑大小不一，有的呈碎末状，有的呈小块状，说明切削不均匀。若切屑呈成条弹簧状，说明铰削余量太大。若切屑呈针状或碎片状，说明铰刀已磨钝。使用硬质合金铰刀铰削时，会出现收缩现象，退刀时易将孔表面拉出沟痕，可采取加大主偏角来改善这种情况。

（1）铰刀：铰刀材料一般使用硬质合金，如 YG8、YG8N、YW2 等。2Cr13 等不锈钢铰孔时，为降低表面粗糙度，可采用调整钢铰刀。

不锈钢用铰刀的结构和几何参数与普通铰刀稍有不同，为防止铰削时切屑堵塞和增强刀齿，铰刀齿数一般较少，可按表 9-13 选取。

不锈钢用铰刀的几何参数见表 9-14。

表 9-13 不锈钢用铰刀齿数

铰刀直径（mm）	<6	>6~12	>21~35	>35~50	>50~70	>70
铰刀齿数 z_1	4	4（硬质合金） 6（高速钢）	6	8	10	12

表 9-14 不锈钢用铰刀几何参数

名称	前角（°）	导角（°）	后角（°）	刃倾角（°）	棱边（刃带）棱边后角（°）	棱边（刃带）刃带宽度（mm）
符号	γ_o	k'_γ	α_o	λ_s	α'_o	
数值	大孔：8~15 小孔：10~12 高速钢取：15~20 硬质合金取小值	通孔：15~30 盲孔：15	一般：8~12 小孔：15 $\phi>30mm$：6~8	10~15	0	一般0.1~0.15

（2）铰孔的加工余量：铰削余量如过小，前道工序的加工痕迹不能完全消除，同时变铰削为挤压，促使加工硬化，进而加速铰刀磨损。一般情况下，加工余量可按表 9-15 选取。

表 9-15 铰孔的加工余量

工件孔径（mm）	工序间直径 钻孔 第一次（mm）	工序间直径 钻孔 第二次（mm）	工序间直径 钻孔 第三次（mm）	工序间直径 扩孔或镗孔 尺寸（mm）	工序间直径 扩孔或镗孔 允差（mm）	加工 H6、H7 级精度孔 粗铰 尺寸（mm）	加工 H6、H7 级精度孔 粗铰 允差（mm）	精铰（mm）
5	4.5	—	—	4.75	+0.08	4.9	+0.025	5
6	5.5	—	—	5.75	+0.08	5.9	+0.025	6
8	7.0	—	—	7.70	+0.10	7.9	+0.03	8
10	9.0	—	—	9.70	+0.10	9.9	+0.03	10
12	10.5	—	—	11.60	+0.12	11.85	+0.035	12
14	12.5	—	—	13.60	+0.12	13.85	+0.035	14
15	13.5	—	—	14.60	+0.12	14.85	+0.035	15
16	14.5	—	—	15.60	+0.12	15.85	+0.035	16

工件孔径 (mm)	工 序 间 直 径					加工 H6、H7 级精度孔		
	钻孔			扩孔或镗孔		粗铰		精铰 (mm)
	第一次 (mm)	第二次 (mm)	第三次 (mm)	尺寸 (mm)	允差 (mm)	尺寸 (mm)	允差 (mm)	
18	16.5	—	—	17.60	+0.12	17.85	+0.035	18
20	18.0	—	—	19.60	+0.14	19.85	+0.045	20
22	20.0	—	—	21.60	+0.14	21.85	+0.045	22
25	23.0	—	—	24.60	+0.14	24.85	+0.045	25
28	25.0	26.0	—	27.60	+0.14	27.85	+0.045	28
30	25.0	28.0	—	29.60	+0.14	29.85	+0.045	30
35	25.0	33.0	—	34.50	+0.17	34.85	+0.05	35
40	25.0	38.0	—	38.50	+0.17	39.5	+0.05	40
45	25.0	40.0	43.0	44.50	+0.17	44.85	+0.05	45
50	25.0	40.0	48.0	49.50	+0.17	49.85	+0.05	50

（3）铰孔的切削用量：常用的铰削用量见表 9 - 16。

表 9 - 16　　　　　常用的铰削用量

铰刀直径（mm）	主轴转速 n（r/min）		进给量 f（mm/r）
	高速钢铰刀	硬质合金铰刀	
5～8	96～150	185～305	0.08～0.21
＞8～15	76～120	120～185	0.12～0.20
＞15～25	46～96	96～120	0.15～0.25
＞25～35	38～58	76～96	0.15～0.30

注：①表中的转速系按 C620 - 1 型车床选定的，其他车床可参考选用邻近的转速。

②2Cr13 等不锈钢铰孔时，如采用硬质合金铰刀，应选用远比表中所列数值为大的转速。

③耐浓硝酸用不锈钢等铰孔时，转速应选表中较低的转速。

④刀直径较小时，铰孔时应选用较小的进给量。

16. 试举几个实例，说明难加工材料的车削步骤。

答：实例一：高强度钢的车削。

（1）粗车 40CrMn 钢。

刀具结构如图 9-2 所示。

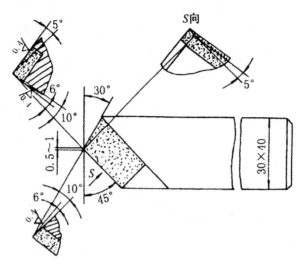

图 9-2　40CrMn 钢粗车刀

刀具材料及切削用量等见表 9-17。

表 9-17　　　　　　　　　40CrMn 钢粗车切削用量

刀具名称	工件材料	刀具材料	刀具几何角度（°）					切削用量		
			γ_o	α_o	k'_γ	λ_s	ε_γ	v_c(m/min)	f(mm/r)	a_p(mm)
外圆粗车刀	40CrMn	YT5	-5	10	45	-5	105	24~25.8	0.4~0.8	8~11

（2）40°楔压式外圆车刀车削 38CrMoAl。

刀具结构如图 9-3 所示。

刀具材料及切削用量见表 9-18。

表 9-18　　　　　　　　　车削 38CrMoAl 的切削用量

刀具名称	工件材料	刀具材料	切削用量			使用机床
			v_c（m/min）	f（mm/r）	a_p（mm）	
40°楔压式外圆车刀	38CrMoAl	YT15	50	0.5~0.8	6	1722 型仿形车床

（3）75°可转位粗镗刀镗削 40Cr。

刀具结构如图 9-4 所示。

刀具材料及切削用量见表 9-19。

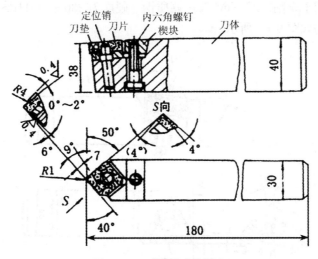

图 9-3 40°楔压式外圆车刀

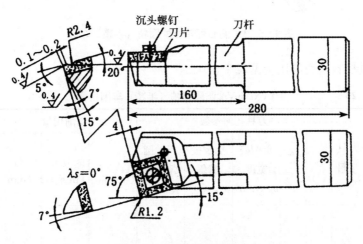

图 9-4 75°可转位粗镗刀

表 9-19 合金钢镗孔切削用量

刀具名称	工件材料	刀具材料	刀具几何参数				切削用量			使用机床
			γ_o (°)	$k_{\gamma 1}$ (°)	负倒棱宽度 $b_{\gamma 1}$ (mm)	负倒棱前角 γ_{o1} (°)	v_c (m/min)	f (mm/r)	a_p (mm)	
75°可转位粗镗刀	40Cr	Y105	20	75	1~0.2	-5	80~120	6.25~0.4	3~5	C6140

（4）用 90°偏心可转位外圆车刀车削 45CrNiMoVA 钢

283

该车刀用于车削 45CrNiMoVA 调质钢（硬度为 230～245HBS）。
刀具结构如图 9-5 所示。

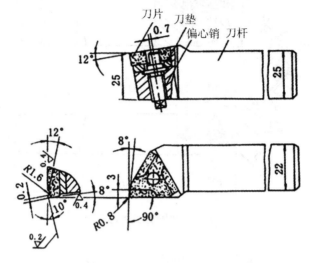

图 9-5　90°偏心可转位外圆精（半精）车刀

刀具材料及切削用量见表 9-20。

表 9-20　　　　　　　45CrNiMoVA 调质钢精（半精）车削用量

刀具名称	刀具材料	刀具几何参数					切削用量			使用机床
		γ_o (°)	λ_s (°)	负倒棱宽度 $b_{\gamma 1}$(mm)	负倒棱前角 γ_{o1}(°)	刀尖圆弧半径 γ_ε(mm)	v_c (m/min)	f (mm/r)	a_p (mm)	
90°偏心转位外圆精（半精）车刀	Y105	12	−12	0.2	−10	0.2	60～85	0.1～0.2	1～2	CY6140

（5）切断

刀具结构如图 9-6 所示。

刀具材料及切削用量见表 9-21。

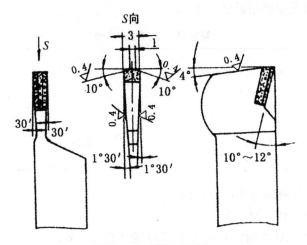

图 9-6 焊接切断刀

表 9-21 焊接切断刀的切削用量

刀具名称	工件材料	刀具材料	切削用量			使用机床
			v_c （m/min）	f （mm/r）	a_p （mm）	
鱼肚形切断刀	40Cr	YT14 YW2	80	—	—	C6140

（6）机夹螺纹车刀车削螺纹

刀具结构如图 9-7 所示。

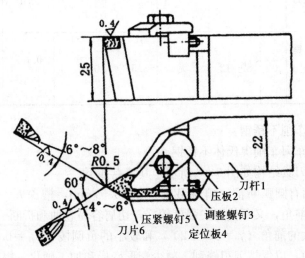

图 9-7 机夹螺纹车刀

285

刀具材料及切削用量见表 9-22。

表 9-22 **机夹螺纹车刀技术参数**

刀具名称	工件材料	刀具材料	切削用量			使用机床
			v_c（m/min）	f（mm/r）	a_p（mm）	
机夹螺纹车刀	40Cr（210～225HBS）	YT14 YW1 YD05	60～100	P（螺距）	0.05～0.5	CW6140 CW6163

实例二：淬硬耐热挤压模具钢车削。

工件材料：4Cr5MoSiV。

选择刀具：AG2 陶瓷刀具及 YT726 硬质合金刀具。

车削淬硬耐热挤压模具钢实用技术参数，见表 9-23。

表 9-23 **车削淬硬耐热挤压模具钢实用技术（参数）**

工序种类	刀具牌号	刀具几何参数				切削用量			使用机床
		前角（γ_o）	后角（α_o）	倒棱宽及前角（$b_{\gamma1}$ 及 γ_{o1}）	刀尖圆弧半径 γ_ε(mm)	切削速度 v(m/s)	进给量 f（mm/r）	切削深度 a_p(mm)	
粗车	AG2 金属复合陶瓷 φ12 圆弧刀片	0°	8°～12°	0.3～2.5	5.4～5.8	2～3	0.25～0.4	0.15～0.8	数控车床
精车	YT726 钨钛钽（铌）硬质合金	0°	8°～12°	无	3.5～4	0.67～1	0.1～0.15	0.05～0.15	

实例三：车削不锈钢。

（1）机夹车刀车削奥氏体不锈钢

①刀具。刀具结构如图 9-8 所示，其特点如下。

a. 前刀面有圆弧断槽，槽宽 $W_n=(2\sim3.5)$mm，槽深 $h=1\sim1.5$mm；既可得到较大前角，又可使刀尖强度较好，切屑容易卷曲和折断。

b. 选较大的前角（$\gamma_0=18°\sim20°$）和较小的负倒棱（$b_{\gamma1}=0.1\sim0.2$mm，$\gamma_{o1}=0°\sim-3°$），以保持刀刃锋利，减少塑形变形和加工硬化，提高刀具寿命。

c. 取较大的后角（$\alpha_0=8°\sim10°$），以减小刀具后面与工件表面的摩擦和加

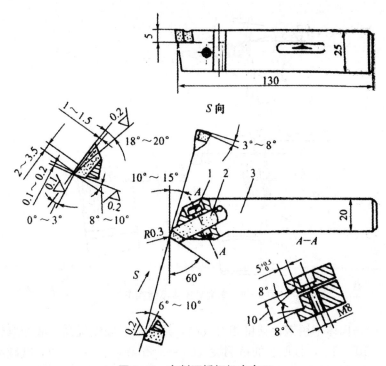

图 9 - 8　车削不锈钢机夹车刀

1. 内六角螺钉；2. 硬质合金刀片；3. 刀体

工硬化。

  d. 为加强刀尖强度，取负刃倾角 $\lambda_s = -3° \sim -8°$。

  e. 采用断屑槽，使其断屑。

  (2) 切削用量。切削用量见表 9 - 24。

表 9 - 24　　　　　　　　　　　奥氏体不锈钢车削用量

刀具名称	工件材料	刀具材料	刀片型号	刀具几何参数				切削用量		
				γ_o (°)	λ_s (°)	负倒棱宽度 $b_{\gamma1}$ (mm)	负倒棱前角 γ_{o1} (°)	v_c (m/s)	f (mm/r)	a_p (mm)
机夹式外圆车刀	1Cr18Ni9Ti 1Cr18Ni9	YG813 YW3 YG8N	D220	18～20	$-8 \sim -3$	0.1～0.2	$-3 \sim 0$	60～105	0.2～0.3	2～4

  (2) 车削马氏体不锈钢

  ①刀具。刀具结构如图 9 - 9 所示，其主要特点如下。

287

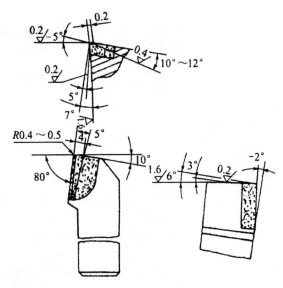

图 9-9　车削马氏体不锈钢车刀

a. 因马氏体不锈钢含碳量相对较高，热处理后硬度提高，故选取较小的前角 $\gamma_0 = 10° \sim 12°$，且取小的负倒棱（$b_{\gamma 1} = 0.2$mm，$\gamma_{o1} = -5°$），既减小塑性变形和加工硬化程度，降低了切削力和切削温度，又能兼顾刀刃强度。

b. 采用外斜式圆弧断屑槽，靠刀尖处切屑卷曲半径大，靠外缘处切屑卷曲半径小，切屑易翻向待加工表面而折断，断屑情况良好。

c. 主偏角较大，减小了背向力。

②切削用量。切削用量见表 9-25。

表 9-25　马氏体不锈钢车刀车削用量

刀具名称	工件材料	刀具牌号	刀片型号	工序种类	切　削　用　量		
					v_c(m/s)	f(mm/r)	a_p(mm)
马氏体不锈钢外圆车刀	2Cr13 197～248 HBS	YW1 YW2 YT14	A412	粗车	84～90	0.4	3
				精车	105～113	0.18～0.21	0.3～1

（3）复合涂层刀片精车刀车削 2Cr13

①刀具。刀具结构如图 9-10 所示。刀片的寿命为 YG8N 的 3～5 倍。使用时应注意：

a. 不可鐾刀，以防鐾掉涂层。

b. 装刀时，刀尖应高于工件中心 0.2～0.5mm。

c. 精车不锈钢时，宜使用硫化油进行充足的冷却润滑。

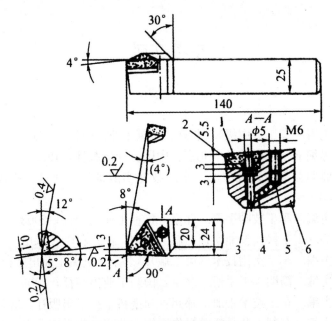

图 9-10　复合涂层刀片精车刀
1. 刀片；2. 刀垫；3. 杠杆；4. 滚珠；5. 螺钉；6. 刀杆

②切削用量。切削用量见表 9-26。

表 9-26　　　　　　　　复合涂层刀片精车刀车削用量

刀具名称	工件材料	刀具牌号	刀片型号	刀具角度				切削用量		
				k_r (°)	λ_s (°)	γ_o (°)	α_o (°)	v_c (m/s)	f (mm/r)	a_p (mm)
机夹复合涂层刀片精车刀	2Cr13F型耐腐蚀泵轴调质(241~293HBS)	TiC-TiCN-TiN	FNUM150404-A3	90	-4	12	8	100	0.2	0.2~2
								200	0.2	0.2~2

参考文献

［1］金福昌主编. 车工（中级）. 北京：机械工业出版社，2005

［2］许兆丰等编. 车工工艺学. 北京：中国劳动出版社，1986

［3］机械工业职业教育研究中心. 车工技能实战训练. 北京：机械工业出版社，2008

［4］胡农等主编. 车工技师手册. 北京：机械工业出版社，2003

［5］崔兆华等. 车工操作技能实训图解. 济南：山东科学技术出版社，2008

［6］陈宏钧主编. 车工实用技术（第二版）. 北京：机械工业出版社，2007

［7］范逸明主编. 简明车工手册. 北京：国防工业出版社，2009

［8］郭玉林主编. 车工技术手册. 郑州：河南科学技术出版社，2010

［9］董庆华主编. 车削工艺分析及操作案例：北京：化学工业出版社，2009

［10］陈家芳主编. 车工常用技术手册. 上海：上海科学技术出版社，2007

［11］陈望. 车工实用手册. 北京：中国劳动社会保障出版社，2002

［12］张叶海. 车工作操作技能问答. 北京：中国电力出版社，2008

图书在版编目（ＣＩＰ）数据

车工技能问答 / 张能武，卢庆生主编． -- 长沙 :湖南科学技术
出版社，2014.6
　(青年技工问答丛书1)
　ISBN 978-7-5357-8116-1

Ⅰ．①车… Ⅱ．①张… ②卢… Ⅲ．①车削—问题解
答 Ⅳ．①TG510.6-44
　中国版本图书馆 CIP 数据核字(2014)第 073208 号

青年技工问答丛书1
车工技能问答
主　　编：张能武　卢庆生
责任编辑：杨　林　龚绍石
出版发行：湖南科学技术出版社
社　　址：长沙市湘雅路 276 号
　　　　　http://www.hnstp.com
湖南科学技术出版社天猫旗舰店网址：
　　　　　http://hnkjcbs.tmall.com
印　　刷：衡阳顺地印务有限公司
　　　　　(印装质量问题请直接与本厂联系)
厂　　址：衡阳市雁峰区园艺村 9 号
邮　　编：421008
出版日期：2014 年 6 月第 1 版第 1 次
开　　本：710mm×1020mm　1/16
印　　张：19.25
字　　数：355000
书　　号：ISBN 978-7-5357-8116-1
定　　价：40.00 元